数学分析
简明讲义

（下）

常建明　刘晓毅　编著

南京大学出版社

图书在版编目(CIP)数据

数学分析简明讲义. 下 / 常建明，刘晓毅编著. —
南京：南京大学出版社，2023.8
ISBN 978 - 7 - 305 - 27029 - 1

Ⅰ. ①数… Ⅱ. ①常… ②刘… Ⅲ. ①数学分析
Ⅳ. ①O17

中国国家版本馆 CIP 数据核字(2023)第 098078 号

出版发行　南京大学出版社
社　　址　南京市汉口路 22 号　　　　邮　编　210093
出 版 人　金鑫荣
书　　名　**数学分析简明讲义(下)**
编　　著　常建明　刘晓毅
责任编辑　吕家慧　　　　　　　　编辑热线　025 - 83597482
照　　排　南京南琳图文制作有限公司
印　　刷　南京人文印务有限公司
开　　本　787 mm×1092 mm　1/16　印张 12.75　字数 310 千
版　　次　2023 年 8 月第 1 版　2023 年 8 月第 1 次印刷
ISBN 978 - 7 - 305 - 27029 - 1
定　　价　36.80 元

网址：http://www.njupco.com
官方微博：http://weibo.com/njupco
官方微信号：njuyuexue
销售咨询热线：(025) 83594756

前　言

党的二十大上习近平总书记的报告,深刻阐释了新时代坚持和发展中国特色社会主义的一系列重大理论和实践问题,首次把教育、科技、人才进行"三位一体"统筹安排、系统部署,明确提出教育、科技、人才是全面建设社会主义现代化国家的基础性、战略性支撑,导向鲜明、意义深远.普通本科院校涉及基层的教育,为跟紧时代,就需要对一些课程,尤其是基础课程,进行教育改革.

众所周知,《数学分析》是本科阶段数学专业最重要的基础课程之一.该课程对学生来讲,除了学到新的知识之外,更重要的是学习数学的思维方法.目前,关于数学分析的教材已经非常多,大多是由重点大学的专家老师编写的,内容可能更适合重点大学的学生.作者长期在普通本科院校教学数学分析,经常思考如何展开数学分析的教学,使得教学内容能够较容易被学生接受和理解,同时还能对学生的数学思维方式的培养有所帮助,提升学生自主学习的能力,为将来的工作打下较好的基础.

数学分析是连接中学数学与大学数学的桥梁.不少学生在跨过这座桥梁的过程中会感到不适应.究其原因主要有二.首先在内容上,由中学具体演算为主的数学提升为有着很多新概念,注重一般性结论并且需要严格证明的数学;其次是大学老师与中学老师的教学方式和教学理念有着较大的不同.编写本书的目的,希望能够在减轻学生学习数学分析压力的同时,仍然能够使大多数学生得到数学分析的抽象化和逻辑严密性锻炼,从而提高数学修养和数学能力.为此,本教材在内容编排上,尽量按直观所示逐步展开数学思想,顺势而为地引入数学概念和考虑数学问题.例如,对函数性质的讨论,我们根据函数的图像,逐步从函数的有界无界性、连续光滑性、递增递减性、凹凸弯曲性,直至弯曲的程度展开.

本书共二十章,分上下两册.上册共九章,下册共十一章.

本书编写过程中,得到了常熟理工学院数学与统计学院的大力支持,特别是在教学交流中得到了徐能教授、戴培良教授、季春燕教授等提出的宝贵意见,在此表示衷心感谢.另外还要感谢汪文彬同学为本书作了所有的图形.南京大学出版社的编辑也为本书的出版做了很多工作,在此一并表示衷心的感谢.

因水平有限,书中难免有误和诸多不足之处,恳请读者在阅读过程中提出宝贵意见.

编　者

目　录

微信扫码获取答案

第十章　数项级数

按照实数的运算法则,任意两个实数,进而任意有限个实数,都可以相加而得到一个新的实数,称为这些数的和.然而,无论是应用还是理论上,都需要考虑将无限个数"加"起来.这就有如何"加"或者无限个数的"和"是什么的问题.本章所要介绍的,就是对这个问题的初步讨论.

§10.1　收敛级数的定义与性质

本章中,我们将考虑把一列数

$$a_1, a_2, \cdots, a_n, \cdots$$

"加"起来的问题.首先,从形式上将这列数依次用"+"连接起来,所得表达式

$$a_1 + a_2 + \cdots + a_n + \cdots \tag{10.1}$$

称为**数项级数**或简称**级数**,其中 a_n 称为**通项**或**一般项**.常将数项级数(10.1)写作

$$\sum_{n=1}^{\infty} a_n = a_1 + a_2 + \cdots + a_n + \cdots, \tag{10.2}$$

有时写成更简单的形式 $\sum a_n$.将数项级数的前 n 项的和

$$S_n = a_1 + a_2 + \cdots + a_n = \sum_{k=1}^{n} a_k \tag{10.3}$$

称为数项级数的**第 n 个部分和**,称数列 $\{S_n\}$ 为该数项级数的**部分和数列**.

定义 10.1　若数项级数(10.1)的部分和数列 $\{S_n\}$ 收敛,则称数项级数(10.1)**收敛**.设部分和数列 $\{S_n\}$ 收敛于 S,则称 S 为数项级数(10.1)的**和**,记作

$$a_1 + a_2 + \cdots + a_n + \cdots = S, \text{或} \sum_{n=1}^{\infty} a_n = S.$$

若数项级数(10.1)的部分和数列 $\{S_n\}$ 发散,则称数项级数(10.1)**发散**.　　　□

因此,对数项级数而言,首先要考虑的是级数的敛散性问题,其次要考虑收敛时如何求和的问题.

例 10.1　设 $a(\neq 0), q$ 为实数,讨论**等比级数**(也称**几何级数**)

$$\sum_{n=1}^{\infty} aq^{n-1} = a + aq + \cdots + aq^{n-1} + \cdots$$

的敛散性.

解 考虑该级数的第 n 个部分和

$$S_n = a + aq + \cdots + aq^{n-1} = \begin{cases} a\dfrac{1-q^n}{1-q}, & q \neq 1 \\ na, & q = 1 \end{cases}.$$

当 $|q| < 1$ 时,部分和数列 $\{S_n\}$ 收敛,极限为

$$\lim_{n\to\infty} S_n = \frac{a}{1-q};$$

当 $|q| \geq 1$ 时,部分和数列 $\{S_n\}$ 发散.因此,所论级数当 $|q| < 1$ 时收敛于和 $\dfrac{a}{1-q}$,即

$$\sum_{n=1}^{\infty} aq^{n-1} = a + aq + \cdots + aq^{n-1} + \cdots = \frac{a}{1-q};$$

当 $|q| \geq 1$ 时,所论级数发散. □

例 10.2 判断数项级数

$$\sum_{n=1}^{\infty} \frac{1}{n(n+1)} = \frac{1}{1 \cdot 2} + \frac{1}{2 \cdot 3} + \cdots + \frac{1}{n(n+1)} + \cdots$$

的敛散性.

解 该级数的第 n 个部分和

$$\begin{aligned} S_n &= \frac{1}{1 \cdot 2} + \frac{1}{2 \cdot 3} + \cdots + \frac{1}{n(n+1)} \\ &= \left(1 - \frac{1}{2}\right) + \left(\frac{1}{2} - \frac{1}{3}\right) + \cdots + \left(\frac{1}{n} - \frac{1}{n+1}\right) \\ &= 1 - \frac{1}{n+1} \to 1 \quad (n \to \infty) \end{aligned}$$

因此所论级数收敛于 1,即

$$\sum_{n=1}^{\infty} \frac{1}{n(n+1)} = \frac{1}{1 \cdot 2} + \frac{1}{2 \cdot 3} + \cdots + \frac{1}{n(n+1)} + \cdots = 1. \qquad □$$

上述两例说明,如果级数的部分和 S_n 可以求出,即能用 n 的一个简单表达式表示出,那么级数的敛散性就相对容易判断.然而,很多级数的部分和 S_n 是求不出或很难求出的,例如,**p 级数**

$$\sum_{n=1}^{\infty} \frac{1}{n^p} = 1 + \frac{1}{2^p} + \frac{1}{3^p} + \cdots + \frac{1}{n^p} + \cdots,$$

因此需要建立一些基于级数自身的敛散性判别法则.

首先,从级数的通项与部分和之间的如下关系: $a_n = S_n - S_{n-1}$,立即得出收敛的一个必要条件.

定理 10.1(必要条件) 级数 $\sum a_n$ 收敛,则通项 $a_n \to 0 (n \to \infty)$. □

定理 10.1 的逆否命题形式:通项不收敛于 0 的数项级数必发散,经常用于判别一些级数的发散性.

例 10.3 判别级数

$$(1)\ \sum_{n=1}^{\infty}\frac{n}{n+1};\quad (2)\ \sum_{n=1}^{\infty}\frac{\left(1+\dfrac{1}{n}\right)^n}{\sqrt[n]{n}}$$

的敛散性.

解 由于

$$\lim_{n\to\infty}\frac{n}{n+1}=1,\quad \lim_{n\to\infty}\frac{\left(1+\dfrac{1}{n}\right)^n}{\sqrt[n]{n}}=\frac{\mathrm{e}}{1}=\mathrm{e},$$

所要判别的两级数都发散. □

注意,定理 10.1 的逆一般不真,即存在通项趋于 0 的发散级数. 事实上,我们在第二章数列极限中已经知道**调和级数**

$$\sum_{n=1}^{\infty}\frac{1}{n}=1+\frac{1}{2}+\cdots+\frac{1}{n}+\cdots$$

的部分和数列是发散的,从而调和级数也发散.

在进一步考虑收敛的判别法则之前,我们先给出收敛级数的一些基本性质.

定理 10.2(线性运算性质) 如果级数 $\sum\limits_{n=1}^{\infty}a_n$ 和 $\sum\limits_{n=1}^{\infty}b_n$ 都收敛,则对任何常数 α,β,级数 $\sum\limits_{n=1}^{\infty}(\alpha a_n+\beta b_n)$ 也收敛,而且

$$\sum_{n=1}^{\infty}(\alpha a_n+\beta b_n)=\alpha\sum_{n=1}^{\infty}a_n+\beta\sum_{n=1}^{\infty}b_n.$$

证 按定义即可验证. □

例 10.4 证明级数

$$\sum_{n=1}^{\infty}\frac{2^n+3^n}{5^n}$$

收敛.

证 因为级数 $\sum\limits_{n=1}^{\infty}\left(\dfrac{2}{5}\right)^n$ 和 $\sum\limits_{n=1}^{\infty}\left(\dfrac{3}{5}\right)^n$ 都收敛,它们的和级数 $\sum\limits_{n=1}^{\infty}\left[\left(\dfrac{2}{5}\right)^n+\left(\dfrac{3}{5}\right)^n\right]$ 也收敛,即所论级数收敛. □

注 一般而言,当级数 $\sum\limits_{n=1}^{\infty}a_n$ 和 $\sum\limits_{n=1}^{\infty}b_n$ 都收敛时,级数 $\sum\limits_{n=1}^{\infty}a_nb_n$ 未必收敛. 反例将在后面给出. 另外,即使级数 $\sum\limits_{n=1}^{\infty}a_nb_n$ 也收敛,其和通常也不等于级数 $\sum\limits_{n=1}^{\infty}a_n$ 与 $\sum\limits_{n=1}^{\infty}b_n$ 的和的乘积,即一般而言有

$$\sum_{n=1}^{\infty}a_nb_n\neq\sum_{n=1}^{\infty}a_n\cdot\sum_{n=1}^{\infty}b_n.$$

例如,当 $a_n=b_n=\left(\dfrac{1}{2}\right)^n$ 时经计算可得 $\sum\limits_{n=1}^{\infty}a_nb_n=\dfrac{1}{3}$,而 $\sum\limits_{n=1}^{\infty}a_n\cdot\sum\limits_{n=1}^{\infty}b_n=1$.

定理 10.3(有限扰动不变性)   去掉、增加、或改变级数的有限项,级数敛散性不变.

证   设原级数 $\sum\limits_{n=1}^{\infty} a_n = a_1 + a_2 + \cdots + a_n + \cdots$ 中去掉了一项 a_{n_0} 后所得级数为

$$\sum_{n \neq n_0} a_n = a_1 + \cdots + a_{n_0-1} + a_{n_0+1} + \cdots + a_n + \cdots.$$

于是,原级数的部分和 S_n 和新级数的部分和 S_n^* 之间有如下关系:当 $n > n_0$ 时,

$$S_n^* = a_1 + \cdots + a_{n_0-1} + a_{n_0+1} + \cdots + a_{n+1} = S_{n+1} - a_{n_0},$$

因此, $\lim\limits_{n \to \infty} S_n^*$ 存在当且仅当 $\lim\limits_{n \to \infty} S_n$ 存在,从而原级数收敛当且仅当新级数收敛. 由此可知去掉有限项后所得级数与原级数具有相同的敛散性.

类似地,可证增加有限项或改变有限项,都不会改变级数的敛散性.   □

定理 10.4   对收敛级数任意加括号后所得级数仍然收敛,且与原级数有相同的和.

注   括号在运算次序中具有优先级,因此加括号后每个括号内的有限项要先进行计算,所得和看作一个数.

证   设级数 $a_1 + a_2 + \cdots + a_n + \cdots = S$. 现在加括号所得级数为

$$(a_1 + a_2 + \cdots + a_{n_1}) + (a_{n_1+1} + a_{n_1+2} + \cdots + a_{n_2}) + \cdots + (a_{n_{k-1}+1} + a_{n_{k-1}+2} + \cdots + a_{n_k}) + \cdots$$

$$= \sum_{k=1}^{\infty} b_k, \text{这里 } b_k = a_{n_{k-1}+1} + a_{n_{k-1}+2} + \cdots + a_{n_k}.$$

新级数的第 k 项部分和为

$$S_k(b) = b_1 + b_2 + \cdots + b_k = (a_1 + a_2 + \cdots + a_{n_1}) + (a_{n_1+1} + a_{n_1+2} + \cdots + a_{n_2}) + \cdots +$$
$$(a_{n_{k-1}+1} + a_{n_{k-1}+2} + \cdots + a_{n_k})$$
$$= S_{n_k}(a).$$

由于原级数的部分和数列 $\{S_n(a)\}$ 收敛于 S,部分和子列 $\{S_{n_k}(a)\}$ 也收敛于 S,于是新级数的部分和数列 $\{S_k(b)\}$ 收敛于 S.   □

这里要注意,有些发散的级数在加括号后会变成收敛的级数. 例如,级数

$$1 + (-1) + 1 + (-1) + \cdots + 1 + (-1) + \cdots$$

的通项不收敛于 0,因而是发散的,但如下加括号后的级数

$$[1 + (-1)] + [1 + (-1)] + \cdots + [1 + (-1)] + \cdots = 0 + 0 + \cdots + 0 + \cdots = 0,$$

显然是收敛的.

然而,如果每个括号内的各项具有相同的符号,定理 10.4 的逆就成立.

定理 10.5   若对级数加括号后所得级数收敛,而且每个括号内的各项同号(都非负或都非正),则原级数也收敛.

证   设级数 $\sum\limits_{n=1}^{\infty} a_n = a_1 + a_2 + \cdots + a_n + \cdots$ 在加括号后所得级数为

$$(a_1 + a_2 + \cdots + a_{n_1}) + (a_{n_1+1} + a_{n_1+2} + \cdots + a_{n_2}) + \cdots + (a_{n_{k-1}+1} + a_{n_{k-1}+2} + \cdots + a_{n_k}) + \cdots$$

$$= \sum_{k=1}^{\infty} b_k，这里 b_k = a_{n_{k-1}+1} + a_{n_{k-1}+2} + \cdots + a_{n_k}.$$

按条件，设新级数 $\sum_{k=1}^{\infty} b_k$ 收敛于 S，以及构成通项 b_k 的各项 $a_{n_{k-1}+1}, a_{n_{k-1}+2}, \cdots, a_{n_k}$ 同号. 由于

级数 $\sum_{k=1}^{\infty} b_k$ 收敛，按收敛的必要条件(定理 10.1)有 $b_k \rightarrow 0 (k \rightarrow \infty)$.

考察原级数的第 n 个部分和 $S_n(a)$. 由于存在 k 使得 $n_k \leqslant n < n_{k+1}$，

$$\begin{aligned} S_n(a) &= a_1 + a_2 + \cdots + a_{n_k} + a_{n_k+1} + \cdots + a_n \\ &= b_1 + b_2 + \cdots + b_k + (a_{n_k+1} + \cdots + a_n) \\ &= S_k(b) + (a_{n_k+1} + \cdots + a_n). \end{aligned}$$

由于 $a_{n_k+1}, \cdots, a_n, a_{n+1}, \cdots, a_{n_{k+1}}$ 同号，

$$|a_{n_k+1} + \cdots + a_n| \leqslant |a_{n_k+1} + \cdots + a_n + a_{n+1} + \cdots + a_{n_{k+1}}| = |b_{k+1}|,$$

从而

$$\begin{aligned} |S_n(a) - S| &\leqslant |S_k(b) - S| + |a_{n_k+1} + \cdots + a_n| \\ &\leqslant |S_k(b) - S| + |b_{k+1}| \rightarrow 0 \quad (n \rightarrow \infty). \end{aligned}$$

这就证明了原级数 $\sum_{n=1}^{\infty} a_n$ 也收敛于 S. □

现在，我们来给出判别级数收敛的一般准则. 由于级数收敛与否是按照其部分和数列的收敛与否来确定的，根据判别数列收敛的两个基本准则——单调有界准则和柯西准则，我们立即得到如下两个结论.

定理 10.6 若级数 $\sum_{n=1}^{\infty} a_n$ 的部分和数列 $\{S_n\}$ 单调有界，则该级数收敛. □

定理 10.7 级数 $\sum_{n=1}^{\infty} a_n$ 收敛的充要条件为其部分和数列 $\{S_n\}$ 是柯西列：对任何 $\varepsilon > 0$，存在正整数 N 使得当 $n > N$ 时对任何 $p \in N$ 有

$$|a_{n+1} + a_{n+2} + \cdots + a_{n+p}| = |S_{n+p} - S_n| < \varepsilon.$$ □

为了找到判别级数敛散性的更方便的办法，我们将在随后两节中分别对定理 10.6 和 10.7 做进一步的分析.

习题 10.1

1. 证明下列级数收敛并求其和.

(1) $1 - \dfrac{1}{2} + \dfrac{1}{4} - \dfrac{1}{8} + \cdots + \dfrac{(-1)^{n-1}}{2^{n-1}} + \cdots$

(2) $\left(\dfrac{1}{2} + \dfrac{1}{3} \right) + \left(\dfrac{1}{2^2} + \dfrac{1}{3^2} \right) + \cdots + \left(\dfrac{1}{2^n} + \dfrac{1}{3^n} \right) + \cdots$

(3) $\dfrac{1}{1 \cdot 2} + \dfrac{1}{2 \cdot 3} + \cdots + \dfrac{1}{n(n+1)} + \cdots$

(4) $\dfrac{1}{1 \cdot 4} + \dfrac{1}{4 \cdot 7} + \cdots + \dfrac{1}{(3n-2)(3n+1)} + \cdots$

(5) $\displaystyle\sum_{n=1}^{\infty} (\sqrt{n+2} - 2\sqrt{n+1} + \sqrt{n})$

2. 讨论下列级数的敛散性.

(1) $0.001 + \sqrt{0.001} + \sqrt[3]{0.001} + \cdots + \sqrt[n]{0.001} + \cdots$

(2) $\dfrac{1}{1022} + \dfrac{2}{2022} + \dfrac{3}{3022} + \cdots + \dfrac{n}{n022} + \cdots$

(3) $\dfrac{e}{3} + \dfrac{e^2}{3^2} + \cdots + \dfrac{e^n}{3^n} + \cdots$

(4) $\displaystyle\sum_{n=1}^{\infty} n\sin\dfrac{1}{n}$

(5) $\displaystyle\sum_{n=1}^{\infty} \dfrac{n(n+1) + 2^n}{n(n+1) \cdot 2^n}$

3. 证明级数 $\displaystyle\sum_{n=1}^{\infty} (a_{n+1} - a_n)$ 收敛当且仅当极限 $\lim\limits_{n\to\infty} a_n$ 存在.

§10.2 正项级数

为了应用定理 10.6,我们先考虑部分和数列 $\{S_n\}$ 单调的数项级数 $\displaystyle\sum_{n=1}^{\infty} a_n$. 此时,由于 $a_n = S_n - S_{n-1}$,除第一项 a_1 外,当 $\{S_n\}$ 递增时级数各项 a_n 都是非负的,当 $\{S_n\}$ 递减时各项 a_n 都是非正的. 也就是说,级数的各项 a_n(可能除第一项 a_1 外)都是同号的. 我们称这种级数为**同号级数**. 将各项均非负的级数称为**正项级数**;将各项均非正的级数称为**负项级数**. 显然,负项级数可通过乘以 (-1) 而得到一个正项级数,所得正项级数与原负项级数的敛散性完全相同. 因此,我们只需要对正项级数展开讨论即可.

定理 10.8 正项级数 $\displaystyle\sum_{n=1}^{\infty} a_n$ 收敛的充要条件是其部分和数列 $\{S_n\}$ 有界.

证 充分性:正项级数 $\displaystyle\sum_{n=1}^{\infty} a_n$ 部分和数列 $\{S_n\}$ 递增,再由充分性条件,$\{S_n\}$ 有界,因此按照数列收敛的单调有界准则,部分和数列 $\{S_n\}$ 收敛. 按定义,级数 $\displaystyle\sum_{n=1}^{\infty} a_n$ 收敛.

必要性:设正项级数 $\displaystyle\sum_{n=1}^{\infty} a_n$ 收敛,则按定义,其部分和数列 $\{S_n\}$ 收敛. 由收敛数列的有界性即知数列 $\{S_n\}$ 有界. □

注 当正项级数 $\displaystyle\sum_{n=1}^{\infty} a_n$ 的部分和数列 $\{S_n\}$ 有上界 M 时,正项级数 $\displaystyle\sum_{n=1}^{\infty} a_n$ 的和满足

$$\sum_{n=1}^{\infty} a_n = S \leqslant M.$$

事实上,由于 $S_n \leqslant M$,让 $n \to \infty$ 即得 $S \leqslant M$.

例 10.5 证明级数 $\sum\limits_{n=1}^{\infty} \dfrac{1}{n^2}$ 收敛.

证 所论级数显然是正项级数,因此只要证明部分和数列有界即可.由于

$$S_n = \frac{1}{1^2} + \frac{1}{2^2} + \frac{1}{3^2} + \cdots + \frac{1}{n^2}$$

$$< 1 + \frac{1}{1 \cdot 2} + \frac{1}{2 \cdot 3} + \cdots + \frac{1}{(n-1)n}$$

$$= 2 - \frac{1}{n} < 2,$$

部分和数列有界,从而由定理 10.8 知,级数 $\sum\limits_{n=1}^{\infty} \dfrac{1}{n^2}$ 收敛. □

例 10.6 证明调和级数

$$\sum_{n=1}^{\infty} \frac{1}{n} = 1 + \frac{1}{2} + \frac{1}{3} + \cdots + \frac{1}{n} + \cdots$$

发散.

证 调和级数显然是正项级数,因此只要证明部分和数列无界即可.由于当 $x > 0$ 时成立不等式 $\ln(1+x) < x$,

$$S_n = 1 + \frac{1}{2} + \frac{1}{3} + \cdots + \frac{1}{n}$$

$$> \ln(1+1) + \ln\left(1+\frac{1}{2}\right) + \ln\left(1+\frac{1}{3}\right) + \cdots + \ln\left(1+\frac{1}{n}\right)$$

$$= \ln(n+1) \to \infty.$$

这就证明了部分和数列无界. □

定理 10.9(比较判别法) 设两数项级数 $\sum\limits_{n=1}^{\infty} a_n$ 和 $\sum\limits_{n=1}^{\infty} b_n$ 通项满足:

$$0 \leqslant a_n \leqslant b_n \quad (n \geqslant n_0),$$

则 (1) 当级数 $\sum\limits_{n=1}^{\infty} b_n$ 收敛时,级数 $\sum\limits_{n=1}^{\infty} a_n$ 也收敛;或等价地

(2) 当级数 $\sum\limits_{n=1}^{\infty} a_n$ 发散时,级数 $\sum\limits_{n=1}^{\infty} b_n$ 也发散.

证 (1) 由于级数 $\sum\limits_{n=1}^{\infty} b_n$ 收敛,由定理 10.3(有限扰动不变性)知级数 $\sum\limits_{n=n_0}^{\infty} b_n$ 仍收敛.由定理 10.8,级数 $\sum\limits_{n=n_0}^{\infty} b_n$ 的部分和数列有界.按条件,级数 $\sum\limits_{n=n_0}^{\infty} a_n$ 的部分和数列不超过级数 $\sum\limits_{n=n_0}^{\infty} b_n$ 的部分和数列,因而也有界.由定理 10.8 就知,级数 $\sum\limits_{n=n_0}^{\infty} a_n$ 收敛.再由定理 10.3 就知级数 $\sum\limits_{n=1}^{\infty} a_n$ 也收敛. □

注意,定理 10.9 中的数项级数没有被要求是完全的正项级数,可以有有限项是负的. 后面,在不特别说明的情况下,正项级数均可以有有限项负项.

例 10.7 证明:p 级数 $\sum\limits_{n=1}^{\infty}\dfrac{1}{n^p}$ 当 $0<p<1$ 时发散;当 $p>2$ 时收敛.

证 当 $0<p<1$ 时,由于 $\dfrac{1}{n^p}\geqslant\dfrac{1}{n}$,从而由调和级数发散知 p 级数 $\sum\limits_{n=1}^{\infty}\dfrac{1}{n^p}$ 也发散. 当 $p>2$ 时由于 $\dfrac{1}{n^p}\leqslant\dfrac{1}{n^2}$,从而由级数 $\sum\limits_{n=1}^{\infty}\dfrac{1}{n^2}$ 收敛知级数 $\sum\limits_{n=1}^{\infty}\dfrac{1}{n^p}$ 收敛. □

注 当 $1<p<2$ 时,p 级数的收敛性将在稍后证明.

例 10.8 设 $\{a_n\}_{n\geqslant 0}$ 是整数列,并且当 $n\geqslant 1$ 时,$0\leqslant a_n\leqslant 9$. 证明级数

$$a_0+\sum_{n=1}^{\infty}\frac{a_n}{10^n}$$

收敛.

证 当 $n\geqslant 1$ 时 $\dfrac{a_n}{10^n}\leqslant\dfrac{9}{10^n}$,并且等比级数 $\sum\limits_{n=1}^{\infty}\dfrac{9}{10^n}$ 由例 10.1 知收敛,因此由比较判别法知级数 $a_0+\sum\limits_{n=1}^{\infty}\dfrac{a_n}{10^n}$ 收敛. □

注 上述例 10.8 说明了实数的小数表示 $a_0.a_1a_2\cdots a_n\cdots$ 的合理性.

例 10.9 讨论级数 $\sum\limits_{n=1}^{\infty}\dfrac{1}{2^n-5n}$ 的收敛性.

解 所论级数的开始几项都是负项. 但是当 $n>20$ 时有

$$2^n=(1+1)^n>1+n+\frac{n(n-1)}{2}>\frac{n(n+1)}{2}>10n,$$

从而所讨论的级数为正项级数,并且当 $n>20$ 时有

$$0<\frac{1}{2^n-5n}=\frac{1}{2^{n-1}+2^{n-1}-5n}<\frac{1}{2^{n-1}}=\left(\frac{1}{2}\right)^{n-1}.$$

于是由正项级数 $\sum\limits_{n=1}^{\infty}\left(\dfrac{1}{2}\right)^{n-1}$ 收敛知级数 $\sum\limits_{n=1}^{\infty}\dfrac{1}{2^n-5n}$ 也收敛. □

例 10.10 讨论级数 $\sum\limits_{n=2}^{\infty}\dfrac{1}{(\ln n)^{\ln n}}$ 的收敛性.

解 当 $n>e^{e^2}$ 时有

$$0<\frac{1}{(\ln n)^{\ln n}}=\frac{1}{n^{\ln\ln n}}<\frac{1}{n^2},$$

因此所论级数收敛. □

由于两个级数比较时,只要比较从某项开始的项,在实际应用中,常用比较判别法的如下极限形式.

定理 10.10(比较判别法的极限形式) 设两正项级数 $\sum\limits_{n=1}^{\infty}a_n$ 和 $\sum\limits_{n=1}^{\infty}b_n$ 通项满足

$$\lim_{n\to\infty}\frac{a_n}{b_n}=\tau,$$

则 (1) 当 $0<\tau<+\infty$ 时,两级数 $\sum_{n=1}^{\infty}a_n$ 和 $\sum_{n=1}^{\infty}b_n$ 的敛散性相同;

(2) 当 $\tau=0$ 时,若 $\sum_{n=1}^{\infty}b_n$ 收敛,则 $\sum_{n=1}^{\infty}a_n$ 收敛;

(3) 当 $\tau=+\infty$ 时,若 $\sum_{n=1}^{\infty}b_n$ 发散,则 $\sum_{n=1}^{\infty}a_n$ 发散.

证 (1) 由于 $\lim_{n\to\infty}\frac{a_n}{b_n}=\tau\in(0,+\infty)$,存在正整数 N 使得当 $n>N$ 时有 $\left|\frac{a_n}{b_n}-\tau\right|<\frac{\tau}{2}$,即

$\frac{\tau}{2}<\frac{a_n}{b_n}<\frac{3\tau}{2}$. 于是当 $n>N$ 时有 $a_n<\frac{3\tau}{2}b_n$ 并且 $b_n<\frac{2}{\tau}a_n$. 根据定理 10.9 即知结论(1)成立.

(2)和(3)的证明类似,详略. □

例 10.9 另解 由于

$$\frac{\dfrac{1}{2^n-5n}}{\left(\dfrac{1}{2}\right)^n}=\frac{1}{1-\dfrac{5n}{2^n}}\to1\quad(n\to\infty),$$

由等比级数 $\sum_{n=1}^{\infty}\left(\frac{1}{2}\right)^n$ 的收敛性知所论级数收敛. □

例 10.11 证明级数

$$\sum_{n=1}^{\infty}\sin\frac{1}{n}=\sin1+\sin\frac{1}{2}+\cdots+\sin\frac{1}{n}+\cdots$$

发散.

证 由于 $\dfrac{\sin\dfrac{1}{n}}{\dfrac{1}{n}}\to1\quad(n\to\infty)$,由调和级数发散知所论级数也发散. □

例 10.12 证明级数

$$\sum_{n=2}^{\infty}\ln\left(1-\frac{1}{n^2}\right)=\ln\left(1-\frac{1}{2^2}\right)+\ln\left(1-\frac{1}{3^2}\right)+\cdots+\ln\left(1-\frac{1}{n^2}\right)+\cdots$$

收敛.

证 这是负项级数:通项 $\ln\left(1-\frac{1}{n^2}\right)<0$,因此考虑正项级数 $\sum_{n=2}^{\infty}\left[-\ln\left(1-\frac{1}{n^2}\right)\right]$. 由于

$$\lim_{n\to\infty}\frac{-\ln\left(1-\dfrac{1}{n^2}\right)}{\dfrac{1}{n^2}}=1,$$

由正项级数 $\sum_{n=1}^{\infty}\frac{1}{n^2}$ 收敛及比较判别法知级数 $\sum_{n=2}^{\infty}\left[-\ln\left(1-\frac{1}{n^2}\right)\right]$ 收敛,从而级数 $\sum_{n=2}^{\infty}\ln\left(1-\frac{1}{n^2}\right)$ 也收敛. □

从上面的例子可看到,在用比较判别法判别正项级数的敛散性时,用于比较的级数通常选取等比级数或 p 级数. 由于等比级数 $\sum aq^{n-1}$ 的通项 $a_n = aq^{n-1}$ 满足 $\dfrac{a_{n+1}}{a_n} = q$,对一般正项级数也可通过考虑相邻两项的比来判别敛散性. 这就是如下的**比式判别法**,也称**达朗贝尔**(d'Alembert)**判别法**.

定理 10.11 (1) 若存在正整数 N_0 和正常数 $q < 1$ 使得正项级数 $\sum\limits_{n=1}^{\infty} a_n$ 的通项 a_n 当 $n \geq N_0$ 时满足 $\dfrac{a_{n+1}}{a_n} \leq q$,则正项级数 $\sum\limits_{n=1}^{\infty} a_n$ 收敛;

(2) 若存在正整数 N_0 使得正项级数 $\sum\limits_{n=1}^{\infty} a_n$ 的通项 a_n 当 $n \geq N_0$ 时满足 $\dfrac{a_{n+1}}{a_n} \geq 1$,则正项级数 $\sum\limits_{n=1}^{\infty} a_n$ 发散.

证 (1) 根据定理 10.3(有限扰动不变性),我们可设 $\dfrac{a_{n+1}}{a_n} \leq q$ 对所有 n 都成立.(否则,可仿照定理 10.9 之证明.)于是就有

$$a_n = \frac{a_n}{a_{n-1}} \cdot \frac{a_{n-1}}{a_{n-2}} \cdot \cdots \cdot \frac{a_3}{a_2} \cdot \frac{a_2}{a_1} \cdot a_1 \leq a_1 q^{n-1}.$$

由于 $0 < q < 1$,等比级数 $\sum\limits_{n=1}^{\infty} a_1 q^{n-1}$ 收敛. 于是由比较判别法,正项级数 $\sum\limits_{n=1}^{\infty} a_n$ 收敛.

(2) 按条件,此时 $\{a_n\}_{n \geq N_0}$ 恒正并且单调递增,因此不以 0 为极限,从而由收敛的必要条件知正项级数 $\sum\limits_{n=1}^{\infty} a_n$ 发散. □

比式判别法也有如下的极限形式.

定理 10.12 若正项级数 $\sum\limits_{n=1}^{\infty} a_n$ 的通项 a_n 满足

$$\lim_{n \to \infty} \frac{a_{n+1}}{a_n} = q,$$

则 (1) 当 $0 \leq q < 1$ 时正项级数 $\sum\limits_{n=1}^{\infty} a_n$ 收敛;

(2) 当 $1 < q \leq +\infty$ 时正项级数 $\sum\limits_{n=1}^{\infty} a_n$ 发散.

证 (1) 根据数列极限的保号性,存在正整数 N_0 使得当 $n \geq N_0$ 时有

$$\frac{a_{n+1}}{a_n} < q + \frac{1-q}{2} = \frac{1+q}{2} < 1,$$

因此由定理 10.11(1)知正项级数 $\sum\limits_{n=1}^{\infty} a_n$ 收敛.

(2) 根据数列极限的保号性,存在正整数 N_0 使得当 $n \geq N_0$ 时有

$$\frac{a_{n+1}}{a_n} > q - \frac{q-1}{2} = \frac{q+1}{2} > 1,$$

因此由定理 10.11(2) 知正项级数 $\sum\limits_{n=1}^{\infty} a_n$ 发散. $\square$

注 比式判别法的极限形式中,没有关于 $q=1$ 时的结论. 这是由于在这种情况下,级数的敛散性是不确定的,也就是说,此时级数可能收敛也可能发散. 对此,考察级数 $\sum\limits_{n=1}^{\infty} \dfrac{1}{n}$ 和 $\sum\limits_{n=1}^{\infty} \dfrac{1}{n^2}$ 即可看出.

例 10.13 讨论级数

$$\sum_{n=1}^{\infty} \frac{n!}{(2n+1)!!} = \sum_{n=1}^{\infty} \frac{1 \cdot 2 \cdot 3 \cdot \cdots \cdot n}{1 \cdot 3 \cdot 5 \cdot \cdots \cdot (2n+1)}$$

的敛散性.

解 由于 $a_n = \dfrac{n!}{(2n+1)!!}$ 满足

$$\frac{a_{n+1}}{a_n} = \frac{(n+1)!}{(2n+3)!!} \cdot \frac{(2n+1)!!}{n!} = \frac{n+1}{2n+3} \to \frac{1}{2},$$

所论级数收敛. $\square$

例 10.14 设 x 为正实数,讨论级数 $\sum\limits_{n=1}^{\infty} nx^{n-1}$ 的敛散性.

解 由于 $a_n = nx^{n-1}$ 满足

$$\frac{a_{n+1}}{a_n} = \frac{(n+1)x^n}{nx^{n-1}} = \frac{n+1}{n} x \to x,$$

由定理 10.12 知,当 $0<x<1$ 时级数收敛;当 $x>1$ 时级数发散. 至于 $x=1$ 的情形,此时级数因通项 $a_n=n$ 无界而一定发散. $\square$

等比级数 $\sum\limits_{n=1}^{\infty} aq^{n-1}(q>0)$ 的通项 $a_n=aq^{n-1}$ 还满足 $\sqrt[n]{a_n} \to q$. 对一般正项级数亦如此做,则有如下的**根式判别法**,也称**柯西判别法**.

定理 10.13 (1) 若存在正整数 N_0 和正常数 $q<1$ 使得正项级数 $\sum\limits_{n=1}^{\infty} a_n$ 的通项 a_n 当 $n \geqslant N_0$ 时满足 $\sqrt[n]{a_n} \leqslant q$,则正项级数 $\sum\limits_{n=1}^{\infty} a_n$ 收敛;

(2) 若存在正整数 N_0 使得正项级数 $\sum\limits_{n=1}^{\infty} a_n$ 的通项 a_n 当 $n \geqslant N_0$ 时满足 $\sqrt[n]{a_n} \geqslant 1$,则正项级数 $\sum\limits_{n=1}^{\infty} a_n$ 发散.

证 (1) 与定理 10.11 证明一样,可设 $\sqrt[n]{a_n} \leqslant q$ 对所有 n 都成立,从而 $a_n \leqslant q^n$. 由 $q<1$ 知级数 $\sum\limits_{n=1}^{\infty} q^n$ 收敛,于是由比较判别法,级数 $\sum\limits_{n=1}^{\infty} a_n$ 收敛.

(2) 按条件当 $n \geqslant N_0$ 时有 $a_n \geqslant 1$,从而 $\{a_n\}$ 不收敛于 0. 于是,级数 $\sum\limits_{n=1}^{\infty} a_n$ 发散. $\square$

定理 10.14 设正项级数 $\sum\limits_{n=1}^{\infty} a_n$ 的通项 a_n 满足

$$\lim_{n\to\infty} \sqrt[n]{a_n} = q,$$

则 (1) 当 $0 \leqslant q < 1$ 时正项级数 $\sum\limits_{n=1}^{\infty} a_n$ 收敛；

(2) 当 $1 < q \leqslant +\infty$ 时正项级数 $\sum\limits_{n=1}^{\infty} a_n$ 发散.

证 (1) 根据数列极限的保号性,存在正整数 N_0 使得当 $n \geqslant N_0$ 时有

$$\sqrt[n]{a_n} < q + \frac{1-q}{2} = \frac{1+q}{2} < 1,$$

因此由定理 10.13(1)知正项级数 $\sum\limits_{n=1}^{\infty} a_n$ 收敛.

(2) 根据数列极限的保号性,存在正整数 N_0 使得当 $n \geqslant N_0$ 时有

$$\sqrt[n]{a_n} > q - \frac{q-1}{2} = \frac{q+1}{2} > 1,$$

因此由定理 10.13(2)知正项级数 $\sum\limits_{n=1}^{\infty} a_n$ 发散. ☐

注 根式判别法的极限形式中,也没有关于 $q=1$ 时的结论. 这是由于在这种情况下,级数的敛散性也是不确定的. 对此,同样可通过考察级数 $\sum\limits_{n=1}^{\infty} \frac{1}{n}$ 和 $\sum\limits_{n=1}^{\infty} \frac{1}{n^2}$ 看出.

例 10.15 讨论级数 $\sum\limits_{n=1}^{\infty} \frac{2+(-1)^n}{2^n}$ 的敛散性.

分析 级数的相邻两项之比

$$\frac{a_{n+1}}{a_n} = \frac{2+(-1)^{n+1}}{2^{n+1}} \cdot \frac{2^n}{2+(-1)^n} = \frac{1}{2} \cdot \frac{2-(-1)^n}{2+(-1)^n}$$

没有极限,而且 $\dfrac{a_{2m+1}}{a_{2m}} = \dfrac{1}{6} < 1$ 但 $\dfrac{a_{2m}}{a_{2m-1}} = \dfrac{3}{2} > 1$,因此不能根据比式判别法得出所讨论级数的敛散性. 但本例可以用根式判别法解决.

解 显然级数是正项级数. 由于级数通项满足

$$\sqrt[n]{a_n} = \sqrt[n]{\frac{2+(-1)^n}{2^n}} = \frac{\sqrt[n]{2+(-1)^n}}{2} \to \frac{1}{2} < 1,$$

所讨论的级数由根式判别法知是收敛的. ☐

例 10.15 表明,根式判别法比比式判别法适用的范围更广. 事实上,这是必然的. 原因是可以证明:只要 $\lim\limits_{n\to\infty} \frac{a_{n+1}}{a_n} = q$ 就有 $\lim\limits_{n\to\infty} \sqrt[n]{a_n} = q$. 在实际应用中,通常当 a_n 的表示式为乘积形式时用比式判别法,但若表达式为 n 次方幂形式,则可用根式判别法试试.

现在我们来讨论当 $1 < p < 2$ 时,p 级数的收敛性问题. 由于比式和根式判别法都对 p 级数失效,需要回到前面的比较判别法来解决 p 级数的收敛性问题. 鉴于 $p=2$ 时的处理:

$\dfrac{1}{n^2}<\dfrac{1}{(n-1)n}=\dfrac{1}{n-1}-\dfrac{1}{n}$，对 $1<p<2$，我们可仿照此处理：寻找常数 $c>0$ 使得 $\dfrac{1}{n^p}\leqslant c\Big[\dfrac{1}{(n-1)^{p-1}}-\dfrac{1}{n^{p-1}}\Big]$．根据拉格朗日微分中值定理，我们有 $\dfrac{1}{(n-1)^{p-1}}-\dfrac{1}{n^{p-1}}=\dfrac{p-1}{\zeta^p}\geqslant \dfrac{p-1}{n^p}$，因此得

$$\frac{1}{n^p}\leqslant\frac{1}{p-1}\Big[\frac{1}{(n-1)^{p-1}}-\frac{1}{n^{p-1}}\Big].$$

于是，p 级数的第 n 个部分和满足

$$S_n=1+\frac{1}{2^p}+\frac{1}{3^p}+\cdots+\frac{1}{n^p}$$

$$\leqslant 1+\frac{1}{p-1}\Big(\frac{1}{1^{p-1}}-\frac{1}{2^{p-1}}\Big)+\frac{1}{p-1}\Big(\frac{1}{2^{p-1}}-\frac{1}{3^{p-1}}\Big)+\cdots+\frac{1}{p-1}\Big[\frac{1}{(n-1)^{p-1}}-\frac{1}{n^{p-1}}\Big]$$

$$=1+\frac{1}{p-1}\Big(1-\frac{1}{n^{p-1}}\Big)<1+\frac{1}{p-1}=\frac{p}{p-1}.$$

从而 $p>1$ 时 p 级数的部分和数列有界，进而收敛．

现在，对上述过程中起重要作用的不等式再做观察而得

$$\frac{1}{n^p}\leqslant\int_{n-1}^{n}\frac{1}{x^p}\mathrm{d}x.$$

将 $\dfrac{1}{x^p}$ 换成一般的单调函数 $f(x)$，便得如下的**积分判别法**.

定理 10.15　设函数 f 于区间 $[1,+\infty)$ 非负递减，则正项级数 $\displaystyle\sum_{n=1}^{\infty}f(n)$ 与反常积分 $\displaystyle\int_{1}^{+\infty}f(x)\mathrm{d}x$ 敛散性相同．

证　由于函数 f 于区间 $[1,+\infty)$ 递减，函数 f 在 $[1,+\infty)$ 的任何有限闭子区间上可积，并且对任何正整数 $n\geqslant2$ 有

$$f(n)\leqslant\int_{n-1}^{n}f(x)\mathrm{d}x,\quad\int_{n}^{n+1}f(x)\mathrm{d}x\leqslant f(n).$$

现在设反常积分收敛，则对任何 $n\geqslant2$ 有

$$S_n=f(1)+f(2)+f(3)+\cdots+f(n)$$

$$\leqslant f(1)+\int_{1}^{2}f(x)\mathrm{d}x+\int_{2}^{3}f(x)\mathrm{d}x+\cdots+\int_{n-1}^{n}f(x)\mathrm{d}x$$

$$=f(1)+\int_{1}^{n}f(x)\mathrm{d}x\leqslant f(1)+\int_{1}^{+\infty}f(x)\mathrm{d}x.$$

即正项级数 $\displaystyle\sum_{n=1}^{\infty}f(n)$ 的部分和数列有界，因而收敛．

反过来，设正项级数 $\displaystyle\sum_{n=1}^{\infty}f(n)$ 收敛，则对任何 $x>1$，

$$\int_{1}^{x}f(t)\mathrm{d}t\leqslant\int_{1}^{[x]+1}f(t)\mathrm{d}t=\sum_{n=1}^{[x]}\int_{n}^{n+1}f(t)\mathrm{d}t\leqslant\sum_{n=1}^{[x]}f(n)\leqslant\sum_{n=1}^{\infty}f(n).$$

由此可知,非负函数的变上限积分有界,从而反常积分也收敛.   □

注 定理 10.15 对在 $[1,+\infty)$ 的任何有限闭子区间上可积并且在某 $U(+\infty)$ 上非负递减的函数仍然成立.

例 10.16 讨论如下级数的敛散性,其中 $p>0$ 为实数:

$$\sum_{n=1}^{\infty} \frac{1}{n^p}, \sum_{n=2}^{\infty} \frac{1}{n(\ln n)^p}, \sum_{n=2}^{\infty} \frac{1}{n\ln n(\ln\ln n)^p}.$$

解 第一个是 p 级数,我们已经知道其在 $0<p\leqslant 1$ 时发散,在 $p>1$ 时收敛.这里用积分判别法重新证明:由于函数 $f(x)=\dfrac{1}{x^p}$ 于 $[1,+\infty)$ 非负递减并且反常积分

$$\int_1^{+\infty} f(x)\mathrm{d}x = \int_1^{+\infty} \frac{1}{x^p}\mathrm{d}x$$

在 $0<p\leqslant 1$ 时发散,在 $p>1$ 时收敛,由此级数的敛散性情况也如此.

对第二和第三个级数,分别考虑函数

$$f(x)=\frac{1}{x(\ln x)^p} \text{ 和 } f(x)=\frac{1}{x\ln x(\ln\ln x)^p}$$

则同样通过对反常积分

$$\int_2^{+\infty} \frac{1}{x(\ln x)^p}\mathrm{d}x \text{ 和 } \int_3^{+\infty} \frac{1}{x\ln x(\ln\ln x)^p}\mathrm{d}x$$

敛散性的讨论可知级数在 $0<p\leqslant 1$ 时发散,在 $p>1$ 时收敛.   □

例 10.17 讨论如下级数的敛散性:

$$\sum_{n=1}^{\infty} \frac{1}{n^{1+\frac{1}{n}}}, \sum_{n=1}^{\infty} \frac{\ln n}{n^{1.001}}.$$

解 由于

$$\frac{\frac{1}{n^{1+\frac{1}{n}}}}{\frac{1}{n}} = \frac{1}{n^{\frac{1}{n}}} \to 1,$$

第一个级数与调和级数敛散性相同而发散.对第二个级数,由于

$$\frac{\frac{\ln n}{n^{1.001}}}{\frac{1}{n^{1.0001}}} = \frac{\ln n}{n^{0.0009}} \to 0,$$

由级数 $\sum_{n=1}^{\infty} \dfrac{1}{n^{1.0001}}$ 收敛知第二个级数收敛.   □

习题 10.2

1. 讨论下列级数的敛散性.

(1) $\dfrac{2022}{1!} + \dfrac{2022^2}{2!} + \cdots + \dfrac{2022^n}{n!} + \cdots$

(2) $\dfrac{1}{1^2+1} + \dfrac{2}{2^2+1} + \cdots + \dfrac{n}{n^2+1} + \cdots$

(3) $\displaystyle\sum_{n=2}^{\infty} \dfrac{1}{\sqrt[n]{\ln n}}$

(4) $\displaystyle\sum_{n=1}^{\infty} \left(1 - \cos\dfrac{\pi}{n}\right)$

(5) $\displaystyle\sum_{n=1}^{\infty} (\sqrt[n]{a} - 1)\,(a > 0)$

(6) $\displaystyle\sum_{n=1}^{\infty} \left[\dfrac{1}{\sqrt{n}} - \sqrt{\ln\dfrac{n+1}{n}}\right]$

2. 证明:若正项级数 $\displaystyle\sum_{n=1}^{\infty} a_n$ 收敛,则级数 $\displaystyle\sum_{n=1}^{\infty} (a_n)^2$ 也收敛.

§10.3 一般数项级数

一般数项级数的收敛性判别问题自然比正项级数的敛散性判别问题要复杂很多. 此时,我们将应用柯西准则即定理 10.7 来讨论.

首先,由于成立不等式 $|a_{n+1} + a_{n+2} + \cdots + a_{n+p}| \leqslant |a_{n+1}| + |a_{n+2}| + \cdots + |a_{n+p}|$,定理 10.7 有如下推论.

定理 10.16 若级数 $\displaystyle\sum_{n=1}^{\infty} |a_n|$ 收敛,则级数 $\displaystyle\sum_{n=1}^{\infty} a_n$ 也收敛. □

例 10.18 讨论级数 $\displaystyle\sum_{n=1}^{\infty} \dfrac{(-1)^{n-1}}{n^2}$ 的敛散性.

解 由于 $\displaystyle\sum_{n=1}^{\infty} \left|\dfrac{(-1)^{n-1}}{n^2}\right| = \sum_{n=1}^{\infty} \dfrac{1}{n^2}$ 收敛,由定理 10.16 知,级数 $\displaystyle\sum_{n=1}^{\infty} \dfrac{(-1)^{n-1}}{n^2}$ 收敛. □

定理 10.16 将收敛级数 $\displaystyle\sum_{n=1}^{\infty} a_n$ 分成两类:$\displaystyle\sum_{n=1}^{\infty} |a_n|$ 收敛的级数 $\displaystyle\sum_{n=1}^{\infty} a_n$,称为**绝对收敛级数**;$\displaystyle\sum_{n=1}^{\infty} |a_n|$ 发散的收敛级数 $\displaystyle\sum_{n=1}^{\infty} a_n$,称为**条件收敛**级数. 注意级数 $\displaystyle\sum_{n=1}^{\infty} |a_n|$ 是正项级数,因此可用上一节中的方法处理之.

例 10.19 证明:对任何实数 x,级数

$$\sum_{n=1}^{\infty} \dfrac{x^n}{n!}$$

绝对收敛.

证 考虑级数 $\sum\limits_{n=1}^{\infty}\left|\dfrac{x^n}{n!}\right|$. 由于其通项 $a_n=\left|\dfrac{x^n}{n!}\right|$ 满足 $\dfrac{a_{n+1}}{a_n}=\dfrac{|x|}{n+1}\to 0$,由比式判别法知级数 $\sum\limits_{n=1}^{\infty}\left|\dfrac{x^n}{n!}\right|$ 收敛,即级数 $\sum\limits_{n=1}^{\infty}\dfrac{x^n}{n!}$ 绝对收敛. $\qquad\square$

现在我们来讨论条件收敛级数. 首先,这样的级数不可能是同号级数,必有无限项正也有无限项负. 我们先讨论符号变化规律简单清晰的**交错级数**:

$$\sum_{n=1}^{\infty}(-1)^{n-1}a_n=a_1-a_2+a_3-a_4+\cdots$$

其中所有 $a_n\geqslant 0$. 对此,有如下莱布尼兹判别法.

定理 10.17 若非负数列 $\{a_n\}$ 单调递减收敛于 0,则级数 $\sum\limits_{n=1}^{\infty}(-1)^{n-1}a_n$ 收敛.

证 考察级数 $\sum\limits_{n=1}^{\infty}(-1)^{n-1}a_n$ 的部分和数列. 首先有

$$|S_{n+p}-S_n|=|(-1)^n a_{n+1}+(-1)^{n+1}a_{n+2}+\cdots+(-1)^{n+p-1}a_{n+p}|$$
$$=|a_{n+1}-a_{n+2}+\cdots+(-1)^{p-1}a_{n+p}|.$$

现在注意到 $a_{n+1}-a_{n+2}+\cdots+(-1)^{p-1}a_{n+p}\geqslant 0$. 事实上,当 p 为偶数时,

$$a_{n+1}-a_{n+2}+\cdots+(-1)^{p-1}a_{n+p}=(a_{n+1}-a_{n+2})+\cdots+(a_{n+p-1}-a_{n+p})\geqslant 0,$$

当 p 为奇数时,

$$a_{n+1}-a_{n+2}+\cdots+(-1)^{p-1}a_{n+p}$$
$$=(a_{n+1}-a_{n+2})+\cdots+(a_{n+p-2}-a_{n+p-1})+a_{n+p}\geqslant 0.$$

于是

$$|S_{n+p}-S_n|=a_{n+1}-a_{n+2}+\cdots+(-1)^{p-1}a_{n+p}=a_{n+1}-[a_{n+2}-\cdots+(-1)^p a_{n+p}].$$

同样有 $a_{n+2}-\cdots+(-1)^p a_{n+p}\geqslant 0$,因此就得

$$|S_{n+p}-S_n|\leqslant a_{n+1}.$$

由于上式对任何正整数 n,p 都成立,并且 $a_n\to 0$,由柯西准则知级数 $\sum\limits_{n=1}^{\infty}(-1)^{n-1}a_n$ 收敛. $\qquad\square$

根据莱布尼兹判别法,级数

$$\sum_{n=1}^{\infty}\frac{(-1)^{n-1}}{n}=1+\frac{-1}{2}+\frac{1}{3}+\frac{-1}{4}+\frac{1}{5}+\frac{-1}{6}+\cdots$$
$$=1-\frac{1}{2}+\frac{1}{3}-\frac{1}{4}+\frac{1}{5}-\frac{1}{6}+\cdots$$

收敛. 由于调和级数发散,$\sum\limits_{n=1}^{\infty}\dfrac{(-1)^{n-1}}{n}$ 条件收敛. 一般地,级数

$$\sum_{n=1}^{\infty}\frac{(-1)^{n-1}}{n^p}$$

当 $0 < p \leqslant 1$ 时条件收敛,当 $p > 1$ 时绝对收敛.

莱布尼兹判别法也可以用来判别一些各项符号分布很清晰的级数的收敛性.

例 10.20　证明级数

$$\sum_{n=1}^{\infty} \frac{(-1)^{\frac{n(n-1)}{2}}}{n}$$

收敛.

证　这个级数不是交错级数,因此不能直接引用莱布尼兹判别法,但这个级数的各项符号非常清晰:

$$\sum_{n=1}^{\infty} \frac{(-1)^{\frac{n(n-1)}{2}}}{n} = 1 - \frac{1}{2} - \frac{1}{3} + \frac{1}{4} + \frac{1}{5} - \frac{1}{6} - \frac{1}{7} + \frac{1}{8} + \frac{1}{9} - \cdots$$

除第一项外,后面依次两项负两项正地排列. 现在对级数,除第一项外,依次两项两项地加括号,就得到交错级数:

$$1 - \left(\frac{1}{2} + \frac{1}{3}\right) + \left(\frac{1}{4} + \frac{1}{5}\right) - \left(\frac{1}{6} + \frac{1}{7}\right) + \cdots + (-1)^k \left(\frac{1}{2k} + \frac{1}{2k+1}\right) + \cdots$$

容易验证数列 $\left\{\frac{1}{2k} + \frac{1}{2k+1}\right\}$ 单调递减并收敛于 0,因此由莱布尼兹判别法知上述交错级数收敛. 因为该交错级数由所论级数加括号而得,并且括号内各项均同号,所以由定理 10.5 知原级数收敛. $\qquad\square$

对于各项符号分布不清晰的级数收敛性判别,一般来讲是非常复杂的. 此时,常用的判别法有狄利克雷判别法和阿贝尔判别法.

定理 10.18(狄利克雷判别法)　若数列 $\{a_n\}$ 单调收敛于 0 并且级数 $\sum\limits_{n=1}^{\infty} b_n$ 的部分和数列 $\{S_n(b)\}$ 有界,则级数 $\sum\limits_{n=1}^{\infty} a_n b_n$ 收敛.

当 $b_n = (-1)^{n-1}$ 时,狄利克雷判别法即莱布尼兹判别法.

证*　与莱布尼兹判别法的证明一样,将用柯西准则来证明. 现在设数列 $\{a_n\}$ 单调递减,由于其收敛于 0 而各项非负. 由于部分和数列 $\{S_n(b)\}$ 有界,设 $|S_n| \leqslant M$. 于是对任何正整数 n, p 有

$$|a_{n+1} b_{n+1} + a_{n+2} b_{n+2} + \cdots + a_{n+p} b_{n+p}|$$
$$= |a_{n+1}(S_{n+1} - S_n) + a_{n+2}(S_{n+2} - S_{n+1}) + \cdots + a_{n+p}(S_{n+p} - S_{n+p-1})|$$
$$= |-a_{n+1} S_n + (a_{n+1} - a_{n+2}) S_{n+1} + \cdots + (a_{n+p-1} - a_{n+p}) S_{n+p-1} + a_{n+p} S_{n+p}|$$
$$\leqslant a_{n+1}|S_n| + (a_{n+1} - a_{n+2})|S_{n+1}| + \cdots + (a_{n+p-1} - a_{n+p})|S_{n+p-1}| + a_{n+p}|S_{n+p}|$$
$$\leqslant [a_{n+1} + (a_{n+1} - a_{n+2}) + \cdots + (a_{n+p-1} - a_{n+p}) + a_{n+p}] M$$
$$= 2M a_{n+1}.$$

根据上式并结合 $a_n \to 0$,由柯西准则,级数 $\sum\limits_{n=1}^{\infty} a_n b_n$ 收敛. $\qquad\square$

定理 10.19(阿贝尔判别法)　若数列 $\{a_n\}$ 单调有界并且级数 $\sum\limits_{n=1}^{\infty} b_n$ 收敛,则 $\sum\limits_{n=1}^{\infty} a_n b_n$

收敛.

证 数列 $\{a_n\}$ 单调有界，因此必收敛. 设 $a_n \to a$，则 $\{a_n - a\}$ 单调收敛于 0，故由狄利克雷判别法知级数 $\sum\limits_{n=1}^{\infty}(a_n - a)b_n$ 收敛. 于是由线性运算性质，级数

$$\sum_{n=1}^{\infty} a_n b_n = \sum_{n=1}^{\infty}\left[(a_n - a)b_n + ab_n\right]$$

收敛. □

例 10.21 若数列 $\{a_n\}$ 单调收敛于 0，则对任何 $x \in (0, 2\pi)$，级数 $\sum\limits_{n=1}^{\infty} a_n \sin nx$ 和级数 $\sum\limits_{n=1}^{\infty} a_n \cos nx$ 都收敛.

证 根据狄利克雷判别法，只要证明级数 $\sum\limits_{n=1}^{\infty} \sin nx$ 和级数 $\sum\limits_{n=1}^{\infty} \cos nx$ 的部分和数列有界即可. 利用三角函数的积化和差公式，对任何正整数 k 有

$$2\sin kx \sin \frac{x}{2} = \cos\left(k - \frac{1}{2}\right)x - \cos\left(k + \frac{1}{2}\right)x,$$

于是就有

$$2\sin \frac{x}{2}\sum_{k=1}^{n}\sin kx = \cos \frac{1}{2}x - \cos\left(n + \frac{1}{2}\right)x.$$

由于 $x \in (0, 2\pi)$，$\sin \frac{x}{2} > 0$，于是由上式知

$$\left|\sum_{k=1}^{n}\sin kx\right| = \frac{\left|\cos \frac{1}{2}x - \cos\left(n + \frac{1}{2}\right)x\right|}{2\sin \frac{x}{2}} \leqslant \frac{1}{\sin \frac{x}{2}}.$$

这就证明了级数 $\sum\limits_{n=1}^{\infty} \sin nx$ 的部分和数列有界. 类似地，可得

$$2\sin \frac{x}{2}\sum_{k=1}^{n}\cos kx = \sin\left(n + \frac{1}{2}\right)x - \sin \frac{1}{2}x.$$

从而与上类似可知级数 $\sum\limits_{n=1}^{\infty} \cos nx$ 的部分和数列有界. □

作为例 10.21 的直接应用，对任何正数 p，级数

$$\sum_{n=1}^{\infty} \frac{\sin nx}{n^p}, \quad \sum_{n=1}^{\infty} \frac{\cos nx}{n^p}$$

对任何 $x \in (0, 2\pi)$ 都收敛.

在本章的末尾，我们对数项级数收敛性判别简单地做一个总结. 一般而言，考虑数项级数敛散性判别时，可按照如下步骤依次进行：

（1）通项是否收敛于 0？可否拆成等比、p 级数等敛散性已知的级数之和？

（2）是否为正项级数？

(2.1) 若是,则考虑比式或根式判别法,或者一般的比较判别法(通常与等比级数或 p 级数比较)和积分判别法去判别敛散性.

(2.2) 若否,则考虑是否绝对收敛,用正项级数的敛散性判别方法.

(3) 若不是或不能判别绝对收敛,再考虑是否(条件)收敛:考虑是否为交错级数,是否可转换为交错级数. 若可以,就用交错级数判别法. 若不可以或不清晰,看看是否可用狄利克雷判别法和阿贝尔判别法,或者更一般的柯西准则.

另外一点需要注意,数项级数的收敛性判别与如何求出收敛数项级数的和没有很大的关系. 但我们可以确定的是,每个收敛的数项级数表示了一个实数. 注意级数的各项可以是较简单的数,但级数表示的数却可以很复杂. 例如,在随后的章节中,我们将证明

$$\sum_{n=0}^{\infty} \frac{1}{n!} = \mathrm{e}, \quad \sum_{n=1}^{\infty} \frac{1}{n^2} = \frac{\pi^2}{6}.$$

习题 10.3

1. 讨论下列级数的(绝对、条件)收敛性或发散性.

(1) $\displaystyle\sum_{n=1}^{\infty} \frac{\sin n}{n^2 + 1}$

(2) $\displaystyle\sum_{n=1}^{\infty} \frac{(-1)^{\frac{n(n+1)}{2}}}{n^2}$

(3) $\displaystyle\sum_{n=1}^{\infty} (-1)^n \sin \frac{1}{n}$

(4) $\displaystyle\sum_{n=2}^{\infty} \left[\frac{(-1)^n}{\ln n} + \frac{1}{n} \right]$

(5) $\displaystyle\sum_{n=1}^{\infty} \sin(\pi \sqrt{n^2 + 1})$

2. 设 $\lim\limits_{n \to \infty} n^2 a_n = a$,证明级数 $\displaystyle\sum_{n=1}^{\infty} a_n$ (绝对)收敛.

3. 设级数 $\displaystyle\sum_{n=1}^{\infty} (a_n)^2$ 收敛.

(1) 证明当 $p > \dfrac{1}{2}$ 时级数 $\displaystyle\sum_{n=1}^{\infty} \frac{a_n}{n^p}$ 绝对收敛.

(2) 问级数 $\displaystyle\sum_{n=1}^{\infty} \frac{a_n}{\sqrt{n}}$ 是否收敛?

4. 设级数 $\displaystyle\sum_{n=1}^{\infty} a_n x^n$ 收敛,证明级数 $\displaystyle\sum_{n=1}^{\infty} \frac{a_n}{n} x^n$ 也收敛.

5*. 证明如下级数收敛.

$$\sum_{n=1}^{\infty} (-1)^{[\sqrt{n}]} \frac{1}{n}.$$

第十一章　函数列与函数项级数

我们已经知道,可以用通项较简单的收敛数列或数项级数来定义或表示一个较复杂的实数. 例如,数 e 就是由有理数列 $\left\{\left(1+\dfrac{1}{n}\right)^n\right\}$ 来定义的. 于是,对于函数,我们可以考虑相应的问题:能否用通项较简单的函数列或函数项级数来定义或表示复杂的函数? 这就是本章和随后两章所要讨论的问题.

§11.1　函数列与函数项级数的一致收敛性

11.1.1　函数列的收敛与一致收敛

与数列类似,数集 $E(\subset \mathbf{R})$ 上的函数列就是指一列在数集 E 上有定义的函数:
$$f_1:E\to\mathbf{R}, f_2:E\to\mathbf{R},\cdots, f_n:E\to\mathbf{R},\cdots$$
可简单地记为 $\{f_n:E\to\mathbf{R}\}$ 或 $\{f_n\}$.

在每一点 $x_0\in E$ 处,函数列 $\{f_n:E\to\mathbf{R}\}$ 中各函数的函数值形成一个数列 $\{f_n(x_0)\}$. 若此数列收敛,则称函数列 $\{f_n:E\to\mathbf{R}\}$ **在点 x_0 处收敛**,也称点 x_0 为函数列 $\{f_n:E\to\mathbf{R}\}$ 的一个**收敛点**;反之,若数列 $\{f_n(x_0)\}$ 发散,则称函数列 $\{f_n:E\to\mathbf{R}\}$ **在点 x_0 处发散**,也称点 x_0 为函数列 $\{f_n:E\to\mathbf{R}\}$ 的一个**发散点**.

函数列 $\{f_n:E\to\mathbf{R}\}$ 的全体收敛点形成的集合称为函数列 $\{f_n:E\to\mathbf{R}\}$ 的**收敛域**. 于是对收敛域 $D(\subset E)$ 上任一点 $x\in D$,就有函数值数列 $\{f_n(x)\}$ 的极限与之对应. 该对应所确定的函数称为函数列 $\{f_n:E\to\mathbf{R}\}$ 的**极限函数**. 由极限的唯一性知,极限函数是唯一的. 记极限函数为 $f:D\to\mathbf{R}$,则也称函数列 $\{f_n:E\to\mathbf{R}\}$ 于 D **收敛**于函数 $f:D\to\mathbf{R}$,并记为 $f_n\to f$. 此时当 $x\in D$ 时有
$$\lim_{n\to\infty}f_n(x)=f(x) \quad \text{或} \quad f_n(x)\to f(x) \quad (n\to\infty).$$

例 11.1　证明整个实轴 $(-\infty,+\infty)$ 上的函数列 $\{x^n\}$ 的收敛域为 $(-1,1]$,收敛于极限函数
$$f(x)=\begin{cases}0, & x\in(-1,1) \\ 1, & x=1\end{cases}.$$

证　对给定的 $x\in(-1,1)$,函数值数列 $\{x^n\}$ 收敛于 0;当 $x=1$ 时,函数值数列为常数列 $\{1\}$,当然收敛于 1. 当 $|x|>1$ 时函数值数列 $\{x^n\}$ 无界而发散;当 $x=-1$ 时,函数值数列为 $\{(-1)^n\}$,其偶子列与奇子列收敛于不同数而发散. 综上,函数列 $\{x^n\}$ 的收敛域为 $(-1,1]$,极限函数则如例中所示.　　　　　　　　　□

如图 11.1 所示,此例中的函数列中函数都是具有极好性质的正整数指数幂函数,然而极限函数却连连续函数都不是,这与我们想象的相反. 因此为了获得具有与函数列中的函数同样好性质的极限函数,我们要对函数列的收敛性作更强的要求.

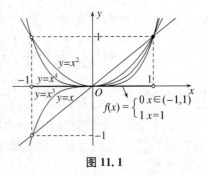

图 11.1

定义 11.1 设有函数列 $\{f_n : E \to \mathbf{R}\}$ 及 $I \subset E$. 若存在函数 $f : I \to \mathbf{R}$ 满足:对任何正数 ε,存在正整数 N,使得当 $n > N$ 时,对任何 $x \in I$ 都有

$$|f_n(x) - f(x)| < \varepsilon,$$

则称函数列 $\{f_n : E \to \mathbf{R}\}$ 在 I 上**一致收敛**于函数 $f : I \to \mathbf{R}$,记作

$$f_n \rightrightarrows f \quad (\text{于 } I). \qquad \square$$

根据定义,函数列 $\{f_n : E \to \mathbf{R}\}$ 在 I 上一致收敛必定在 I 上收敛,而且极限函数在 I 上就是函数 f. 需要指出的是,收敛的函数列是不一定一致收敛的. 例如,函数列 $\{x^n\}$ 于 $(-1,1)$ 收敛,但于 $(-1,1)$ 不一致收敛. 事实上,假设函数列 $\{x^n\}$ 于 $(-1,1)$ 一致收敛,则必一致收敛于 0. 于是按照定义,对任何正数 ε,存在正整数 N,使得当 $n > N$ 时,对任何 $x \in (-1,1)$ 都有 $|x^n - 0| < \varepsilon$. 现在取 $x = \sqrt[n]{\dfrac{1}{2}} \in (-1,1)$,则可得 $\varepsilon > \left| \left(\sqrt[n]{\dfrac{1}{2}} \right)^n - 0 \right| = \dfrac{1}{2}$. 这与 ε 为任何正数矛盾.

现在来考虑判别函数列一致收敛的方法. 首先,根据定义,有如下定理.

定理 11.1 函数列 $\{f_n : E \to \mathbf{R}\}$ 在 $I (\subset E)$ 上一致收敛于函数 $f : I \to \mathbf{R}$ 的充要条件为

$$\lim_{n \to \infty} \sup_{x \in I} |f_n(x) - f(x)| = 0. \qquad \square$$

例 11.2 证明:函数列 $\{x^n\}$ 于 $(-1,1)$ 不一致收敛于 0,但对任何正数 $a < 1$,函数列 $\{x^n\}$ 于 $[-a,a]$ 一致收敛于 0.

证 首先由于 $\sup\limits_{x \in (-1,1)} |x^n - 0| = 1$,定理 11.1 说明了函数列 $\{x^n\}$ 于 $(-1,1)$ 不一致收敛于 0. 但 $\sup\limits_{x \in [-a,a]} |x^n - 0| = a^n \to 0$,因此函数列 $\{x^n\}$ 于 $[-a,a]$ 一致收敛于 0. $\qquad \square$

例 11.3 证明函数列 $\left\{ \dfrac{\sin nx}{n} \right\}$ 于 $(-\infty, +\infty)$ 一致收敛于 0.

证 由 $\sup\limits_{x \in (-\infty, +\infty)} \left| \dfrac{\sin nx}{n} - 0 \right| \leqslant \dfrac{1}{n}$ 即知 $\left\{ \dfrac{\sin nx}{n} \right\}$ 于 $(-\infty, +\infty)$ 一致收敛于 0. $\qquad \square$

例 11.4 讨论函数列 $\{x^n(1-x^2)\}$ 在区间 $[-1,1]$ 上的一致收敛性.

解 首先,容易看到函数列 $\{x^n(1-x^2)\}$ 在区间 $[-1,1]$ 上收敛于 0. 由于

$$\sup_{x \in [-1,1]} |x^n(1-x^2) - 0| = \max_{x \in [0,1]} x^n(1-x^2)$$

$$= \left(\sqrt{\frac{n}{n+2}} \right)^n \left(1 - \frac{n}{n+2} \right) < \frac{2}{n+2} \to 0,$$

根据定理 11.1,函数列 $\{x^n(1-x^2)\}$ 在区间 $[-1,1]$ 上一致收敛于 0. $\qquad \square$

例 11.5 证明函数列 $\left\{ \left(1 + \dfrac{x}{n} \right)^n \right\}$ 在区间 $(-\infty, +\infty)$ 上不一致收敛.

解 首先,函数列 $\left\{\left(1+\dfrac{x}{n}\right)^n\right\}$ 在区间 $(-\infty,+\infty)$ 上收敛于指数函数 e^x. 但

$$\sup_{x\in(-\infty,+\infty)}\left|\left(1+\frac{x}{n}\right)^n-e^x\right|\geqslant\left|\left(1+\frac{n}{n}\right)^n-e^n\right|=e^n\left[1-\left(\frac{2}{e}\right)^n\right]\to\infty,$$

因此函数列 $\left\{\left(1+\dfrac{x}{n}\right)^n\right\}$ 在区间 $(-\infty,+\infty)$ 上不一致收敛. □

上述几个例子说明当极限函数比较容易确定并且还是比较简单的函数时,可以用定义或定理 11.1 来判别是否一致收敛. 如果极限函数难以确定或比较复杂,那么我们有如下的柯西准则.

定理 11.2 函数列 $\{f_n:E\to\mathbf{R}\}$ 在 $I(\subset E)$ 上一致收敛的充要条件为:对任何正数 ε,存在正整数 N,使得当 $n>N$ 时,对任何 $x\in I$ 和任何正整数 p 都有 $|f_{n+p}(x)-f_n(x)|<\varepsilon$,即

$$\lim_{n\to\infty}\sup_{x\in I,p\in\mathbf{N}}|f_{n+p}(x)-f_n(x)|=0.$$

证 条件必要性可由定义容易得到. 现在证明条件的充分性. 首先,根据条件,对每个固定的 $x\in I$,函数值数列 $\{f_n(x)\}$ 由数列收敛的柯西准则知收敛,因此在 I 上函数列 $\{f_n:E\to\mathbf{R}\}$ 收敛. 设极限函数为 $f:I\to\mathbf{R}$. 于是让 $|f_{n+p}(x)-f_n(x)|<\varepsilon$ 中的 $p\to\infty$,则有 $|f(x)-f_n(x)|\leqslant\varepsilon$. 换句话说,存在函数 $f:I\to\mathbf{R}$ 满足:对任何正数 ε,存在正整数 N,使得当 $n>N$ 时,对任何 $x\in I$ 都有 $|f(x)-f_n(x)|\leqslant\varepsilon$. 按定义,函数列 $\{f_n:E\to\mathbf{R}\}$ 在 I 上一致收敛于函数 $f:I\to\mathbf{R}$. □

为了叙述的方便和后续的应用,我们把例 11.2 中函数列 $\{x^n\}$ 于 $(-1,1)$ 的任何闭子区间上的一致收敛性称为内闭一致收敛.

定义 11.2 设有函数列 $\{f_n:E\to\mathbf{R}\}$ 及 $I\subset E$. 若对任何闭区间 $[a,b]\subset I$,函数列 $\{f_n:E\to\mathbf{R}\}$ 于 $[a,b]$ 一致收敛,则称函数列 $\{f_n:E\to\mathbf{R}\}$ 于 I **内闭一致收敛**. □

若 I 本身为闭区间,则于 I 内闭一致收敛与一致收敛是没有差别的. 但当 I 不是闭区间时,两者是有差别的. 除了例 11.2,我们再看例 11.5 中的函数列.

例 11.6 证明函数列 $\left\{\left(1+\dfrac{x}{n}\right)^n\right\}$ 在区间 $(-\infty,+\infty)$ 上内闭一致收敛.

证 对任何闭区间 $[a,b]\subset(-\infty,+\infty)$,记 $M=\max\{|a|,|b|\}$,则 $[a,b]\subset[-M,M]$. 因此,我们只需要证明函数列在闭区间 $[-M,M]$ 上一致收敛即可. 记

$$\varphi_n(x)=1-\left(1+\frac{x}{n}\right)^n e^{-x},$$

则经计算而有 $\varphi_n'(x)=\dfrac{x}{n}\left(1+\dfrac{x}{n}\right)^{n-1}e^{-x}$,于是当 $n>M$ 时在闭区间 $[-M,M]$ 上:$\varphi_n'(0)=0$,并且当 $x>0$ 时 $\varphi_n'(x)>0$;当 $x<0$ 时 $\varphi_n'(x)<0$. 因此在闭区间 $[-M,M]$ 上有

$$\varphi_n(x)\geqslant\varphi_n(0)=0,\varphi_n(x)\leqslant\max\{\varphi_n(M),\varphi_n(-M)\}.$$

于是就有

$$\sup_{x\in[-M,M]}\left|\left(1+\frac{x}{n}\right)^n-e^x\right|=\sup_{x\in[-M,M]}e^x|\varphi_n(x)|\leqslant e^M\max\{\varphi_n(M),\varphi_n(-M)\}\to0.$$

这就证明了函数列 $\left\{\left(1+\dfrac{x}{n}\right)^n\right\}$ 在区间 $(-\infty,+\infty)$ 上内闭一致收敛于 e^x. □

11.1.2　函数项级数的收敛与一致收敛

将函数列 $\{f_n:E\to\mathbf{R}\}$ 中各函数依次用"$+$"号连接而得的表达式

$$f_1(x)+f_2(x)+\cdots+f_n(x)+\cdots$$

称为定义在 E 上的一个**函数项级数**,简记为

$$\sum_{n=1}^{\infty}f_n(x) \ \text{或} \ \sum f_n(x).$$

又称前 n 个函数的和

$$S_n=f_1+f_2+\cdots+f_n$$

作为通项的函数列 $\{S_n:E\to\mathbf{R}\}$ 为上述函数项级数的**部分和函数列**.

函数项级数的**收敛点**和**发散点**分别定义为部分和函数列 $\{S_n:E\to\mathbf{R}\}$ 的收敛点和发散点. 函数项级数的全体收敛点组成**收敛域** $D\subset E$. 在收敛域 D 上,部分和函数列 $\{S_n:E\to\mathbf{R}\}$ 的极限函数 $S:D\to\mathbf{R}$ 称为函数项级数的**和函数**,并且记为

$$\sum_{n=1}^{\infty}f_n(x)=f_1(x)+f_2(x)+\cdots+f_n(x)+\cdots=S(x),\quad x\in D.$$

例 11.7　函数项级数

$$1+x+x^2+\cdots+x^n+\cdots$$

定义在 $(-\infty,+\infty)$ 上,常称为几何级数. 其部分和函数列的通项为

$$S_n(x)=1+x+x^2+\cdots+x^{n-1}=\begin{cases}\dfrac{1-x^n}{1-x}, & x\neq1 \\ n, & x=1\end{cases}.$$

由于部分和函数列 $\{S_n\}$ 于区间 $(-1,1)$ 收敛,极限函数为 $S(x)=\dfrac{1}{1-x}$;而在区间 $(-1,1)$ 之外,部分和函数列 $\{S_n\}$ 均发散. 于是,几何级数的收敛域为区间 $(-1,1)$,和函数为 $S(x)=\dfrac{1}{1-x}$,$x\in(-1,1)$,即有

$$\sum_{n=0}^{\infty}x^n=1+x+x^2+\cdots+x^n+\cdots=\frac{1}{1-x},x\in(-1,1). \qquad \square$$

注　为了方便,这里及以后规定 $x^0=1$.

进一步地,若部分和函数列 $\{S_n:E\to\mathbf{R}\}$ 在 $I(\subset D)$ 上(内闭)一致收敛于极限函数 S,则称函数项级数 $\sum\limits_{n=1}^{\infty}f_n$ 在 $I(\subset D)$ 上**(内闭)一致收敛**于和函数 S. 函数项级数的一致收敛性由其部分和函数列的一致收敛性来定义,因此就有判断函数项级数一致收敛性的如下定理.

定理 11.3　函数项级数 $\sum\limits_{n=1}^{\infty}f_n$ 在 I 上一致收敛于和函数 S 的充要条件为

$$\lim_{n\to\infty}\sup_{x\in I}|S_n(x)-S(x)|=0. \qquad \square$$

定理 11.4(柯西准则) 函数项级数 $\sum\limits_{n=1}^{\infty} f_n$ 在 I 上一致收敛的充要条件为:对任何正数 ε,存在正整数 N,使得当 $n>N$ 时,对任何 $x\in I$ 和任何正整数 $p\in\mathbb{N}$ 都有

$$|S_{n+p}(x)-S_n(x)|=|f_{n+1}(x)+f_{n+2}(x)+\cdots+f_{n+p}(x)|<\varepsilon. \qquad \square$$

注 可将定理 11.4 的条件改写成

$$\lim_{n\to\infty}\sup_{x\in I,p\in\mathbb{N}}|S_{n+p}(x)-S_n(x)|=0.$$

作为定理 11.4 的推论(取 $p=1$),或直接根据定义以及等式 $f_n=(S_n-S)-(S_{n-1}-S)$,可得函数项级数一致收敛的必要条件:若函数项级数 $\sum\limits_{n=1}^{\infty} f_n$ 在 $I(\subset E)$ 上一致收敛,则其通项函数列 $\{f_n\}$ 在 I 上一致收敛于 0.这个必要条件在判断函数项级数不一致收敛时很有用.

回看例 11.7 的几何级数.由于函数列 $\{x^n\}$ 在区间 $(-1,1)$ 上不一致收敛于 0,几何级数在区间 $(-1,1)$ 上不一致收敛.但对任何给定的正数 $a<1$,由于几何级数的部分和函数列满足

$$\sup_{x\in[-a,a]}|S_n(x)-S(x)|=\sup_{x\in[-a,a]}\left|\frac{x^n}{1-x}\right|=\frac{a^n}{1-a}\to 0,$$

几何级数的部分和函数列于 $(-1,1)$ 内闭一致收敛,也因而几何级数于 $(-1,1)$ 内闭一致收敛.

11.1.3 函数项级数的一致收敛判别定理

判别函数项级数的一致收敛性时,如果和函数容易求出并且相对简单,则通常可用定义或定理 11.3 来验证.在和函数难以求得或较复杂时,除了用柯西准则,还有一些根据函数项级数自身特点来判断一致收敛的办法.这些办法中,首推如下的**维尔斯特拉斯判别法**.

定理 11.5 如果存在一个收敛的正项级数 $\sum\limits_{n=1}^{\infty} M_n$ 使得函数项级数 $\sum\limits_{n=1}^{\infty} f_n$ 的各项满足:当 $x\in I$ 时有 $|f_n(x)|\leqslant M_n$, $n=1,2,\cdots$,则函数项级数 $\sum\limits_{n=1}^{\infty} f_n$ 在 I 上一致收敛.

证 由于正项级数 $\sum\limits_{n=1}^{\infty} M_n$ 收敛,由柯西准则,对任何正数 ε,存在正整数 N,使得当 $n>N$ 时,对任何正整数 $p\in\mathbb{N}$ 都有 $M_{n+1}+M_{n+2}+\cdots+M_{n+p}<\varepsilon$.于是根据条件,对任何 $x\in I$ 有

$$|f_{n+1}(x)+f_{n+2}(x)+\cdots+f_{n+p}(x)|$$
$$\leqslant|f_{n+1}(x)|+|f_{n+2}(x)|+\cdots+|f_{n+p}(x)|$$
$$\leqslant M_{n+1}+M_{n+2}+\cdots+M_{n+p}<\varepsilon.$$

于是,根据柯西准则(定理 11.4)知函数项级数 $\sum\limits_{n=1}^{\infty} f_n$ 在 I 上一致收敛. $\qquad \square$

注 定理 11.5 中的收敛正项级数 $\sum\limits_{n=1}^{\infty} M_n$ 称为函数项级数 $\sum\limits_{n=1}^{\infty} f_n$ 的优级数(Majorant Series),因此定理 11.5 也称为**优级数判别法**或 **M 判别法**.

根据定理 11.5,我们立即可知函数项级数

$$\sum_{n=1}^{\infty} \frac{\sin nx}{n^p}, \sum_{n=1}^{\infty} \frac{\cos nx}{n^p}$$

当 $p>1$ 时都在整个实轴$(-\infty,+\infty)$上一致收敛.

在定理 11.5 之条件下,我们实际上证明了函数项级数 $\sum_{n=1}^{\infty}|f_n|$ 在 I 上一致收敛,或者说函数项级数 $\sum_{n=1}^{\infty}f_n$ 在 I 上绝对一致收敛. 这个很强的结论却反映出了 M 判别法的弱点: 如果函数项级数是条件收敛的,M 判别法就失效,原因是这个时候是找不着优级数的. 对于条件收敛的函数项级数的一致收敛性判别,需要另寻他法. 对此,有如下的狄利克雷判别法和阿贝尔判别法.

定理 11.6(狄利克雷判别法)　设

(1) 函数项级数 $\sum_{n=1}^{\infty}u_n(x)$ 的部分和函数列$\{S_n(x)=\sum_{k=1}^{n}u_k(x)\}$ 于 I 一致有界;

(2) 对每个给定的 $x\in I$,函数列$\{v_n(x)\}$单调;

(3) 函数列$\{v_n(x)\}$于 I 一致收敛于 0,

则函数项级数

$$\sum_{n=1}^{\infty}u_n(x)v_n(x)$$

于 I 一致收敛.　　　　　　　　　　　　　　　　　　　　　　　　□

定理 11.7(阿贝尔判别法)　设

(1) 函数项级数 $\sum_{n=1}^{\infty}u_n(x)$ 于 I 一致收敛;

(2) 对每个给定的 $x\in I$,函数列$\{v_n(x)\}$单调;

(3) 函数列$\{v_n(x)\}$于 I 一致有界:存在 $M>0$ 使得对任何 $x\in I$ 和 $n\in\mathbb{N}$ 有

$$|v_n(x)|\leqslant M,$$

则函数项级数

$$\sum_{n=1}^{\infty}u_n(x)v_n(x)$$

于 I 一致收敛.　　　　　　　　　　　　　　　　　　　　　　　　□

定理 11.6 和 11.7 的证明可仿照数项级数相应判别法的证明来完成,这里略.

例 11.8　设数列$\{a_n\}$单调并且收敛于 0,则函数项级数

$$\sum_{n=1}^{\infty}a_n\sin nx, \sum_{n=1}^{\infty}a_n\cos nx$$

在任何闭区间$[\alpha,2\pi-\alpha]$$(0<\alpha<\pi)$上一致收敛.

证　当 $x\in[\alpha,2\pi-\alpha]$时有

$$\left|\sum_{k=1}^{n}\sin kx\right| = \left|\frac{\cos\frac{x}{2}-\cos\left(n+\frac{1}{2}\right)x}{2\sin\frac{x}{2}}\right| \leqslant \frac{1}{\sin\frac{x}{2}} \leqslant \frac{1}{\sin\frac{\alpha}{2}},$$

因此由狄利克雷判别法函数项级数 $\sum\limits_{n=1}^{\infty} a_n \sin nx$ 在任何闭区间$[\alpha, 2\pi - \alpha]$上一致收敛. 另外一个级数的一致收敛性同样可证. □

根据例 11.8，函数项级数 $\sum\limits_{n=1}^{\infty} \dfrac{\sin nx}{n}$ 和 $\sum\limits_{n=1}^{\infty} \dfrac{\cos nx}{n}$ 在任何闭区间$[\alpha, 2\pi - \alpha]$上一致收敛，从而在$(0, 2\pi)$上内闭一致收敛.

习题 11.1

1. 讨论下列函数列$\{f_n\}$在给定区间上的一致收敛性或内闭一致收敛性.

(1) $f_n(x) = \dfrac{nx}{1 + n^2 x^2}, I = (-\infty, +\infty)$.

(2) $f_n(x) = \sqrt{x^2 + \dfrac{1}{n^2}}, I = (-\infty, +\infty)$.

(3) $f_n(x) = n(\sqrt[n]{x} - 1), I = [0, +\infty)$.

(4) $f_n(x) = \begin{cases} nx, & x \in \left[0, \dfrac{1}{n+1}\right) \\ 1 - x, & x \in \left[\dfrac{1}{n+1}, 1\right] \end{cases}, \quad I = [0, 1]$.

(5) $f_n(x) = \begin{cases} |x|, & |x| > \dfrac{1}{n} \\ \dfrac{1}{2}nx^2 + \dfrac{1}{2n}, & |x| \leqslant \dfrac{1}{n} \end{cases}, \quad I = (-\infty, +\infty)$.

2. 讨论下列函数项级数在给定区间上的一致收敛性或内闭一致收敛性.

(1) $\sum\limits_{n=1}^{\infty} \dfrac{x^n}{n^2}, I = [-1, 1]$.

(2) $\sum\limits_{n=1}^{\infty} (1 - x) x^n, I = [-1, 1]$.

(3) $\sum\limits_{n=1}^{\infty} \dfrac{x}{1 + n^2 x^2}, I = (-\infty, +\infty)$.

(4) $\sum\limits_{n=1}^{\infty} \dfrac{(-1)^{n-1}}{x + n}, I = (0, +\infty)$.

3. 设函数项级数 $\sum\limits_{n=1}^{\infty} f_n$ 各项都是闭区间$[a, b]$上单调函数，且级数 $\sum\limits_{n=1}^{\infty} f_n(a)$ 和 $\sum\limits_{n=1}^{\infty} f_n(b)$ 都绝对收敛. 证明函数项级数 $\sum\limits_{n=1}^{\infty} f_n$ 在闭区间$[a, b]$上绝对收敛并且一致收敛.

4*. 证明函数项级数 $\sum\limits_{n=1}^{\infty} \dfrac{\sin nx}{n}$ 和 $\sum\limits_{n=1}^{\infty} \dfrac{\cos nx}{n}$ 在$(0, 2\pi)$上不一致收敛.

§11.2 一致收敛函数列与函数项级数的性质

在第一节中,我们知道,收敛的函数列(或函数项级数)在收敛域内就确定了一个极限函数.我们当然想要知道这个极限函数有什么性质,或者说,能否从函数列那里传承到什么"好"性质? 然而例 11.1 中的连续函数列 $\{x^n\}$ 却在一个区间 $(-1,1]$ 上收敛于一个不连续的函数 $f(x)=\begin{cases} 0, & x\in(-1,1), \\ 1, & x=1. \end{cases}$ 因此仅仅收敛一般是不能够保证极限函数有好性质的. 本节中,我们将证明在一致收敛的条件下,极限函数就能够从函数列那里传承到连续、可导、可积等这样的"好"性质.

定理 11.8 若连续函数列 $\{f_n\}$ 于区间 I 内闭一致收敛,则极限函数 f 于区间 I 连续.

证 只要证明函数 f 在每一点 $x_0\in I$ 处连续: $\lim\limits_{x\to x_0}f(x)=f(x_0)$. (若 $x_0\in I$ 是区间的端点,则是相应的单侧连续.)先假设于区间 I 上 $f_n\rightrightarrows f$.

设 ε 为任一正数. 由于在区间 I 上 $f_n\rightrightarrows f$,存在正整数 N,使得当 $n>N$ 时,对任何 $x\in I$ 都有 $|f_n(x)-f(x)|<\dfrac{\varepsilon}{3}$. 特别地,有

$$|f_{N+1}(x)-f(x)|<\frac{\varepsilon}{3} \quad \text{及} \quad |f_{N+1}(x_0)-f(x_0)|<\frac{\varepsilon}{3}.$$

由于 f_{N+1} 在点 $x_0\in I$ 处连续,存在正数 δ 使得当 $|x-x_0|<\delta$ 时有

$$|f_{N+1}(x)-f_{N+1}(x_0)|<\frac{\varepsilon}{3}.$$

于是就有

$$|f(x)-f(x_0)|\leqslant|f(x)-f_{N+1}(x)|+|f_{N+1}(x)-f_{N+1}(x_0)|+|f_{N+1}(x_0)-f(x_0)|$$
$$<\frac{\varepsilon}{3}+\frac{\varepsilon}{3}+\frac{\varepsilon}{3}=\varepsilon.$$

这就证明了极限函数的连续性.

对内闭一致收敛情形,对每一点 $x_0\in I$,若非端点,则存在某闭区间 $[x_0-\delta_0,x_0+\delta_0]\subset I$,因此函数列 $\{f_n\}$ 闭区间 $[x_0-\delta_0,x_0+\delta_0]$ 上一致收敛,从而极限函数在 $[x_0-\delta_0,x_0+\delta_0]$ 连续,当然在 $x_0\in I$ 处连续. □

将极限函数连续性的等式 $\lim\limits_{x\to x_0}f(x)=f(x_0)$ 改写成如下形式:

$$\lim_{x\to x_0}\lim_{n\to\infty}f_n(x)=\lim_{n\to\infty}\lim_{x\to x_0}f_n(x),$$

则定理 11.8 说明连续函数列的一致收敛性保证了上式中两极限的可交换性.

定理 11.9 若闭区间 $[a,b]$ 上的可积函数列 $\{f_n\}$ 于区间 $[a,b]$ 一致收敛,则极限函数 f 于区间 $[a,b]$ 也可积,并且

$$\int_a^b f(x)\mathrm{d}x=\lim_{n\to\infty}\int_a^b f_n(x)\mathrm{d}x.$$

证 对任意正数 ε，由于 $f_n \rightrightarrows f$，存在正整数 N，使得当 $n>N$ 时，对任何 $x\in[a,b]$ 都有 $|f_n(x)-f(x)|<\varepsilon$. 特别地，对任何 $x\in[a,b]$ 有

$$f(x)-\varepsilon<f_{N+1}(x)<f(x)+\varepsilon.$$

于是在任何小区间 $\Delta\subset[a,b]$ 上有

$$\sup_{\Delta}f(x)-\varepsilon\leqslant\sup_{\Delta}f_{N+1}(x)\leqslant\sup_{\Delta}f(x)+\varepsilon,$$

$$\inf_{\Delta}f(x)-\varepsilon\leqslant\inf_{\Delta}f_{N+1}(x)\leqslant\inf_{\Delta}f(x)+\varepsilon,$$

从而振幅 $\omega_f(\Delta)=\sup_{\Delta}f(x)-\inf_{\Delta}f(x)$ 满足

$$|\omega_{f_{N+1}}(\Delta)-\omega_f(\Delta)|\leqslant 2\varepsilon.$$

由于 f_{N+1} 于区间 $[a,b]$ 可积，存在区间 $[a,b]$ 的一种分割 T 使得

$$\sum_{i=1}^{n}\omega_{f_{N+1}}(\Delta_i)\Delta x_i<\varepsilon,$$

从而也有

$$\sum_{i=1}^{n}\omega_f(\Delta_i)\Delta x_i=\sum_{i=1}^{n}[\omega_f(\Delta_i)-\omega_{f_{N+1}}(\Delta_i)]\Delta x_i+\sum_{i=1}^{n}\omega_{f_{N+1}}(\Delta_i)\Delta x_i$$

$$<2\varepsilon\sum_{i=1}^{n}\Delta x_i+\varepsilon=[2(b-a)+1]\varepsilon.$$

根据可积的充要条件就知极限函数 f 于区间 $[a,b]$ 也可积. 现在由于当 $n>N$ 时有

$$\left|\int_a^b f_n(x)\mathrm{d}x-\int_a^b f(x)\mathrm{d}x\right|\leqslant\int_a^b|f_n(x)-f(x)|\mathrm{d}x<(b-a)\varepsilon,$$

就得 $\lim\limits_{n\to\infty}\int_a^b f_n(x)\mathrm{d}x=\int_a^b f(x)\mathrm{d}x.$ $\qquad\qquad\square$

定理 11.9 说明可积函数列的一致收敛性保证了下式中极限与积分运算的可交换性：

$$\int_a^b\lim_{n\to\infty}f_n(x)\mathrm{d}x=\lim_{n\to\infty}\int_a^b f_n(x)\mathrm{d}x$$

定理 11.8 说一致收敛连续函数列的极限函数连续；定理 11.9 则说一致收敛可积函数列的极限函数可积. 现在来考虑一致收敛可微函数列的极限函数的可微性. 此时极限函数一般而言却未必可微. 例如，函数列 $\{f_n\}$，其中 $f_n(x)=\begin{cases}|x|, & |x|>\dfrac{1}{n} \\ \dfrac{1}{2}nx^2+\dfrac{1}{2n}, & |x|\leqslant\dfrac{1}{n}\end{cases}$.事实上，每个函数 f_n 都在 $(-\infty,+\infty)$ 上连续可微，并且 $f_n'(x)=\begin{cases}\mathrm{sgn}\,x, & |x|>\dfrac{1}{n} \\ nx, & |x|\leqslant\dfrac{1}{n}\end{cases}$.不难证明函数列 $\{f_n\}$ 在 $(-\infty,+\infty)$ 上一致收敛于极限函数 $f(x)=|x|$. 该极限函数 $|x|$ 在 0 处不可微. 注意该函数列的导函数列 $\{f_n'\}$ 收敛于 $\mathrm{sgn}\,x$，但收敛不一致.

定理 11.10 设区间 I 上的连续可微函数列 $\{f_n\}$ 的收敛域非空，并且导函数列 $\{f_n'\}$ 在

区间 I 上内闭一致收敛,则函数列 $\{f_n\}$ 在区间 I 上也内闭一致收敛,并且极限函数 f 在区间 I 上连续可微,其导数 f' 是导函数列 $\{f'_n\}$ 的极限函数:

$$f'(x) = \frac{\mathrm{d}}{\mathrm{d}x}\lim_{n\to\infty}f_n(x) = \lim_{n\to\infty}\frac{\mathrm{d}}{\mathrm{d}x}f_n(x).$$

证 按条件,存在 $x_0 \in I$ 使得函数值数列 $\{f_n(x_0)\}$ 收敛:$f_n(x_0) \to A$. 又设导函数列 $\{f'_n\}$ 在区间 I 上内闭一致收敛于函数 g. 由于导函数列连续,由定理 11.8,极限函数 g 也于 I 连续. 现在根据牛顿-莱布尼兹公式有

$$f_n(x) = f_n(x_0) + \int_{x_0}^{x} f'_n(t)\mathrm{d}t, x \in I.$$

于是由定理 11.9 知函数列 $\{f_n\}$ 在区间 I 上收敛,并且极限函数为

$$f(x) = A + \int_{x_0}^{x} g(t)\mathrm{d}t.$$

现在进一步证明函数列 $\{f_n\}$ 在区间 I 上内闭一致收敛于函数 f. 为此,设 $[a,b] \subset I$ 为任一闭区间,并且不妨设 $x_0 \in [a,b]$. 对任何正数 ε,由于 $f'_n \rightrightarrows g$ 于 $[a,b]$,存在正整数 N_1 使得当 $n > N_1$ 时对任何 $x \in [a,b]$ 有 $|f'_n(x) - g(x)| < \varepsilon$,进而就有

$$\left| \int_{x_0}^{x} f'_n(t)\mathrm{d}t - \int_{x_0}^{x} g(t)\mathrm{d}t \right| \leqslant \varepsilon |x - x_0| \leqslant (b-a)\varepsilon.$$

同时,由于 $f_n(x_0) \to A$,存在正整数 N_2 使得当 $n > N_2$ 时有 $|f_n(x_0) - A| < \varepsilon$. 于是,当 $n > \max\{N_1, N_2\}$ 时对任何 $x \in [a,b]$ 有

$$|f_n(x) - f(x)| \leqslant |f_n(x_0) - A| + \left| \int_{x_0}^{x} f'_n(t)\mathrm{d}t - \int_{x_0}^{x} g(t)\mathrm{d}t \right| \leqslant (b-a+1)\varepsilon.$$

最后,由于 g 于 I 连续,由微积分学基本定理知函数 f 可导并且 $f' = g$. □

由于函数项级数的和函数就是其部分和函数列的极限函数,根据上述定理 11.8,定理 11.9 和定理 11.10,我们就有关于函数项级数的如下三个定理.

定理 11.11 若区间 I 上的连续函数项级数于区间 I 内闭一致收敛,则和函数于区间 I 连续. □

定理 11.12(逐项求积) 若闭区间 $[a,b]$ 上的可积函数项级数 $\sum_{n=1}^{\infty} f_n$ 于闭区间 $[a,b]$ 一致收敛,则和函数 S 于闭区间 $[a,b]$ 也可积,并且

$$\int_a^b S(x)\mathrm{d}x = \sum_{n=1}^{\infty}\int_a^b f_n(x)\mathrm{d}x.$$

□

定理 11.13(逐项求导) 设区间 I 上的连续可微函数项级数 $\sum_{n=1}^{\infty} f_n$ 的收敛域非空,并且函数项级数 $\sum_{n=1}^{\infty} f'_n$ 在区间 I 上内闭一致收敛,则函数项级数 $\sum_{n=1}^{\infty} f_n$ 在区间 I 上也内闭一致收敛,其和函数 S 可导并且

$$S'(x) = \sum_{n=1}^{\infty} f'_n(x), (x \in I).$$

□

注 上述定理的重要意义在于即使求不出极限函数或和函数,我们仍然可以通过函数列中的函数或函数项级数各项去研究极限函数或和函数的性质.

例 11.9 函数项级数 $\sum\limits_{n=1}^{\infty}\dfrac{\sin nx}{n}$ 和 $\sum\limits_{n=1}^{\infty}\dfrac{\cos nx}{n}$ 在 $(0,2\pi)$ 上的和函数都在 $(0,2\pi)$ 上连续.

证 由例 11.8 知,这两个函数项级数都在 $(0,2\pi)$ 上内闭一致收敛,并且各项函数都连续,因此由定理 11.11 知,它们的和函数都在 $(0,2\pi)$ 上连续.　　　□

例 11.10 函数项级数 $\sum\limits_{n=1}^{\infty}\dfrac{\sin nx}{n^2}$ 在 $(0,2\pi)$ 上的和函数 S 在 $(0,2\pi)$ 上可导,并且

$$S'(x) = \sum_{n=1}^{\infty}\frac{\cos nx}{n}.$$

证 由优级数判别法知,函数项级数 $\sum\limits_{n=1}^{\infty}\dfrac{\sin nx}{n^2}$ 在 $(0,2\pi)$ 上一致收敛,并且由例 11.7 知函数项级数 $\sum\limits_{n=1}^{\infty}\left(\dfrac{\sin nx}{n^2}\right)' = \sum\limits_{n=1}^{\infty}\dfrac{\cos nx}{n}$ 在 $(0,2\pi)$ 上内闭一致收敛,因此由定理 11.13 知和函数 S 在 $(0,2\pi)$ 上可导,并且 $S'(x) = \sum\limits_{n=1}^{\infty}\dfrac{\cos nx}{n}$.　　　□

例 11.11 黎曼 ζ 函数

$$\zeta(x) = \sum_{n=1}^{\infty}\frac{1}{n^x}$$

在 $(1,+\infty)$ 上任意阶可导.

证 在任何闭区间 $[a,b]\subset(1,+\infty)$ 上,每个函数 $f_n(x)=\dfrac{1}{n^x}$ 满足

$$0 < f_n(x) \leqslant \frac{1}{n^a}, x\in[a,b].$$

由于 $a>1$,级数 $\sum\limits_{n=1}^{\infty}\dfrac{1}{n^a}$ 是优级数,从而 $\sum\limits_{n=1}^{\infty}\dfrac{1}{n^x}$ 于 $[a,b]$ 一致收敛,即 $\sum\limits_{n=1}^{\infty}\dfrac{1}{n^x}$ 于 $(1,+\infty)$ 内闭一致收敛. 由于每个函数 $f_n(x)=\dfrac{1}{n^x}$ 都连续,和函数 $\zeta(x)$ 于 $(1,+\infty)$ 连续.

现在考察函数项级数 $\sum\limits_{n=1}^{\infty}\left(\dfrac{1}{n^x}\right)'$. 由于

$$\left|\left(\frac{1}{n^x}\right)'\right| = \left|-\frac{\ln n}{n^x}\right| \leqslant \frac{\ln n}{n^a} < \frac{1}{n^{\frac{1+a}{2}}} \quad (n>n_1),$$

并且 $\dfrac{1+a}{2}>1$,函数项级数 $\sum\limits_{n=1}^{\infty}\left(\dfrac{1}{n^x}\right)' = -\sum\limits_{n=1}^{\infty}\dfrac{\ln n}{n^x}$ 于 $[a,b]$ 一致收敛,即于 $(1,+\infty)$ 内闭一致收敛. 于是由定理 11.13 知和函数 $\zeta(x)$ 于 $(1,+\infty)$ 可导,并且

$$\zeta'(x) = \sum_{n=1}^{\infty}\left(\frac{1}{n^x}\right)' = -\sum_{n=1}^{\infty}\frac{\ln n}{n^x}$$

于 $(1,+\infty)$ 连续.进一步地,可证明函数项级数 $\sum\limits_{n=1}^{\infty}\left(\dfrac{1}{n^x}\right)'' = \sum\limits_{n=1}^{\infty}\dfrac{(\ln n)^2}{n^x}$ 于 $(1,+\infty)$ 内闭一

致收敛,从而函数 $\zeta'(x)$ 于 $(1,+\infty)$ 可导,即函数 $\zeta(x)$ 于 $(1,+\infty)$ 二阶可导,并且

$$\zeta''(x) = \sum_{n=1}^{\infty} \left(\frac{1}{n^x}\right)'' = \sum_{n=1}^{\infty} \frac{(\ln n)^2}{n^x}$$

于 $(1,+\infty)$ 连续. 依次地,可类似证明函数 $\zeta(x)$ 于 $(1,+\infty)$ 任意 k 阶可导,并且

$$\zeta^{(k)}(x) = \sum_{n=1}^{\infty} \left(\frac{1}{n^x}\right)^{(k)} = (-1)^k \sum_{n=1}^{\infty} \frac{(\ln n)^k}{n^x}$$

于 $(1,+\infty)$ 连续. ☐

　　黎曼 ζ 函数可以说是数学中最著名的特殊函数之一. 由黎曼 ζ 函数的一阶和二阶导数可知黎曼 ζ 函数于 $(1,+\infty)$ 非负连续、严格递减、严格下凸.

习题 11.2

1. 确定下列函数项级数和函数的定义域并且讨论其连续性和可微性：

(1) $\sum_{n=1}^{\infty} \left(x + \frac{1}{n}\right)^n$,

(2) $\sum_{n=1}^{\infty} \left(1 + \frac{x}{n}\right)^{n^2}$,

(3) $\sum_{n=1}^{\infty} \frac{x+n}{x^2 + n^4}$,

(4) $\sum_{n=1}^{\infty} \frac{x}{(1+x^2)^n}$.

2. 证明函数

$$\theta(x) = \sum_{n=0}^{\infty} e^{-n^2 x}$$

于区间 $(0,+\infty)$ 具有任意阶导函数.

3. 问:在闭区间 $[0,1]$ 上,可否对级数

$$\sum_{n=1}^{\infty} \arctan \frac{x}{n^2}$$

逐项积分?

第十二章　幂级数

上一章中,阐明了一般函数项级数的各种性质.本章和下一章中,则将这些性质分别应用于特殊的函数项级数.函数项级数的重要应用是用相对简单的函数来刻画复杂的函数,例如,非初等函数.在各种函数类中,除常值函数外,正整数指数幂函数 x^n, $n \in \mathbb{N}$ 是最简单的函数.本章所讨论的函数项级数就是由常值函数和正整数指数幂函数 x^n, $n \in \mathbb{N}$ 所产生的函数项级数——**幂级数**:

$$\sum_{n=0}^{\infty} a_n x^n = a_0 + a_1 x + a_2 x^2 + \cdots + a_n x^n + \cdots, \tag{12.1}$$

或者

$$\sum_{n=0}^{\infty} a_n (x-x_0)^n = a_0 + a_1 (x-x_0) + a_2 (x-x_0)^2 + \cdots + a_n (x-x_0)^n + \cdots. \tag{12.2}$$

这里,常数 $a_0, a_1, a_2, \cdots, a_n \cdots$ 称为幂级数的**系数**,x_0 则称为幂级数的**中心**.

§12.1　幂级数性质

自然,首要的一个问题是幂级数是否有意义,或者说是否确定了一个函数.因此,我们需要先弄清楚幂级数的收敛域.首先,幂级数中心显然是幂级数的一个收敛点.上一章已经有例子告诉我们很多幂级数可以有除中心外的其他收敛点.于是,我们考虑的对象是具有非中心收敛点的幂级数的收敛域.

定理 12.1(阿贝尔定理)　若幂级数(12.2)有收敛点 $\bar{x} \neq x_0$,则幂级数(12.2)于开区间 $(x_0 - \delta, x_0 + \delta)$ 绝对收敛,其中 $\delta = |\bar{x} - x_0|$;若幂级数(12.2)有发散点 $\bar{x}$,则幂级数(12.2)在闭区间 $[x_0 - \tau, x_0 + \tau]$ 之外也发散,这里 $\tau = |\bar{x} - x_0|$.

证　不妨设幂级数中心 $x_0 = 0$.按条件,级数 $\sum_{n=0}^{\infty} a_n \bar{x}^n$ 收敛,于是其通项 $a_n \bar{x}^n \to 0$ 进而有界,即存在正数 M 使得对任何 $n \in \mathbb{N}$ 有 $|a_n \bar{x}^n| \leqslant M$.由此可知,对任何 $x \in (-\delta, \delta)$ 有

$$|a_n x^n| = \left| a_n \bar{x}^n \cdot \frac{x^n}{\bar{x}^n} \right| \leqslant M \left| \frac{x}{\bar{x}} \right|^n = M \left(\frac{|x|}{\delta} \right)^n.$$

由于 $\dfrac{|x|}{\delta} < 1$,根据比较判别法知,级数 $\sum_{n=0}^{\infty} a_n x^n$ 绝对收敛.于是,幂级数(12.1)于开区间 $(-\delta, \delta)$ 绝对收敛.

现在证明第二部分.假设幂级数(12.1)在闭区间 $[-\tau, \tau]$ 之外有某收敛点 x^*,则

$|x^*|>\tau=|\bar{\bar{x}}|$,并且由第一部分就知,幂级数(12.1)在$(-\delta,\delta)$绝对收敛,这里$\delta=|x^*|$. 于是发散点$\bar{\bar{x}}\notin(-\delta,\delta)$,从而$|\bar{\bar{x}}|\geqslant\delta=|x^*|$. 这就得矛盾. 于是,幂级数(12.1)在闭区间$[-\tau,\tau]$之外发散. $\hfill\square$

根据阿贝尔定理,若幂级数(12.2)既有非中心收敛点,也有发散点,则其收敛域必是一个以幂级数中心为中心的区间. 该区间长度的一半称为**收敛半径**,不难看出其值为

$$R=\sup\{|\bar{x}-x_0|:\text{幂级数}(12.2)\text{在点}\bar{x}\text{处收敛}\}.$$

于是,收敛域是以下四个区间之一:

$$(x_0-R,x_0+R),(x_0-R,x_0+R],[x_0-R,x_0+R),[x_0-R,x_0+R].$$

特别地,将开区间(x_0-R,x_0+R)称为幂级数(12.2)的**收敛区间**. 由上述阿贝尔定理,幂级数的一个重要性质就是在收敛区间上绝对收敛.

以下约定:若幂级数(12.2)只在中心收敛,则收敛半径$R=0$;若幂级数(12.2)处处收敛,则收敛半径$R=+\infty$. 对后者,收敛区间和收敛域都是整个实轴$(-\infty,+\infty)$.

于是,重要的问题就是如何确定幂级数的收敛半径. 对此,有如下的计算公式.

定理12.2　幂级数(12.2)的收敛半径为

$$R=\frac{1}{\rho},\text{其中}\rho=\begin{cases}\lim\limits_{n\to\infty}\left|\dfrac{a_{n+1}}{a_n}\right|, & (\text{达朗贝尔公式})\\[2mm]\lim\limits_{n\to\infty}\sqrt[n]{|a_n|}. & (\text{柯西公式})\end{cases}$$

注　显然有$\rho\geqslant0$. 这里我们允许$\rho=+\infty$,并且约定$\dfrac{1}{0}=+\infty$和$\dfrac{1}{+\infty}=0$.

证　我们只证明柯西公式. 仍然不妨设幂级数中心$x_0=0$. 对给定的实数x,幂级数(12.1)是一个数项级数. 考察其绝对收敛性,即级数$\sum\limits_{n=0}^{\infty}|a_nx^n|$的收敛性. 由于

$$\lim_{n\to\infty}\sqrt[n]{|a_nx^n|}=\lim_{n\to\infty}\sqrt[n]{|a_n|}\,|x|=\rho|x|,$$

由级数的根式判别法(柯西判别法),当$\rho|x|<1$时级数$\sum\limits_{n=0}^{\infty}|a_nx^n|$收敛;当$\rho|x|>1$时级数$\sum\limits_{n=0}^{\infty}|a_nx^n|$发散.

情形1　$\rho=0$,此时总有$\rho|x|<1$,因此级数$\sum\limits_{n=0}^{\infty}|a_nx^n|$对任何$x$收敛,从而收敛半径为$R=+\infty$.

情形2　$0<\rho<+\infty$,则级数$\sum\limits_{n=0}^{\infty}|a_nx^n|$当$|x|<\dfrac{1}{\rho}$时收敛,当$|x|>\dfrac{1}{\rho}$时发散. 于是收敛半径$R=\dfrac{1}{\rho}$.

情形3　$\rho=+\infty$,则对任何$x\neq0$总有$\rho|x|>1$,因此级数$\sum\limits_{n=0}^{\infty}|a_nx^n|$对任何$x\neq0$发散. 于是收敛半径$R=0$. $\hfill\square$

注　达朗贝尔公式可由比式判别法(达朗贝尔判别法)证得. 另外,当达朗贝尔公式和柯

西公式中的极限都不存在时,确定收敛半径的公式为:

$$\rho = \varlimsup_{n \to \infty} \sqrt[n]{|a_n|},$$

称为**柯西-阿达马公式**,右端符号表示上极限,其值等于数列$\{\sqrt[n]{|a_n|}\}$所有收敛子列的极限的上确界.

例 12.1 确定下列幂级数的收敛半径、收敛区间和收敛域:

$$\sum_{n=1}^{\infty} n^n x^n, \quad \sum_{n=0}^{\infty} x^n, \quad \sum_{n=1}^{\infty} \frac{x^n}{n}, \quad \sum_{n=1}^{\infty} \frac{x^n}{n^2}, \quad \sum_{n=1}^{\infty} \frac{x^n}{n^n}.$$

解 对第一个幂级数,由于系数 $a_n = n^n$ 满足 $\sqrt[n]{|a_n|} = n \to \infty$,收敛半径为 0. 此时没有收敛区间,收敛域为幂级数中心 0.

对第二个幂级数,系数 $a_n = 1$ 满足 $\sqrt[n]{|a_n|} = 1$,因此收敛半径为 1. 此时收敛区间为 $(-1,1)$. 在 $x = \pm 1$ 处,幂级数 $\sum_{n=0}^{\infty} x^n$ 都不收敛,因此收敛域即为收敛区间 $(-1,1)$.

对第三个幂级数,系数 $a_n = \dfrac{1}{n}$ 满足 $\left|\dfrac{a_{n+1}}{a_n}\right| = \dfrac{n}{n+1} \to 1$,因此收敛半径为 1. 此时收敛区间为 $(-1,1)$. 在 $x = 1$ 处,幂级数 $\sum_{n=1}^{\infty} \dfrac{x^n}{n} = \sum_{n=1}^{\infty} \dfrac{1}{n}$ 发散;在 $x = -1$ 处,幂级数 $\sum_{n=1}^{\infty} \dfrac{x^n}{n} = \sum_{n=1}^{\infty} \dfrac{(-1)^n}{n}$ 收敛,因此收敛域为 $[-1,1)$.

对第四个幂级数,系数 $a_n = \dfrac{1}{n^2}$ 满足 $\left|\dfrac{a_{n+1}}{a_n}\right| = \dfrac{n^2}{(n+1)^2} \to 1$,因此收敛半径为 1. 此时收敛区间为 $(-1,1)$. 在 $x = \pm 1$ 处,幂级数 $\sum_{n=1}^{\infty} \dfrac{x^n}{n^2}$ 都收敛,因此收敛域为 $[-1,1]$.

对第五个幂级数,系数 $a_n = \dfrac{1}{n^n}$ 满足 $\sqrt[n]{|a_n|} = \dfrac{1}{n} \to 0$,因此收敛半径为 $+\infty$. 此时收敛区间和收敛域都是整个实轴 $(-\infty, +\infty)$. $\qquad\square$

根据上述分析,幂级数在收敛域上确定了其和函数. 为了弄清楚和函数的性质,现在考察幂级数的一致收敛性.

定理 12.3 幂级数(12.2)在其收敛域上内闭一致收敛.

证 设收敛半径 $R > 0$,并不妨设中心 $x_0 = 0$.

先考虑收敛域等于收敛区间 $(-R,R)$ 这一情形. 此时对任何闭区间 $[a,b] \subset (-R,R)$,当 $x \in [a,b]$ 时有 $|x| \leqslant r = \max\{|a|, |b|\} < R$,从而有

$$|a_n x^n| = \left| a_n r^n \cdot \frac{x^n}{r^n} \right| \leqslant |a_n r^n|.$$

由于幂级数(12.1)于收敛区间 $(-R,R)$ 绝对收敛,并且 $r \in (-R,R)$,从而数项级数 $\sum_{n=0}^{\infty} |a_n r^n|$ 收敛. 于是,根据优级数判别法,幂级数(12.1)于闭区间 $[a,b]$ 一致收敛.

再考虑收敛域含有收敛区间的一个或两个端点的情形. 此时,收敛半径 R 必有限. 设幂级数(12.1)在收敛区间右端点 R 处收敛,即级数 $\sum_{n=0}^{\infty} a_n R^n$ 收敛. 此时有

$$\sum_{n=0}^{\infty} a_n x^n = \sum_{n=0}^{\infty} a_n R^n \cdot \left(\frac{x}{R}\right)^n.$$

由于级数 $\sum_{n=0}^{\infty} a_n R^n$ 收敛,函数列 $\left\{\left(\frac{x}{R}\right)^n\right\}$ 在闭区间 $[0,R]$ 上关于 n 递减,关于 x 一致有界,根据阿贝尔判别法知 $\sum_{n=0}^{\infty} a_n x^n$ 在闭区间 $[0,R]$ 上一致收敛.

当幂级数在收敛区间左端点 $-R$ 处收敛时,利用

$$\sum_{n=0}^{\infty} a_n x^n = \sum_{n=0}^{\infty} a_n (-R)^n \cdot \left(\frac{x}{-R}\right)^n$$

可仿上一情形证明幂级数在闭区间 $[-R,0]$ 上一致收敛.　　　　　　　　□

于是,根据上一章的定理 11.11 和定理 11.12,我们立即得到如下两定理.

定理 12.4　幂级数(12.2)的和函数在收敛域上连续.　　　　　　　□

定理 12.5　幂级数(12.2)的和函数 $S(x)$ 在包含于收敛域内的任何有界闭区间上可积.特别地,对任何收敛点 x 有

$$\int_{x_0}^{x} S(t)\,\mathrm{d}t = \sum_{n=0}^{\infty} \frac{a_n}{n+1} (x-x_0)^{n+1}.$$

　　　　　　　　　　　　　　　　　　　　　　　　　　　　　　　　　　□

为讨论和函数的可导性,需要考虑逐项求导所获幂级数 $\sum_{n=1}^{\infty} na_n (x-x_0)^{n-1}$ 的一致收敛情况.

引理　幂级数(12.2)和它的导级数 $\sum_{n=1}^{\infty} na_n (x-x_0)^{n-1}$ 具有相同的收敛半径.

证[*]　不妨设幂级数中心 $x_0 = 0$.

设幂级数(12.1)的收敛半径为 R,幂级数 $\sum_{n=1}^{\infty} na_n x^{n-1}$ 的收敛半径为 R_1.我们要证明 $R_1 = R$.

先证 $R_1 \geqslant R$.只要证明 $\sum_{n=1}^{\infty} na_n x^{n-1}$ 在任一点 $x \in (-R, R)$ 处收敛.取点 $\bar{x}$ 满足 $|x| < |\bar{x}| < R$.由于级数 $\sum_{n=1}^{\infty} a_n \bar{x}^n$ 收敛,其通项数列 $\{a_n \bar{x}^n\}$ 有界:$|a_n \bar{x}^n| \leqslant M$.于是有

$$\left| na_n x^{n-1} \right| = \left| na_n \bar{x}^{n-1} \cdot \frac{x^{n-1}}{\bar{x}^{n-1}} \right| \leqslant \frac{M}{|\bar{x}|} \cdot n \left| \frac{x}{\bar{x}} \right|^{n-1}.$$

由于 $\left| \dfrac{x}{\bar{x}} \right| < 1$,上式右端为通项的级数收敛,由比较判别法,上式左端为通项的级数也收敛,即级数 $\sum_{n=1}^{\infty} na_n x^{n-1}$ 绝对收敛.

再证 $R \geqslant R_1$.只要证明 $\sum_{n=0}^{\infty} a_n x^n$ 在任一点 $x \in (-R_1, R_1)$ 处收敛.取点 $\bar{x}$ 满足 $|x| < |\bar{x}| < R_1$.由于级数 $\sum_{n=1}^{\infty} na_n \bar{x}^{n-1}$ 收敛,其通项数列 $\{na_n \bar{x}^{n-1}\}$ 有界:$|na_n \bar{x}^{n-1}| \leqslant M_1$.于是有

$$|a_n x^n| = \left| na_n \bar{\bar{x}}^n \cdot \frac{1}{n} \cdot \frac{x^n}{\bar{\bar{x}}^n} \right| \leqslant M_1 |\bar{\bar{x}}| \cdot \left| \frac{x}{\bar{\bar{x}}} \right|^n.$$

由于 $\left| \dfrac{x}{\bar{\bar{x}}} \right| < 1$，与上面类似地由比较判别法知级数 $\displaystyle\sum_{n=0}^{\infty} a_n x^n$ 绝对收敛. □

注 幂级数和其导级数的收敛域必满足：

$$\text{幂级数的收敛域} \supseteq \text{导级数的收敛域},$$

但两者未必相同. 例如，幂级数 $\displaystyle\sum_{n=0}^{\infty} x^n$ 是幂级数 $\displaystyle\sum_{n=1}^{\infty} \frac{x^n}{n}$ 的导级数，两者具有不同的收敛域：幂级数 $\displaystyle\sum_{n=0}^{\infty} x^n$ 的收敛域为 $(-1,1)$，而幂级数 $\displaystyle\sum_{n=1}^{\infty} \frac{x^n}{n}$ 的收敛域为 $[-1,1)$.

根据上述引理，以及幂级数在收敛区间的内闭一致收敛性，由上一章的定理 11.13 即得幂级数的和函数在收敛区间的可导性.

定理 12.6 幂级数 (12.2) 的和函数 $S(x)$ 在收敛区间内可导，并且

$$S'(x) = \sum_{n=1}^{\infty} n a_n (x-x_0)^{n-1}. \qquad \square$$

注 幂级数 (12.2) 的和函数 $S(x)$ 在收敛域连续，但在收敛域端点处未必可导. 例子将在下一节给出.

例 12.2 求出幂级数 $\displaystyle\sum_{n=1}^{\infty} \frac{x^n}{n}$ 的和函数，并且由此证明

$$\sum_{n=1}^{\infty} \frac{(-1)^{n-1}}{n} = \ln 2.$$

解 首先确定幂级数 $\displaystyle\sum_{n=1}^{\infty} \frac{x^n}{n}$ 的收敛半径 $R=1$，从而收敛区间为 $(-1,1)$. 再确定收敛域为 $[-1,1)$. 于是幂级数 $\displaystyle\sum_{n=1}^{\infty} \frac{x^n}{n}$ 的和函数 $S(x)$ 于 $[-1,1)$ 连续，于 $(-1,1)$ 可导并且 $S'(x) = \displaystyle\sum_{n=1}^{\infty} x^{n-1} = \frac{1}{1-x}$. 由于 $S(0)=0$，于是对任何 $x \in (-1,1)$ 有

$$S(x) = \int_0^x S'(t)\,\mathrm{d}t = \int_0^x \frac{1}{1-t}\,\mathrm{d}t = -\ln(1-x).$$

和函数 $S(x)$ 于 $[-1,1)$ 连续，右端函数在 -1 处也连续，因此 $S(-1) = -\ln 2$. 即有 $\displaystyle\sum_{n=1}^{\infty} \frac{(-1)^n}{n} = -\ln 2$，于是 $\displaystyle\sum_{n=1}^{\infty} \frac{(-1)^{n-1}}{n} = \ln 2$. □

我们也可取一些收敛域内其他的值而获得一些数项级数的和. 例如，对上述例 12.2，由 $S\left(\dfrac{1}{2}\right) = \ln 2, S\left(-\dfrac{1}{2}\right) = -\ln\dfrac{3}{2}$ 可得

$$\sum_{n=1}^{\infty} \frac{1}{2^n n} = \ln 2, \quad \sum_{n=1}^{\infty} \frac{(-1)^{n-1}}{2^n n} = \ln\frac{3}{2}.$$

由于幂级数的导级数仍然是幂级数，而且收敛半径不变，和函数的导函数仍然于收敛区间可导. 由此可知，幂级数 (12.2) 的和函数 $S(x)$ 在收敛区间内可任意阶求导，并且

$$S^{(k)}(x) = \sum_{n=k}^{\infty} n(n-1)\cdots[n-(k-1)]a_n(x-x_0)^{n-k}, k=1,2,\cdots.$$

特别地,可得幂级数系数与和函数导数之间的关系:

$$a_k = \frac{S^{(k)}(x_0)}{k!}, k=0,1,2,\cdots.$$

以上,我们阐述了幂级数的和函数的定义域和性质.现在来考虑和函数的运算.和函数是由幂级数确定的,一般情况下难以求出或根本求不出,因此和函数的运算需要通过幂级数的运算来实现.

定理 12.7 设幂级数 $\sum_{n=0}^{\infty} a_n(x-x_0)^n$ 和幂级数 $\sum_{n=0}^{\infty} b_n(x-x_0)^n$ 的收敛半径分别为 R_a 和 R_b,则

(1) 当 $|x-x_0|<R_a$ 时,对任何常数 λ 有

$$\lambda \sum_{n=0}^{\infty} a_n(x-x_0)^n = \sum_{n=0}^{\infty} \lambda a_n(x-x_0)^n.$$

(2) 当 $|x-x_0|<R=\min(R_a,R_b)$ 时,

$$\sum_{n=0}^{\infty} a_n(x-x_0)^n + \sum_{n=0}^{\infty} b_n(x-x_0)^n = \sum_{n=0}^{\infty}(a_n+b_n)(x-x_0)^n.$$

(3) 当 $|x-x_0|<R=\min(R_a,R_b)$ 时,

$$\sum_{n=0}^{\infty} a_n(x-x_0)^n \cdot \sum_{n=0}^{\infty} b_n(x-x_0)^n = \sum_{n=0}^{\infty} c_n(x-x_0)^n,$$

这里 $c_n = a_0 b_n + a_1 b_{n-1} + a_2 b_{n-2} + \cdots + a_n b_0$.

证 由数项级数的运算性质得出. □

例 12.3 确定函数项级数

$$\sum_{n=1}^{\infty} \frac{1}{n+1}\left(\frac{x-1}{x+1}\right)^n$$

的和函数.

解 先求幂级数 $\sum_{n=1}^{\infty} \frac{1}{n+1} u^n$ 的和函数.首先,其系数 $a_n = \frac{1}{n+1}$ 满足 $\frac{a_{n+1}}{a_n} \to 1$,因此幂级数的收敛半径为 1.幂级数在 $u=-1$ 处是交错级数而收敛;在 $u=1$ 处是调和级数而发散,因此该幂级数的收敛区间为开区间 $(-1,1)$,收敛域为半开半闭区间 $[-1,1)$.设和函数为 $S(u)$,则

$$H(u) = uS(u) = \sum_{n=1}^{\infty} \frac{1}{n+1} u^{n+1}$$

在开区间 $(-1,1)$ 内可导,并且

$$H'(u) = \sum_{n=1}^{\infty} u^n = \frac{u}{1-u}.$$

注意到 $H(0)=0$,因此当 $u \in (-1,1)$ 时有

$$H(u) = H(0) + \int_0^u H'(t)\mathrm{d}t = \int_0^u \frac{t}{1-t}\mathrm{d}t = -u - \ln(1-u).$$

于是,当 $u \in (-1,1)$ 时有

$$S(u) = \begin{cases} -1 - \dfrac{\ln(1-u)}{u}, & u \neq 0 \\ 0, & u = 0 \end{cases}.$$

由连续性可知,上式对 $u = -1$ 也成立. 于是,所求函数项级数的和函数的定义域为

$$D = \left\{ x : \frac{x-1}{x+1} \in [-1,1) \right\} = [0, +\infty),$$

函数项级数的和函数的表达式为

$$f(x) = S\left(\frac{x-1}{x+1}\right) = \begin{cases} -1 - \dfrac{x+1}{x-1}\ln\dfrac{2}{x+1}, & x \geqslant 0 \text{ 且 } x \neq 1 \\ 0, & x = 1 \end{cases}.$$ □

习题 12.1

1. 确定下列幂级数的收敛半径和收敛域:

(1) $\sum\limits_{n=1}^{\infty} nx^n$,

(2) $\sum\limits_{n=1}^{\infty} \dfrac{(n!)^2}{(2n)!} x^n$,

(3) $\sum\limits_{n=1}^{\infty} \left(1 + \dfrac{1}{n}\right)^{n^2} x^n$,

(4) $\sum\limits_{n=1}^{\infty} \dfrac{1 \cdot 3 \cdot 5 \cdot \cdots \cdot (2n-1)}{2 \cdot 4 \cdot 6 \cdot \cdots \cdot (2n)} \left(\dfrac{x-1}{2}\right)^n$,

(5) $\sum\limits_{n=1}^{\infty} \dfrac{3^n + (-2)^n}{n} (x+1)^n$.

2. 求下列函数项级数的收敛域:

(1) $\sum\limits_{n=1}^{\infty} n \mathrm{e}^{nx}$,

(2) $\sum\limits_{n=1}^{\infty} (n+1)(\tan x)^n$.

3. 求下列幂级数的和函数:

(1) $x + \dfrac{x^3}{3} + \dfrac{x^5}{5} + \cdots + \dfrac{x^{2n-1}}{2n-1} + \cdots$

(2) $\dfrac{x-1}{1 \cdot 2} + \dfrac{(x-1)^2}{2 \cdot 3} + \cdots + \dfrac{(x-1)^n}{n(n+1)} + \cdots$

(3) $x - 2x^2 + 3x^3 - \cdots + (-1)^{n-1} n x^n + \cdots$

(4) $1 \cdot 2(x+1) + 2 \cdot 3(x+1)^2 + \cdots + n(n+1)(x+1)^n + \cdots$

§12.2 幂级数展开

在上一节中,我们证明了幂级数的和函数在收敛区间内任意阶可导,并且幂级数系数可由和函数在中心处的各阶导数表示:

$$a_n = \frac{S^{(n)}(x_0)}{n!}, \quad n = 0, 1, 2, \cdots.$$

于是在收敛域上成立等式：

$$S(x) = \sum_{n=0}^{\infty} \frac{S^{(n)}(x_0)}{n!}(x-x_0)^n. \tag{12.3}$$

现在，我们要问，对一个在点 x_0 处任意阶可导的函数 f，等式

$$f(x) = \sum_{n=0}^{\infty} \frac{f^{(n)}(x_0)}{n!}(x-x_0)^n \tag{12.4}$$

是否成立？我们称(12.4)式右端幂级数为函数 f 在点 x_0 处的**泰勒级数**.

现在分析上述问题. 首先，如果式(12.4)在点 x_0 的某邻域内成立，则表明函数 f 是右端幂级数的和函数. 反过来，由式(12.3)知，若函数 f 是某个幂级数的和函数，则式(12.4)在点 x_0 的某邻域内成立. 因此，上述问题有肯定的答案当且仅当函数 f 是某个幂级数的和函数. 此时，我们称式(12.4)的右端是函数 f 在点 x_0 处的**泰勒展开式**或**幂级数展开式**，同时称函数 f 在点 x_0 处**可泰勒展开**. 注意，按照定义，幂级数的和函数在幂级数中心处的泰勒级数展开就是幂级数自身. 因此，函数的幂级数展开，若存在，必唯一. 在原点 0 处的泰勒级数

$$\sum_{n=0}^{\infty} \frac{f^{(n)}(0)}{n!}x^n$$

称为**麦克劳林级数**，相应地展开就称为**麦克劳林级数展开**.

那么，是否有函数使(12.4)不成立，即不可以泰勒展开呢？有！例如，函数

$$f(x) = \begin{cases} e^{-\frac{1}{x^2}}, & x \neq 0; \\ 0, & x = 0 \end{cases}$$

在 $(-\infty, +\infty)$ 任意阶可导，并且在 0 处各阶导数都为 0：$f^{(n)}(0) = 0, n = 0, 1, 2, \cdots$，因此其麦克劳林级数 $\sum_{n=0}^{\infty} \frac{f^{(n)}(0)}{n!}x^n$ 收敛于常值函数 0. 然而，由于当 $x \neq 0$ 时 $f(x) \neq 0$，式(12.4)在任何邻域 $U(0)$ 内都不成立.

为给出函数 f 的泰勒级数收敛于函数 f 本身的条件，我们自然要考虑差

$$R_n(x) = f(x) - T_n(x)$$

其中

$$T_n(x) = \sum_{k=0}^{n} \frac{f^{(k)}(x_0)}{k!}(x-x_0)^k$$

表示函数 f 在点 x_0 处的泰勒级数的部分和，通常称为函数 f 在点 x_0 处的 n 次**泰勒多项式**. 当需要强调函数时，也常用 $T_n[f](x)$ 表示.

公式

$$f(x) = T_n(x) + R_n(x) = \sum_{k=0}^{n} \frac{f^{(k)}(x_0)}{k!}(x-x_0)^k + R_n(x) \tag{12.5}$$

通常称为**泰勒公式**，而 $R_n(x)$ 叫作泰勒公式**余项**.

于是，式(12.4)在点 x_0 的某邻域内成立，当且仅当对该邻域内的任何点 x，

$$R_n(x) \to 0 \, (n \to \infty).$$

因此,余项对确定函数可否泰勒展开起着决定性作用. 为此,我们需要余项的表示.

定理 12.8(积分型余项) 设函数 f 在某区间 I 内有 $n+1$ 阶连续导函数,则对任何 x,$x_0 \in I$,

$$R_n(x) = \frac{1}{n!} \int_{x_0}^x f^{(n+1)}(t)(x-t)^n \mathrm{d}t. \tag{12.6}$$

证 用数学归纳法. $n=0$ 时显然成立. 设 $n=k$ 时成立,则当 $n=k+1$ 时有

$$R_{k+1}(x) = \frac{1}{(k+1)!} \int_{x_0}^x f^{(k+2)}(t)(x-t)^{k+1} \mathrm{d}t$$

$$= \frac{1}{(k+1)!} \int_{x_0}^x (x-t)^{k+1} \mathrm{d}\left[f^{(k+1)}(t)\right]$$

$$= \frac{1}{(k+1)!} \left\{ (x-t)^{k+1} f^{(k+1)}(t) \Big|_{t=x_0}^{t=x} - \int_{x_0}^x f^{(k+1)}(t) \mathrm{d}\left[(x-t)^{k+1}\right] \right\}$$

$$= -\frac{f^{(k+1)}(x_0)}{(k+1)!}(x-x_0)^{k+1} + \frac{1}{k!} \int_{x_0}^x f^{(k+1)}(t)(x-t)^k \mathrm{d}t$$

$$= -\frac{f^{(k+1)}(x_0)}{(k+1)!}(x-x_0)^{k+1} + f(x) - T_k(x) \text{(用了归纳假设 } n=k \text{ 时成立)}$$

$$= f(x) - T_{k+1}(x),$$

即式(12.6)在 $n=k+1$ 时亦成立. 由数学归纳法,式(12.6)成立. □

定理 12.9(拉格朗日型余项) 设函数 f 在某区间 I 内有 $n+1$ 阶连续导函数,则对任何 $x,x_0 \in I$,存在介于 x,x_0 之间的 ζ 使得

$$R_n(x) = \frac{f^{(n+1)}(\zeta)}{(n+1)!}(x-x_0)^{n+1}. \tag{12.7}$$

证 对积分型余项,由于 $f^{(n+1)}$ 连续以及 $(x-t)^n$ 在区间 $[x_0,x]$(或 $[x,x_0]$)不变号,根据积分第一中值定理,存在 $\zeta \in (x_0,x)$ 使得

$$R_n(x) = \frac{f^{(n+1)}(\zeta)}{n!} \int_{x_0}^x (x-t)^n \mathrm{d}t = \frac{f^{(n+1)}(\zeta)}{(n+1)!}(x-x_0)^{n+1}. \qquad □$$

定理 12.9 给出了泰勒公式的定量型余项,由此可得如下较弱的定性型余项. 这种余项在求解极限问题时非常有用.

定理 12.10(佩亚诺型余项) 设函数 f 在 x_0 的某邻域内 $n+1$ 阶连续可导,则

$$R_n(x) = o\left[(x-x_0)^n\right], x \to x_0. \tag{12.8}$$

$$□$$

注 定理 12.10 的条件可减弱为函数 f 在点 x_0 处 n 阶可导. 当然相应的证明也不同,需要结合洛必达法则和 n 阶导数定义来完成.

现在我们利用上述带有积分型余项或拉格朗日型余项的泰勒公式来给出一些重要初等函数的幂级数展开.

1. 多项式函数 $P(x) = a_0 + a_1 x + \cdots + a_k x^k$

由于当 $n > k$ 时总有 $P^{(n)}(x) \equiv 0$,在任何点 x_0 处,当 $n > k$ 时余项 $R_n(x) \equiv 0$,从而有幂级数展开:对任何 $x \in (-\infty, +\infty)$ 有

$$P(x) = T_k[P](x) = \sum_{n=0}^{k} \frac{P^{(n)}(x_0)}{n!}(x - x_0)^n.$$

特别地,在 0 处,$P(x)$ 的麦克劳林展开式就是 $P(x) = a_0 + a_1 x + \cdots + a_k x^k$.

2. 指数函数 e^x 的麦克劳林级数展开

由于 $(e^x)^{(n)} = e^x$,指数函数 e^x 在点 0 处的拉格朗日型余项为 $R_n(x) = \dfrac{e^{\theta x}}{(n+1)!}x^{n+1}$ $(0 < \theta < 1)$. 对任何 $x \in (-\infty, +\infty)$ 有 $|R_n(x)| \leqslant \dfrac{e^{|x|}}{(n+1)!}|x|^{n+1} \to 0$,因此指数函数 e^x 有麦克劳林级数展开:

$$e^x = 1 + x + \frac{1}{2!}x^2 + \cdots + \frac{1}{n!}x^n + \cdots, \quad x \in (-\infty, +\infty).$$

例 12.4 证明数 e 为无理数.

证 根据指数函数 e^x 的在 0 处的带有拉格朗日型余项的泰勒公式知,对任何正整数 n,存在数 $\theta: 0 < \theta < 1$ 使得

$$e = 1 + 1 + \frac{1}{2!} + \frac{1}{3!} + \cdots + \frac{1}{n!} + \frac{e^\theta}{(n+1)!}.$$

于是,

$$n!\left[e - \left(1 + 1 + \frac{1}{2!} + \frac{1}{3!} + \cdots + \frac{1}{n!}\right)\right] = \frac{e^\theta}{n+1}.$$

现假设数 e 为有理数,则当 n 充分大时,$n!e$ 为正整数,因此上式左边是一个整数,但右边的数,只要 $n > 2$ 就有 $0 < \dfrac{e^\theta}{n+1} < \dfrac{3}{n+1} < 1$,从而矛盾. □

注 在具体计算时,常采用如下迭代方式:

$$1 + 1 + \frac{1}{2!} + \frac{1}{3!} + \cdots + \frac{1}{n!} = 2 + \frac{1}{2}\left(1 + \frac{1}{3}\left(1 + \frac{1}{4}\left(1 + \cdots + \frac{1}{n-1}\left(1 + \frac{1}{n}\right)\right)\right)\right).$$

3. 正弦函数、余弦函数的麦克劳林级数展开

由于 $(\sin x)^{(n)} = \sin\left(x + \dfrac{n}{2}\pi\right)$,$\sin x$ 在点 0 处的拉格朗日型余项满足

$$|R_n(x)| = \left|\frac{\sin\left(\zeta + \dfrac{n+1}{2}\pi\right)}{(n+1)!}x^{n+1}\right| \leqslant \frac{|x|^{n+1}}{(n+1)!} \to 0,$$

正弦函数 $\sin x$ 有麦克劳林级数展开:

$$\sin x = x - \frac{1}{3!}x^3 + \frac{1}{5!}x^5 - \cdots + \frac{(-1)^n}{(2n+1)!}x^{2n+1} + \cdots, \quad x \in (-\infty, +\infty).$$

同法可得,或按幂级数性质对上式逐项求导可得余弦函数有如下麦克劳林级数展开:

$$\cos x = 1 - \frac{1}{2!}x^2 + \frac{1}{4!}x^4 - \cdots + \frac{(-1)^n}{(2n)!}x^{2n} + \cdots, \quad x \in (-\infty, +\infty).$$

4. 对数函数 $\ln(1+x)$ 的麦克劳林级数展开

首先,对数函数 $f(x) = \ln(1+x)$ 的各阶导数为

$$f^{(n)}(x) = \frac{(-1)^{n-1}(n-1)!}{(1+x)^n}.$$

特别地,$f^{(n)}(0) = (-1)^{n-1}(n-1)!$,因此其麦克劳林级数为

$$x - \frac{1}{2}x^2 + \frac{1}{3}x^3 - \cdots + \frac{(-1)^{n-1}}{n}x^n + \cdots.$$

上述幂级数的收敛半径为 1,收敛域为 $(-1,1]$. 现在考察对数函数 $f(x) = \ln(1+x)$ 在点 0 处余项

$$R_n(x) = (-1)^n \int_0^x \frac{(x-t)^n}{(1+t)^{n+1}} dt.$$

当 $x \in [0,1]$ 时有

$$|R_n(x)| \leqslant \int_0^x (x-t)^n dt = \frac{1}{n+1}x^{n+1} \leqslant \frac{1}{n+1} \to 0;$$

当 $x \in (-1,0)$ 时有

$$|R_n(x)| \leqslant \int_x^0 \left(\frac{t-x}{1+t}\right)^n \frac{1}{1+t} dt \leqslant \int_x^0 (-x)^n \frac{1}{1+t} dt = -(-x)^n \ln(1+x) \to 0.$$

因此,对数函数 $\ln(1+x)$ 有麦克劳林幂级数展开:

$$\ln(1+x) = x - \frac{1}{2}x^2 + \frac{1}{3}x^3 - \cdots + \frac{(-1)^{n-1}}{n}x^n + \cdots, x \in (-1,1].$$

5. 二项式函数 $(1+x)^\alpha$ 的麦克劳林级数展开

当 α 是正整数时,二项式函数 $(1+x)^\alpha$ 是一多项式,其麦克劳林级数展开就是二项式函数 $(1+x)^\alpha$ 的展开:

$$(1+x)^\alpha = 1 + C_\alpha^1 x + C_\alpha^2 x^2 + \cdots + C_\alpha^\alpha x^\alpha.$$

现在设 $\alpha \neq 0$ 不是正整数. 此时二项式函数 $f(x) = (1+x)^\alpha$ 的各阶导数为

$$f^{(n)}(x) = \alpha(\alpha-1)\cdots[\alpha-(n-1)](1+x)^{\alpha-n} = n! C_\alpha^n (1+x)^{\alpha-n}.$$

这里,记号 C_α^n 表示:

$$C_\alpha^n = \frac{\alpha(\alpha-1)\cdots[\alpha-(n-1)]}{n!}.$$

特别地,$f^{(n)}(0) = n! C_\alpha^n$. 于是二项式函数 $(1+x)^\alpha$ 的麦克劳林级数为

$$1 + C_\alpha^1 x + C_\alpha^2 x^2 + \cdots + C_\alpha^n x^n + \cdots.$$

根据比式判别法,容易知道这个幂级数有收敛半径 1,即有收敛区间 $(-1,1)$. 进一步地分析可知:当 $\alpha \leqslant -1$ 时收敛域为收敛区间 $(-1,1)$;当 $-1 < \alpha < 0$ 时,收敛域为 $(-1,1]$;当 $\alpha > 0$ 时,收敛域为 $[-1,1]$.

现在考察二项式函数 $f(x) = (1+x)^\alpha$ 在点 0 处的泰勒公式余项:积分型余项为

$$R_n(x) = (n+1) C_\alpha^{n+1} \int_0^x (1+t)^{\alpha-n-1} (x-t)^n dt.$$

当 $x \in [0,1]$ 时,对 $n > \alpha$ 有

$$|R_n(x)| \leqslant (n+1)\left|C_\alpha^{n+1}\right|\left|\int_0^x (x-t)^n \mathrm{d}t\right| = \left|C_\alpha^{n+1}\right| x^{n+1}.$$

于是,由于当 $\alpha > -1$ 时,$C_\alpha^{n+1} \to 0$ 而知对任何 $x \in [0,1]$ 有 $R_n(x) \to 0$;当 $\alpha \leqslant -1$ 时,对任何 $x \in [0,1)$,由于 $C_\alpha^{n+1} x^{n+1} \to 0$ 而有 $R_n(x) \to 0$.

再设 $x \in (-1,0)$,或 $\alpha > 0$ 时 $x \in [-1,0)$. 此时,

$$|R_n(x)| \leqslant (n+1)\left|C_\alpha^{n+1}\right|\left|\int_x^0 \left(\frac{t-x}{1+t}\right)^n (1+t)^{\alpha-1} \mathrm{d}t\right|$$

$$\leqslant (n+1)\left|C_\alpha^{n+1}\right| (-x)^n \int_x^0 (1+t)^{\alpha-1} \mathrm{d}t$$

$$\leqslant \frac{n+1}{\alpha}\left|C_\alpha^{n+1}\right| (-x)^n = \left|C_{\alpha-1}^n\right|(-x)^n \to 0.$$

于是,二项式函数 $f(x) = (1+x)^\alpha$ 有麦克劳林级数展开:

$$(1+x)^\alpha = 1 + C_\alpha^1 x + C_\alpha^2 x^2 + \cdots + C_\alpha^n x^n + \cdots.$$

当 $\alpha \leqslant -1$ 时收敛域为收敛区间 $(-1,1)$;当 $-1 < \alpha < 0$ 时,收敛域为 $(-1,1]$;当 $\alpha > 0$ 时,收敛域为 $[-1,1]$.

相应地,有

$$(1-x)^\alpha = 1 - C_\alpha^1 x + C_\alpha^2 x^2 + \cdots + (-1)^n C_\alpha^n x^n + \cdots,$$

这里,当 $\alpha \leqslant -1$ 时收敛域为收敛区间 $(-1,1)$;当 $-1 < \alpha < 0$ 时,收敛域为 $[-1,1)$;当 $\alpha > 0$ 时,收敛域为 $[-1,1]$.

现在,取 $\alpha = \dfrac{1}{2}$ 就得:当 $x \in [-1,1]$ 时

$$\sqrt{1+x} = 1 + C_{\frac{1}{2}}^1 x + C_{\frac{1}{2}}^2 x^2 + \cdots + C_{\frac{1}{2}}^n x^n + \cdots$$

$$= 1 + \frac{1}{2}x - \frac{1}{2 \cdot 4}x^2 + \cdots + (-1)^{n-1}\frac{1 \cdot 3 \cdot 5 \cdots (2n-3)}{2 \cdot 4 \cdot 6 \cdots (2n)} x^n + \cdots.$$

取 $\alpha = -\dfrac{1}{2}$ 就得:当 $x \in (-1,1]$ 时

$$\frac{1}{\sqrt{1+x}} = 1 + C_{-\frac{1}{2}}^1 x + C_{-\frac{1}{2}}^2 x^2 + \cdots + C_{-\frac{1}{2}}^n x^n + \cdots$$

$$= 1 - \frac{1}{2}x + \frac{1 \cdot 3}{2 \cdot 4}x^2 + \cdots + (-1)^n \frac{1 \cdot 3 \cdot 5 \cdots (2n-1)}{2 \cdot 4 \cdot 6 \cdots (2n)} x^n + \cdots.$$

由于幂级数展开是唯一的,根据上式就有

$$\frac{1}{\sqrt{1-x}} = 1 + \frac{1}{2}x + \frac{1 \cdot 3}{2 \cdot 4}x^2 + \cdots + \frac{1 \cdot 3 \cdot 5 \cdots (2n-1)}{2 \cdot 4 \cdot 6 \cdots (2n)} x^n + \cdots, \quad x \in [-1,1).$$

$$\frac{1}{\sqrt{1-x^2}} = 1 + \frac{1}{2}x^2 + \frac{1 \cdot 3}{2 \cdot 4}x^4 + \cdots + \frac{1 \cdot 3 \cdot 5 \cdots (2n-1)}{2 \cdot 4 \cdot 6 \cdots (2n)} x^{2n} + \cdots, \quad x \in (-1,1).$$

于是,利用幂级数的逐项积分,就有

$$\arcsin x$$

$$= \int_0^x \frac{\mathrm{d}t}{\sqrt{1-t^2}}$$

$$= 1 + \frac{1}{2} \cdot \frac{x^3}{3} + \frac{1 \cdot 3}{2 \cdot 4} \cdot \frac{x^5}{5} + \cdots + \frac{1 \cdot 3 \cdot 5 \cdots (2n-1)}{2 \cdot 4 \cdot 6 \cdots (2n)} \cdot \frac{x^{2n+1}}{2n+1} + \cdots, \quad x \in (-1,1).$$

可以证明上式对 $x = \pm 1$ 也成立.

类似地,根据

$$\frac{1}{1+x^2} = 1 - x^2 + x^4 - \cdots + (-1)^n x^{2n} + \cdots, x \in (-1,1)$$

可得到反正切函数的展开:

$$\arctan x = \int_0^x \frac{\mathrm{d}t}{1+t^2} = \sum_{n=0}^{\infty} \frac{(-1)^n}{2n+1} x^{2n+1}, x \in [-1,1].$$

由于佩亚诺型余项的泰勒公式在应用中非常方便,这里列出如下五个重要展开式,并且举二例以说明这些展开式在求极限中的应用.

(1) $e^x = 1 + x + \frac{1}{2!} x^2 + \cdots + \frac{1}{n!} x^n + o(x^n)$.

(2) $\sin x = x - \frac{1}{3!} x^3 + \frac{1}{5!} x^5 - \cdots + \frac{(-1)^{n-1}}{(2n-1)!} x^{2n-1} + o(x^{2n})$.

(3) $\cos x = 1 - \frac{1}{2!} x^2 + \frac{1}{4!} x^4 - \cdots + \frac{(-1)^n}{(2n)!} x^{2n} + o(x^{2n+1})$.

(4) $\ln(1+x) = x - \frac{1}{2} x^2 + \frac{1}{3} x^3 - \cdots + \frac{(-1)^{n-1}}{n} x^n + o(x^n)$.

(5) $(1+x)^\alpha = 1 + C_\alpha^1 x + C_\alpha^2 x^2 + \cdots + C_\alpha^n x^n + o(x^n)$.

例 12.5 求下述极限

$$\lim_{x \to 0} \frac{e^x \sin x - x(1+x)}{\sin^3 x}.$$

分析 显然,所求极限为 $\frac{0}{0}$ 型不定式极限,因此可用洛必达法则来解答,但计算过程很繁琐. 读者可自行试之. 这里,我们用泰勒公式来解答. 注意分母可用等价无穷小替换为 x^3.

解

$$e^x \sin x = [1 + x + \frac{1}{2} x^2 + o(x^2)][x - \frac{1}{3!} x^3 + o(x^3)]$$

$$= (1 + x + \frac{1}{2} x^2) x - \frac{1}{3!} x^3 + o(x^3) = x + x^2 + \frac{1}{3} x^3 + o(x^3),$$

因此,

$$\lim_{x \to 0} \frac{e^x \sin x - x(1+x)}{\sin^3 x} = \lim_{x \to 0} \frac{x + x^2 + \frac{1}{3} x^3 + o(x^3) - x(1+x)}{x^3} = \frac{1}{3}. \qquad \square$$

例 12.6 求下述极限

$$\lim_{n \to \infty} \frac{\left(1+\dfrac{1}{n}\right)^{n^2}}{e^n}.$$

解 记极限号下表达式为 a_n，则

$$\ln a_n = n^2 \ln\left(1+\frac{1}{n}\right) - n.$$

由于 $\ln(1+x) = x - \dfrac{1}{2}x^2 + o(x^2)$，

$$\ln a_n = n^2\left[\frac{1}{n} - \frac{1}{2n^2} + o\left(\frac{1}{n^2}\right)\right] - n = -\frac{1}{2} + o(1).$$

于是，

$$a_n = e^{\ln a_n} \to e^{-\frac{1}{2}} \quad (n \to \infty). \qquad \square$$

习题 12.2

1. 写出下列函数的麦克劳林展开：

(1) e^{x^2}，　　　　　(2) $\sin^2 x$，　　　　　(3) $\dfrac{x^p}{1-x}(p \in N)$，

(4) $\dfrac{1}{(1-x)^2}$，　　　(5) $\ln\sqrt{\dfrac{1+x}{1-x}}$，　　　(6) $\dfrac{x}{1+x-2x^2}$.

2. 写出下列函数在 $x=1$ 处的泰勒展开：

(1) $\ln x$，　　　　　(2) $\dfrac{x}{1+3x+2x^2}$.

3. 设函数 f 在区间 (a,b) 上任意阶可导，并且有正数 M 使得对任何 $x \in (a,b)$ 有 $|f^{(n)}(x)| \leqslant M, n=0,1,2,\cdots$. 证明对任何 $x, x_0 \in (a,b)$ 有

$$f(x) = \sum_{n=0}^{\infty} \frac{f^{(n)}(x_0)}{n!}(x-x_0)^n.$$

4*. 对幂级数 $1+C_\alpha^1 x + C_\alpha^2 x^2 + \cdots + C_\alpha^n x^n + \cdots$，证明：当 $\alpha \leqslant -1$ 时，收敛域为收敛区间 $(-1,1)$；当 $-1 < \alpha < 0$ 时，收敛域为 $(-1,1]$；当 $\alpha > 0$ 时，收敛域为 $[-1,1]$.

5. 求下列极限：

(1) $\lim\limits_{x \to 0} \dfrac{\cos x - e^{-\frac{x^2}{2}}}{\sin^4 x}$，　　　(2) $\lim\limits_{x \to 0}\left(\dfrac{1}{x^2} - \dfrac{1}{\sin^2 x}\right)$.

第十三章　傅里叶级数

上一章讨论了由幂函数列$\{x^n\}$产生的幂级数. 本章将讨论与周期函数相关的函数项级数:由最简单的周期函数——常值函数与正弦、余弦函数

$$1, \cos x, \sin x, \cos 2x, \sin 2x, \cdots, \cos nx, \sin nx, \cdots$$

所产生的三角级数

$$
\begin{aligned}
& \frac{a_0}{2} + \sum_{n=1}^{\infty} (a_n \cos nx + b_n \sin nx) \\
= & \frac{a_0}{2} + (a_1 \cos x + b_1 \sin x) + (a_2 \cos 2x + b_2 \sin 2x) + \cdots + (a_n \cos nx + b_n \sin nx) + \cdots.
\end{aligned}
$$

$$(13.1)$$

由于周期运动在科学实验和工程技术中经常出现,三角级数有着广泛的应用.

§13.1　三角级数的收敛性与和函数的三角级数表示

首先,根据优级数判别法,立即有

定理 13.1　若级数 $\sum_{n=1}^{\infty} (|a_n| + |b_n|)$ 收敛,则三角级数(13.1)在整个实轴$(-\infty, +\infty)$上绝对收敛并且一致收敛.

证　由于 $|a_n \cos nx + b_n \sin nx| \leqslant |a_n| + |b_n|$,由优级数判别法即得.　　□

在定理 13.1 的条件下,三角级数(13.1)的和函数

$$S(x) = \frac{a_0}{2} + \sum_{n=1}^{\infty} (a_n \cos nx + b_n \sin nx) \tag{13.2}$$

于整个实轴$(-\infty, +\infty)$连续,并且是以 2π 为周期的周期函数. 我们现在考虑如下问题:(13.2)中的系数 a_n, b_n 与和函数具有怎样的关系? 它们能否由和函数唯一确定?

定理 13.2　若式(13.2)右端三角级数在整个实轴$(-\infty, +\infty)$上一致收敛于和函数 $S(x)$,则其系数由和函数完全确定:

$$a_n = \frac{1}{\pi} \int_{-\pi}^{\pi} S(x) \cos nx \, dx, \quad n = 0, 1, 2, \cdots; \tag{13.3}$$

$$b_n = \frac{1}{\pi} \int_{-\pi}^{\pi} S(x) \sin nx \, dx, \quad n = 1, 2, \cdots. \tag{13.4}$$

证　由条件,和函数 $S(x)$ 于闭区间$[-\pi, \pi]$连续,并且级数(13.2)可逐项积分. 于是有

$$\int_{-\pi}^{\pi} S(x)\mathrm{d}x = \int_{-\pi}^{\pi} \frac{a_0}{2}\mathrm{d}x + \sum_{n=1}^{\infty}\int_{-\pi}^{\pi}(a_n\cos nx + b_n\sin nx)\mathrm{d}x.$$

直接计算可知,当 n 为正整数时有

$$\int_{-\pi}^{\pi}\cos nx\,\mathrm{d}x = 0, \int_{-\pi}^{\pi}\sin nx\,\mathrm{d}x = 0,$$

因此,

$$a_0 = \frac{1}{\pi}\int_{-\pi}^{\pi} S(x)\mathrm{d}x.$$

为获得 $a_n, b_n (n\geqslant 1)$ 的表示,现在固定正整数 k. 在(13.2)两边乘以 $\cos kx$,则得

$$S(x)\cos kx = \frac{a_0}{2}\cos kx + \sum_{n=1}^{\infty}(a_n\cos nx\cos kx + b_n\sin nx\cos kx). \tag{13.5}$$

由于级数(13.2)一致收敛,级数(13.5)也是一致收敛的,从而也可逐项积分而有

$$\int_{-\pi}^{\pi} S(x)\cos kx\,\mathrm{d}x = \int_{-\pi}^{\pi}\frac{a_0}{2}\cos kx\,\mathrm{d}x + \sum_{n=1}^{\infty}\int_{-\pi}^{\pi}(a_n\cos nx\cos kx + b_n\sin nx\cos kx)\mathrm{d}x.$$

直接计算各积分而有

$$\int_{-\pi}^{\pi}\cos kx\,\mathrm{d}x = 0,$$

$$\int_{-\pi}^{\pi}\cos nx\cos kx\,\mathrm{d}x = \begin{cases} 0, & n\neq k \\ \pi, & n=k \end{cases},$$

$$\int_{-\pi}^{\pi}\sin nx\cos kx\,\mathrm{d}x = 0,$$

于是,我们有 $\int_{-\pi}^{\pi} S(x)\cos kx\,\mathrm{d}x = \pi a_k$, 即

$$a_k = \frac{1}{\pi}\int_{-\pi}^{\pi} S(x)\cos kx\,\mathrm{d}x.$$

同样,通过在式(13.2)两边乘以 $\sin kx$,并且利用逐项可积性,以及

$$\int_{-\pi}^{\pi}\sin kx\,\mathrm{d}x = 0,$$

$$\int_{-\pi}^{\pi}\cos nx\sin kx\,\mathrm{d}x = 0,$$

$$\int_{-\pi}^{\pi}\sin nx\sin kx\,\mathrm{d}x = \begin{cases} 0, & n\neq k \\ \pi, & n=k \end{cases},$$

可得到

$$b_k = \frac{1}{\pi}\int_{-\pi}^{\pi} S(x)\sin kx\,\mathrm{d}x.$$

于是,一致收敛三角级数(13.2)的系数可由其和函数完全确定. □

§13.2 周期函数的三角级数展开:傅里叶级数

现在,我们考虑由定理 13.2 引出的反问题:给定一个以 2π 为周期并且在闭区间 $[-\pi,$ $\pi]$ 上可积的函数 f,则可通过系数公式

$$a_n = \frac{1}{\pi}\int_{-\pi}^{\pi} f(x)\cos nx\,\mathrm{d}x, n = 0,1,2,\cdots; \tag{13.6}$$

$$b_n = \frac{1}{\pi}\int_{-\pi}^{\pi} f(x)\sin nx\,\mathrm{d}x, n = 1,2,\cdots. \tag{13.7}$$

得到一个三角级数

$$\frac{a_0}{2} + \sum_{n=1}^{\infty}(a_n\cos nx + b_n\sin nx). \tag{13.8}$$

这个三角级数称为函数 f 的**傅里叶级数**,而 a_n, b_n 称为**傅里叶系数**. 上一节的定理 13.2 说,一致收敛的三角级数的和函数的傅里叶级数就是这个三角级数自身,因而必收敛于这个和函数. 于是自然要问:一般函数 f 的傅里叶级数是否收敛,收敛时是否收敛于这个函数 f,收敛是否一致等问题. 这些问题的研究构成了傅里叶级数理论的基础内容. 在此,我们不加证明地叙述如下**收敛定理**.

定理 13.3 若函数 f 以 2π 为周期,在 $[-\pi,\pi]$ 上分段光滑,则函数 f 的傅里叶级数在闭区间 $[-\pi,\pi]$ 上收敛于函数 f 的平均 $\dfrac{f(x+0)+f(x-0)}{2}$:对任何 $x\in[-\pi,\pi]$,

$$\frac{a_0}{2} + \sum_{n=1}^{\infty}(a_n\cos nx + b_n\sin nx) = \frac{f(x+0)+f(x-0)}{2}. \tag{13.9}$$

□

注 所谓分段光滑,是指可分成若干小区间,在每个小区间上光滑:在这个小区间内部导函数连续,在小区间端点处,函数与导函数都有相应的单侧极限.

注意,如果函数 f 连续,则其平均 $\dfrac{f(x+0)+f(x-0)}{2}=f(x)$.

又关于傅里叶系数 a_n, b_n,由于函数 f 以 2π 为周期,积分区间 $[-\pi,\pi]$ 可用任何长度为 2π 的区间 $[c, 2\pi+c]$ 来代替,例如,也常用 $[0, 2\pi]$.

在考虑具体函数的傅里叶级数时,由于函数的周期性,通常只给出函数在一个周期区间上的表示式,原因是其余部分可通过周期延拓得到.

现在,依据收敛定理,来计算一些具体周期函数的傅里叶级数展开式.

例 13.1 求函数 $f(x)=\mathrm{sgn}(x)(-\pi<x\leqslant\pi)$ 的傅里叶级数展开,并由此证明

$$\sum_{n=1}^{\infty}\frac{(-1)^{n-1}}{2n-1} = \frac{\pi}{4}.$$

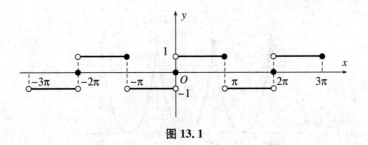

图 13.1

解　函数显然按段光滑，因此可展开成傅里叶级数. 系数计算如下：

$$a_0 = \frac{1}{\pi}\int_{-\pi}^{\pi}\mathrm{sgn}\,(x)\mathrm{d}x = \frac{1}{\pi}\left[\int_{-\pi}^{0}(-1)\mathrm{d}x + \int_{0}^{\pi}1\mathrm{d}x\right] = 0,$$

当 $n \geqslant 1$ 时，

$$a_n = \frac{1}{\pi}\int_{-\pi}^{\pi}\mathrm{sgn}\,(x)\cos nx\,\mathrm{d}x$$

$$= \frac{1}{\pi}\left[\int_{-\pi}^{0}(-\cos nx)\mathrm{d}x + \int_{0}^{\pi}\cos nx\,\mathrm{d}x\right] = 0;$$

$$b_n = \frac{1}{\pi}\int_{-\pi}^{\pi}\mathrm{sgn}\,(x)\sin nx\,\mathrm{d}x$$

$$= \frac{1}{\pi}\left[\int_{-\pi}^{0}(-\sin nx)\mathrm{d}x + \int_{0}^{\pi}\sin nx\,\mathrm{d}x\right]$$

$$= \frac{2}{n\pi}(1 - \cos n\pi) = \begin{cases} \dfrac{4}{n\pi}, & n\ \text{奇数} \\[2mm] 0, & n\ \text{偶数} \end{cases}.$$

于是，傅里叶级数为

$$\sum_{n=1}^{\infty}b_n\sin nx = \sum_{n=1}^{\infty}b_{2n-1}\sin(2n-1)x = \frac{4}{\pi}\sum_{n=1}^{\infty}\frac{\sin(2n-1)x}{2n-1}.$$

由于 $f(x) = \mathrm{sgn}\,(x)$ 在 $(-\pi, \pi)$ 上当 $x \neq 0$ 时连续，并且

$$\frac{f(0+0)+f(0-0)}{2}=0, \frac{f(\pi+0)+f(\pi-0)}{2}=0,$$

根据收敛定理，在 $(-\pi, \pi)$ 上有

$$\frac{4}{\pi}\sum_{n=1}^{\infty}\frac{\sin(2n-1)x}{2n-1} = \mathrm{sgn}\,(x).$$

特别地，若取 $x = \dfrac{\pi}{2}$，则可得到 $\dfrac{4}{\pi}\displaystyle\sum_{n=1}^{\infty}\dfrac{\sin\dfrac{2n-1}{2}\pi}{2n-1} = 1$，由此即得 $\displaystyle\sum_{n=1}^{\infty}\dfrac{(-1)^{n-1}}{2n-1} = \dfrac{\pi}{4}$.　□

例 13.2　求函数 $f(x) = x^2, -\pi < x \leqslant \pi$ 的傅里叶级数展开，并由此证明

$$\sum_{n=1}^{\infty}\frac{1}{n^2} = \frac{\pi^2}{6}.$$

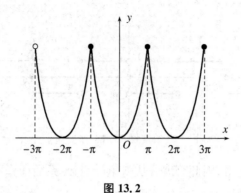

图 13.2

解 函数显然按段光滑,因此可展开成傅里叶级数.系数计算如下:

$$a_0 = \frac{1}{\pi} \int_{-\pi}^{\pi} x^2 \mathrm{d}x = \frac{2}{3}\pi^2,$$

当 $n \geq 1$ 时,

$$\begin{aligned} a_n &= \frac{1}{\pi} \int_{-\pi}^{\pi} x^2 \cos nx \,\mathrm{d}x = \frac{1}{n\pi} \int_{-\pi}^{\pi} x^2 \mathrm{d}(\sin nx) \\ &= -\frac{1}{n\pi} \int_{-\pi}^{\pi} 2x \sin nx \,\mathrm{d}x = \frac{2}{n^2\pi} \int_{-\pi}^{\pi} x \mathrm{d}(\cos nx) \\ &= \frac{2}{n^2\pi} \left(x\cos nx \,\Big|_{-\pi}^{\pi} - \int_{-\pi}^{\pi} \cos nx \,\mathrm{d}x \right) \\ &= \frac{4}{n^2} \cos n\pi = \frac{(-1)^n 4}{n^2}. \end{aligned}$$

$$b_n = \frac{1}{\pi} \int_{-\pi}^{\pi} x^2 \sin nx \,\mathrm{d}x = 0.$$

这里,关于 b_n 的计算可由奇函数积分性质直接得出.于是,傅里叶级数为

$$\frac{1}{3}\pi^2 + 4\sum_{n=1}^{\infty} \frac{(-1)^n}{n^2} \cos nx.$$

由于函数 $f(x) = x^2$, $-\pi < x \leq \pi$ 于闭区间 $[-\pi, \pi]$ 连续,由收敛定理,当 $x \in [-\pi, \pi]$ 时有

$$\frac{1}{3}\pi^2 + 4\sum_{n=1}^{\infty} \frac{(-1)^n}{n^2} \cos nx = x^2,$$

于是也有

$$\sum_{n=1}^{\infty} \frac{(-1)^n}{n^2} \cos nx = \frac{x^2}{4} - \frac{\pi^2}{12}.$$

特别地,若取 $x = \pi$,则有 $\sum_{n=1}^{\infty} \frac{1}{n^2} = \frac{\pi^2}{6}$;若取 $x = 0$,则有 $\sum_{n=1}^{\infty} \frac{(-1)^{n-1}}{n^2} = \frac{\pi^2}{12}$. □

注 利用函数 x^4, $-\pi < x \leq \pi$ 的傅里叶级数展开,可以证明

$$\sum_{n=1}^{\infty} \frac{1}{n^4} = \frac{\pi^4}{90}.$$

依次地,可以利用函数 $x^{2k}, -\pi < x \leqslant \pi$ 的傅里叶级数展开并结合数学归纳法证明

$$\sum_{n=1}^{\infty} \frac{1}{n^{2k}} = C_k \pi^{2k}, \quad C_k \text{ 是一个正有理数}.$$

例 13.3 求函数 $f(x) = x, 0 \leqslant x < 2\pi$ 的傅里叶级数展开,并由此证明

$$\sum_{n=1}^{\infty} \frac{\sin nx}{n} = \frac{\pi - x}{2}, \quad x \in (0, 2\pi).$$

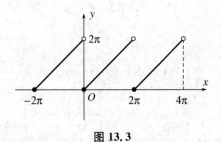

图 13.3

解 函数按段光滑,因此可展开成傅里叶级数. 系数计算如下:

$$a_0 = \frac{1}{\pi} \int_0^{2\pi} x \mathrm{d}x = 2\pi,$$

当 $n \geqslant 1$ 时,

$$a_n = \frac{1}{\pi} \int_0^{2\pi} x \cos nx \, \mathrm{d}x = \frac{1}{n\pi} \int_0^{2\pi} x \mathrm{d}(\sin nx)$$

$$= -\frac{1}{n\pi} \int_0^{2\pi} \sin nx \, \mathrm{d}x = 0,$$

$$b_n = \frac{1}{\pi} \int_0^{2\pi} x \sin nx \, \mathrm{d}x = -\frac{1}{n\pi} \int_0^{2\pi} x \mathrm{d}(\cos nx)$$

$$= -\frac{2}{n} + \frac{1}{n\pi} \int_0^{2\pi} \cos nx \, \mathrm{d}x = -\frac{2}{n}.$$

于是,傅里叶级数为

$$\pi - 2 \sum_{n=1}^{\infty} \frac{1}{n} \sin nx.$$

由于函数 $f(x) = x, 0 \leqslant x < 2\pi$ 于周期区间 $(0, 2\pi)$ 连续,由收敛定理,当 $x \in (0, 2\pi)$ 时,

$$\pi - 2 \sum_{n=1}^{\infty} \frac{1}{n} \sin nx = x.$$

于是,当 $x \in (0, 2\pi)$ 时,$\displaystyle\sum_{n=1}^{\infty} \frac{\sin nx}{n} = \frac{\pi - x}{2}.$ □

例 13.4 求函数 $f(x) = \mathrm{e}^x, 0 \leqslant x < 2\pi$ 的傅里叶级数展开,并由此计算数项级数

$$\sum_{n=1}^{\infty} \frac{1}{n^2 + 1}, \quad \sum_{n=1}^{\infty} \frac{(-1)^{n-1}}{n^2 + 1}.$$

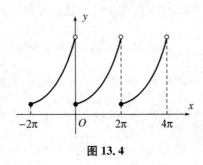

图 13.4

解 先计算系数如下：

$$a_0 = \frac{1}{\pi}\int_0^{2\pi} f(x)\,\mathrm{d}x = \frac{1}{\pi}\int_0^{2\pi} \mathrm{e}^x\,\mathrm{d}x = \frac{\mathrm{e}^{2\pi}-1}{\pi}.$$

当 $n \geqslant 1$ 时，

$$a_n = \frac{1}{\pi}\int_0^{2\pi} \mathrm{e}^x\cos nx\,\mathrm{d}x = \frac{1}{\pi}\cdot\frac{\mathrm{e}^x}{n^2+1}(\cos nx + n\sin nx)\Big|_0^{2\pi} = \frac{\mathrm{e}^{2\pi}-1}{\pi(n^2+1)},$$

$$b_n = \frac{1}{\pi}\int_0^{2\pi} \mathrm{e}^x\sin nx\,\mathrm{d}x = \frac{1}{\pi}\cdot\frac{\mathrm{e}^x}{n^2+1}(\sin nx - n\cos nx)\Big|_0^{2\pi} = -\frac{(\mathrm{e}^{2\pi}-1)n}{\pi(n^2+1)}.$$

于是，傅里叶级数为

$$\frac{\mathrm{e}^{2\pi}-1}{2\pi} + \frac{\mathrm{e}^{2\pi}-1}{\pi}\sum_{n=1}^{\infty}\frac{\cos nx - n\sin nx}{n^2+1}.$$

由于函数 $f(x)=\mathrm{e}^x, 0\leqslant x<2\pi$ 于区间 $(0,2\pi)$ 连续，由收敛定理有

$$\frac{\mathrm{e}^{2\pi}-1}{2\pi} + \frac{\mathrm{e}^{2\pi}-1}{\pi}\sum_{n=1}^{\infty}\frac{\cos nx - n\sin nx}{n^2+1} = \mathrm{e}^x, \quad x\in(0,2\pi).$$

特别地，取 $x=\pi$ 即得 $\dfrac{\mathrm{e}^{2\pi}-1}{2\pi} + \dfrac{\mathrm{e}^{2\pi}-1}{\pi}\sum\limits_{n=1}^{\infty}\dfrac{\cos n\pi}{n^2+1} = \mathrm{e}^{\pi}$，从而有

$$\sum_{n=1}^{\infty}\frac{(-1)^{n-1}}{n^2+1} = \frac{1}{2} - \frac{\pi\mathrm{e}^{\pi}}{\mathrm{e}^{2\pi}-1}.$$

在 $x=0$ 处，由于 $\dfrac{f(0+0)+f(0-0)}{2} = \dfrac{1+\mathrm{e}^{2\pi}}{2}$，由收敛定理有

$$\frac{\mathrm{e}^{2\pi}-1}{2\pi} + \frac{\mathrm{e}^{2\pi}-1}{\pi}\sum_{n=1}^{\infty}\frac{1}{n^2+1} = \frac{1+\mathrm{e}^{2\pi}}{2}.$$

整理得

$$\sum_{n=1}^{\infty}\frac{1}{n^2+1} = \frac{\mathrm{e}^{2\pi}+1}{\mathrm{e}^{2\pi}-1}\cdot\frac{\pi}{2} - \frac{1}{2}. \qquad \square$$

实际问题中，有很多周期函数的周期 $T\neq 2\pi$. 对此类周期函数同样有傅里叶级数展开. 现在设函数 f 以 $T=2l$ 为周期，则函数

$$F(x)=f\left(\frac{lx}{\pi}\right)$$

以 2π 为周期. 容易看到, 如果函数 f 在区间 $[-l, l]$ 上分段光滑, 则函数 F 在区间 $[-\pi, \pi]$ 上分段光滑, 因此其傅里叶级数在 $[-\pi, \pi]$ 收敛: 对任何 $x \in [-\pi, \pi]$ 有

$$\frac{a_0}{2} + \sum_{n=1}^{\infty} (a_n \cos nx + b_n \sin nx) = \frac{F(x+0) + F(x-0)}{2},$$

其中系数

$$a_n = \frac{1}{\pi} \int_{-\pi}^{\pi} F(x) \cos nx \, \mathrm{d}x, n = 0, 1, 2, \cdots,$$

$$b_n = \frac{1}{\pi} \int_{-\pi}^{\pi} F(x) \sin nx \, \mathrm{d}x, n = 1, 2, \cdots.$$

于是, 令 $u = \dfrac{lx}{\pi}$ 而有: 对任何 $u \in [-l, l]$ 有

$$\frac{a_0}{2} + \sum_{n=1}^{\infty} \left(a_n \cos \frac{n\pi u}{l} + b_n \sin \frac{n\pi u}{l} \right) = \frac{F\left(\frac{\pi u}{l} + 0\right) + F\left(\frac{\pi u}{l} - 0\right)}{2}$$

$$= \frac{f(u+0) + f(u-0)}{2}.$$

上式左端的级数称为以 $T = 2l$ 为周期的函数 f 的傅里叶级数. 由于自变量常用字母 x 表示, 把上式改写为

$$\frac{a_0}{2} + \sum_{n=1}^{\infty} \left(a_n \cos \frac{n\pi x}{l} + b_n \sin \frac{n\pi x}{l} \right) = \frac{f(x+0) + f(x-0)}{2}.$$

注意系数 a_n, b_n 也可改写为

$$a_n = \frac{1}{\pi} \int_{-\pi}^{\pi} f\left(\frac{lx}{\pi}\right) \cos nx \, \mathrm{d}x = \frac{1}{l} \int_{-l}^{l} f(x) \cos \frac{n\pi x}{l} \mathrm{d}x,$$

$$b_n = \frac{1}{\pi} \int_{-\pi}^{\pi} f\left(\frac{lx}{\pi}\right) \sin nx \, \mathrm{d}x = \frac{1}{l} \int_{-l}^{l} f(x) \sin \frac{n\pi x}{l} \mathrm{d}x.$$

当然, 系数公式中积分区间也可换成任何长度为 $T = 2l$ 的区间 $[c, c+2l]$. 例如, 可取 $[0, 2l]$.

例 13.5 求函数 $f(x) = x - [x]$ 的傅里叶级数展开.

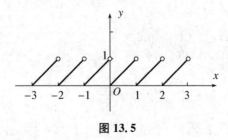

图 13.5

解 函数 f 以 1 为周期, 分段光滑, 因此可有傅里叶级数展开. 系数为

$$a_0 = 2 \int_0^1 f(x) \mathrm{d}x - 2 \int_0^1 x \mathrm{d}x = 1.$$

当 $n \geqslant 1$ 时，

$$a_n = 2\int_0^1 x\cos(2n\pi x)\mathrm{d}x = 0,$$

$$b_n = 2\int_0^1 x\sin(2n\pi x)\mathrm{d}x = -\frac{1}{n\pi}.$$

于是傅里叶级数为

$$\frac{1}{2} - \frac{1}{\pi}\sum_{n=1}^{\infty}\frac{\sin(2n\pi x)}{n}.$$

由于函数 $f(x) = x - [x]$ 在周期区间 $(0,1)$ 连续，当 $x \in (0,1)$ 时有

$$\frac{1}{2} - \frac{1}{\pi}\sum_{n=1}^{\infty}\frac{\sin(2n\pi x)}{n} = x.$$

例 13.6 求函数 $f(x) = \begin{cases} 2, & -2 < x < -1 \\ 1, & -1 \leqslant x \leqslant 2 \end{cases}$ 的傅里叶级数展开.

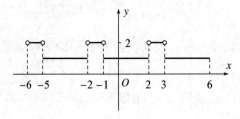

图 13.6

解 函数 f 以 4 为周期，分段光滑，因此可有傅里叶级数展开. 系数为

$$a_0 = \frac{1}{2}\int_{-2}^2 f(x)\mathrm{d}x = \frac{1}{2}\left(\int_{-2}^{-1}2\mathrm{d}x + \int_{-1}^{2}\mathrm{d}x\right) = \frac{5}{2}.$$

当 $n \geqslant 1$ 时，

$$\begin{aligned}
a_n &= \frac{1}{2}\int_{-2}^2 f(x)\cos\frac{n\pi x}{2}\mathrm{d}x \\
&= \frac{1}{2}\left(\int_{-2}^{-1}2\cos\frac{n\pi x}{2}\mathrm{d}x + \int_{-1}^{2}\cos\frac{n\pi x}{2}\mathrm{d}x\right) \\
&= -\frac{1}{n\pi}\sin\frac{n\pi}{2} = \begin{cases} 0, & n = 2k \\ \dfrac{(-1)^k}{(2k-1)\pi}, & n = 2k-1 \end{cases}.
\end{aligned}$$

$$\begin{aligned}
b_n &= \frac{1}{2}\int_{-2}^2 f(x)\sin\frac{n\pi x}{2}\mathrm{d}x \\
&= \frac{1}{2}\left(\int_{-2}^{-1}2\sin\frac{n\pi x}{2}\mathrm{d}x + \int_{-1}^{2}\sin\frac{n\pi x}{2}\mathrm{d}x\right) \\
&= -\frac{1}{n\pi}\left(\cos\frac{n\pi}{2} - \cos n\pi\right) = \begin{cases} \dfrac{1-(-1)^k}{2k\pi}, & n = 2k \\ -\dfrac{1}{(2k-1)\pi}, & n = 2k-1 \end{cases}.
\end{aligned}$$

于是,傅里叶级数为

$$\frac{5}{4}-\frac{1}{\pi}\sum_{n=1}^{\infty}\left(\frac{\sin\frac{n\pi}{2}}{n}\cos\frac{n\pi x}{2}+\frac{\cos\frac{n\pi}{2}-\cos n\pi}{n}\sin\frac{n\pi x}{2}\right).$$

按收敛定理有

$$\frac{5}{4}-\frac{1}{\pi}\sum_{n=1}^{\infty}\left(\frac{\sin\frac{n\pi}{2}}{n}\cos\frac{n\pi x}{2}+\frac{\cos\frac{n\pi}{2}-\cos n\pi}{n}\sin\frac{n\pi x}{2}\right)=\begin{cases}1, & -1<x<2\\ \dfrac{3}{2}, & x=-1\\ 2, & -2<x<-1\end{cases}.$$

取 $x=0$,则可得 $\dfrac{5}{4}-\dfrac{1}{\pi}\sum_{n=1}^{\infty}\dfrac{\sin\frac{n\pi}{2}}{n}=1$,整理即得 $\sum_{k=1}^{\infty}\dfrac{(-1)^{k-1}}{2k-1}=\dfrac{\pi}{4}$.

取 $x=-1$,则可得 $\dfrac{5}{4}-\dfrac{1}{\pi}\sum_{n=1}^{\infty}\dfrac{\cos n\pi\,\sin\frac{n\pi}{2}}{n}=\dfrac{3}{2}$.经整理可得 $\sum_{k=1}^{\infty}\dfrac{(-1)^{k-1}}{2k-1}=\dfrac{\pi}{4}$.　□

习题 13.2

1. 将周期函数

$$f(x)=\begin{cases}1, & |x|\leqslant\alpha\\ 0, & \alpha<|x|\leqslant\pi\end{cases}$$

展开成傅里叶级数,这里 $0<\alpha<\pi$ 为给定实数.

2. 将周期函数

$$f(x)=\begin{cases}1-x, & 0\leqslant x<2\\ x-3, & 2\leqslant x<4\end{cases}$$

在 $[0,4]$ 上展开成傅里叶级数.

第十四章 多元函数的极限与多元连续函数

在实际生活中出现的量往往依赖着多种其他量的变化. 用于描述这种依赖关系的数学概念就是多元函数. 我们将看到多元函数在保留一元函数诸多性质的同时, 由于变量的增加, 具有一些新的性质, 所以多元函数有着比一元函数更广泛的应用. 我们将着重于二元函数, 其方法和理论大多可以推广到多元函数上去.

§14.1 平面点集与多元函数定义

14.1.1 坐标平面点集

根据平面解析几何, 将两条有公共原点 O 并且互相垂直的数轴嵌入到一个平面, 就在平面上确定了直角坐标系, 此时的平面称为直角坐标平面: 平面上的每个点 P 在这两条数轴 (x 轴和 y 轴) 上的投影就唯一地确定一对有序实数 (x,y), 反之亦然. 于是平面上的点 P 与有序实数对 (x,y) 之间形成一一对应. 有序实数对 (x,y) 称作点 P 的坐标, 常记作 $P(x,y)$. 坐标平面的最重要的作用是实现了点的数字化, 使得坐标平面上的点集 E, 即平面上满足某种几何条件 C 的点的集合, 可以通过这些点的坐标用代数条件表示出来:

$$E=\{(x,y)\,|\,x,y \text{ 满足代数条件 } C\}.$$

常用平面点集有

(1) 整个坐标平面 $\mathbf{R}^2=\{(x,y)\,|\,-\infty<x<+\infty, -\infty<y<+\infty\}$.

(2) 开矩形域 $(a,b)\times(c,d)=\{(x,y)\,|\,a<x<b,c<y<d\}$, 还可定义其他的矩形域, 如闭矩形域 $[a,b]\times[c,d]=\{(x,y)\,|\,a\leqslant x\leqslant b,c\leqslant y\leqslant d\}$, 以及其他的矩形域 $(a,b]\times[c,d]$, $[a,b)\times[c,d]$ 等.

(3) 开圆域 $\Delta(P_0;r)=\{(x,y)\,|\,(x-x_0)^2+(y-y_0)^2<r^2\}$, 其中 $P_0(x_0,y_0)$ 为圆心, 半径为 r.

特别地, 将以 $P_0(x_0,y_0)$ 为圆心, 正数 δ 为半径的开圆域

$$\Delta(P_0;\delta)=\{(x,y)\,|\,(x-x_0)^2+(y-y_0)^2<\delta^2\}$$

称为点 $P_0(x_0,y_0)$ 的 **δ 圆邻域**, 如图 14.1(a) 所示; 将以 $P_0(x_0,y_0)$ 为中心, 正数 δ 为半边长的开正方形区域

$$S(P_0;\delta)=(x_0-\delta,x_0+\delta)\times(y_0-\delta,y_0+\delta)=\{(x,y)\,|\,|x-x_0|<\delta,|y-y_0|<\delta\}$$

称为点 $P_0(x_0,y_0)$ 的 **δ 方邻域**, 如图 14.1(b) 所示.

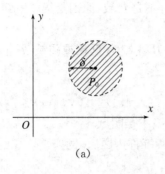 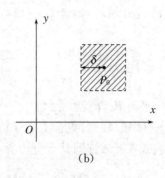

(a)　　　　　　　　　　　(b)

图 14.1

显然,同一个点的圆邻域与方邻域互相包含着:δ 圆邻域包含于 δ 方邻域;δ 方邻域包含于 $\sqrt{2}\delta$ 圆邻域.因此常用点 $P_0(x_0,y_0)$ 的 **δ 邻域**来泛指这两种邻域,并且常记作 $U(P_0;\delta)$.有时省略 δ 而记为 $U(P_0)$.若将邻域中心 P_0 挖去,则得**空心 δ 邻域** $U(P_0;\delta)\backslash\{P_0\}$,常记作 $U^{\circ}(P_0;\delta)$ 或 $U^{\circ}(P_0)$.

给定一个平面点集 $E\subset\mathbf{R}^2$ 和一个点 $P\in\mathbf{R}^2$,则或者 $P\in E$ 或者 $P\notin E$,两者必居其一.现在利用邻域,可将点 $P\in\mathbf{R}^2$ 与平面点集 $E\subset\mathbf{R}^2$ 的关系作新的分类:

(1) 存在某邻域 $U(P)\subset E$.此时称点 P 是平面点集 E 的**内点**.

(2) 存在某邻域 $U(P)\subset\mathscr{C}E=\mathbf{R}^2\backslash E$.此时称点 P 是平面点集 E 的**外点**.

(3) 点 P 既不是 E 的内点,也不是 E 的外点.此时称点 P 是平面点集 E 的**边界点**.

注意,E 的内点必属于 E;E 的外点必不属于 E.但 E 的边界点是否属于 E 是不确定的.

平面点集 $E\subset\mathbf{R}^2$ 的全体内点组成的点集称为平面点集 E 的**内部**,记作 $\mathrm{int}E$.显然有 $\mathrm{int}E\subset E$;平面点集 $E\subset\mathbf{R}^2$ 的全体外点组成的点集称为平面点集 E 的**外部**;平面点集 $E\subset\mathbf{R}^2$ 的全体边界点组成的点集称为平面点集 E 的**边界**,记作 ∂E.

例 14.1　设有平面点集

$$D=\{(x,y)\,|\,0<x^2+y^2<1\},$$

如图 14.2 所示,则其内部为

$$\mathrm{int}D=\{(x,y)\,|\,0<x^2+y^2<1\},$$

边界为

图 14.2

$$\partial D=\{(x,y)\,|\,x^2+y^2=1\}\bigcup\{(0,0)\}.\qquad\square$$

例 14.1 中点集 D 满足 $\mathrm{int}D=D$,即 D 所含的每个点都是内点.我们称这种点集为**开集**.例如,平面 $\mathbf{R}^2$,圆域 $\Delta(P_0;r)$,开矩形域 $(a,b)\times(c,d)$,$E=\{(x,y)\,|\,xy>0\}$ 等都是开集,矩形域 $[a,b]\times[c,d]$,$(a,b]\times[c,d]$ 及点集 $\{(x,y)\,|\,0<x^2+y^2\leqslant1\}$ 等就不是开集.另外我们约定:空集 $\varnothing$ 是开集.

在上述诸非空开集中,除 $E=\{(x,y)\,|\,xy>0\}$ 之外,在平面上的图形都呈现出一整块的形态,而 $E=\{(x,y)\,|\,xy>0\}$ 的图形则表现为两块:第 Ⅰ 和第 Ⅲ 象限.我们把图形整块表示的开集称为**开区域**或**开域**.用数学语言来描述点集图形的整块表示,就是所谓**连通性**:若点集 E 中任意两点可用一条完全含于该集合的有限折线(有限条直线段连接而成)相连接,则点集 E 称为**连通**的.于是,开域即连通的非空开集.例如,整个平面 $\mathbf{R}^2$,圆域 $\Delta(P_0;r)$,矩形

域$(a,b)×(c,d)$是开域.但集合$E=\{(x,y)|xy>0\}$不是开域,原因是第Ⅰ和第Ⅲ象限之间不连通.

将开区域D连同其边界∂D所组成的点集$D\cup\partial D$称为**闭区域**或**闭域**,常记为$\overline{D}$:

$$\overline{D}=D\cup\partial D.$$

例如,整个平面$\mathbf{R}^2$,闭圆域$\overline{\Delta}(P_0;r)=\{(x,y)|(x-x_0)^2+(y-y_0)^2\leqslant r^2\}$,闭矩形域$[a,b]×[c,d]$是闭域.注意,集合$E=\{(x,y)|xy\geqslant 0\}$不是闭域.

开域、闭域或者开域连同其部分边界点所得点集统称为**区域**.例如,

$$D=\{(x,y)|0<x^2+y^2\leqslant 1\}$$

是区域,但既不是开域也不是闭域.

另外,对一个非空平面点集E,如果存在某圆域$\Delta(O;r)$使得$E\subset\Delta(O;r)$,则称点集E是**有界集**;否则为**无界集**.对有界集E,数

$$\mathrm{d}(E)=\sup\{\rho(P,Q)|P,Q\in E\}<+\infty$$

称为点集E的**直径**,这里$\rho(P,Q)$表示点P,Q之间的距离.

14.1.2　二元及多元函数定义

一元函数是数轴上点集$D\subset\mathbf{R}^1$到实数集$\mathbf{R}$的映射.相应地,二元函数是平面点集$D\subset\mathbf{R}^2$到实数集$\mathbf{R}$的映射.

定义 14.1　对平面点集$D\subset\mathbf{R}^2$,若有某对应法则f使得D中任何一点$P(x,y)$都有唯一的实数$z\in\mathbf{R}$与之相对应,则称对应法则f确定了一个定义在D上的**二元函数**,记作

$$f\colon D\to\mathbf{R}$$
$$P(x,y)\mapsto z,$$

其中,D称为**定义域**;z称为f在点$P(x,y)$处的**函数值**,记作

$$z=f(P)\text{ 或 }z=f(x,y).\tag{14.1}$$

所有函数值形成的集合称为**值域**,记作$f(D)$.为方便起见,二元函数常写成式(14.1)的形式.点$P(x,y)$的坐标x与y叫作**自变量**,而函数值z为**因变量**.　　　　□

与一元函数一样,图像可以用来直观地展示二元函数的性质.二元函数$f\colon D\to\mathbf{R}$的**图像**就是将定义域$D\subset\mathbf{R}^2$中的所有点$P(x,y)$的坐标x与y与该点处所对应的函数值$z=f(x,y)$所组成的所有有序三元数组(x,y,z)形成的集合

$$S=\{(x,y,z)|z=f(x,y),(x,y)\in D\}\subset\mathbf{R}^3$$

在三维欧氏空间$\mathbf{R}^3$中的呈现.

注意,函数的定义域$D\subset\mathbf{R}^2$恰好是其图像在xOy平面$\mathbf{R}^2$上的投影.通常,二元函数$z=f(x,y)$的图像是一个空间曲面.

例 14.2　函数$z=2x+3y+4$的定义域是$\mathbf{R}^2$,值域为$\mathbf{R}$,图像是一个平面;

函数$z=\sqrt{1-x^2-y^2}$的定义域是闭圆域$\overline{\Delta}(O;1)\subset\mathbf{R}^2$,值域为闭区间$[0,1]$,图像是上半球面,如图14.3所示;

函数$z=x^2+y^2$的定义域是$\mathbf{R}^2$,值域为$\mathbf{R}^+$,图像是一个旋转抛物面,如图14.4所示;

函数 $z=[x^2+y^2]$ 的定义域是 $\mathbf{R}^2$，值域为 $\mathbf{Z}^+$，图像是圆环形阶梯，如图 14.5 所示.　□

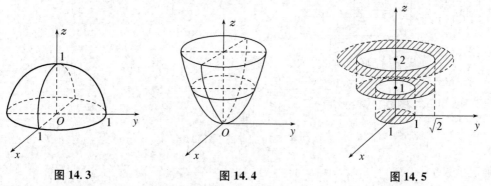

图 14.3　　　　　　　　　图 14.4　　　　　　　　　图 14.5

与上述二元函数的定义相仿，可定义 n 元函数：

$$f:\ D(\subset\mathbf{R}^n)\rightarrow\mathbf{R}$$

$$P(x_1,x_2,\cdots,x_n)\mapsto y.$$

常写成 $y=f(P)$ 或 $y=f(x_1,x_2,\cdots,x_n)$ 的形式.

注意，"点"函数 $y=f(P)$ 写法使得多元函数与一元函数在形式上具有一致性，以便仿照一元函数的处理办法来处理多元函数，同时也使得对二元函数的讨论能够尽可能地适用于一般的多元函数.

给定两个多元函数，$f:\ D_1(\subset\mathbf{R}^n)\rightarrow\mathbf{R}$ 和 $g:\ D_2(\subset\mathbf{R}^n)\rightarrow\mathbf{R}$，与一元函数相仿，可定义它们之间的和 $f+g$、差 $f-g$、积 $f\cdot g$、商 f/g.

也可定义多元函数的复合运算. 设有二元函数 $z=f(u,v),(u,v)\in D$ 和两个二元函数

$$u=\varphi(x,y),v=\psi(x,y),(x,y)\in\Omega.$$

如果 Ω 有子集 $\Omega^*\subset\Omega$ 使得当 $(x,y)\in\Omega^*$ 时 $(u,v)=(\varphi(x,y),\psi(x,y))\in D$，则可得到定义在 Ω^* 上的一个二元函数 $z=f(\varphi(x,y),\psi(x,y))$. 该函数称为**复合函数**. 这里的**外函数** f 和**内函数** φ 和 ψ 可以不一定都是二元的，也可以是一元的或者更多元的.

例 14.3　一元函数 $y=u(x)^{v(x)}$ 可看成是由二元外函数 $y=u^v$ 和两个一元内函数 $u=u(x),v=v(x)$ 复合而成.　□

例 14.4　二元函数 $\sin(x+y)$ 可看成是由一元外函数 $\sin u$ 和二元内函数 $u=x+y$ 复合而成.　□

二元或一般的多元函数也有一些需要考虑的基本性质. 例如，有界性、凹凸性等. 相关的定义可仿照一元函数的形式给出. 作为练习留给读者.

在二元或多元函数中，由基本初等函数经过有限次四则与复合运算所得函数称为初等函数.

习题 14.1

1. 确定下列平面点集的内点集和边界，并指出其是否为区域.

(1) $[a,b]\times(c,d)$，　　　(2) $\{(x,y)\mid xy>0\}$，　　　(3) $\{(x,y)\mid x^2+y>0\}$.

2. 确定下列函数的定义域(存在域)并且将其画出：

(1) $f(x,y)=\sqrt{1-x^2}+\sqrt{1-y^2}$,

(2) $f(x,y)=\sqrt{\dfrac{x^2+y^2-1}{4-x^2-y^2}}$,

(3) $f(x,y,z)=\ln(1-x^2-y^2-z^2)$.

3. 已知二元函数 $f(x,y)$ 满足

$$f\left(x+y,\frac{y}{x}\right)=x^2-y^2,$$

试确定函数 $f(x,y)$.

§14.2 二元函数极限

与一元函数一样，多元函数的极限也是多元函数微积分理论的基础. 然而，多元函数的极限比一元函数要复杂很多，主要体现在自变量的增多以及定义区域的形式多样性. 我们将以二元函数为例来展开.

14.2.1 动点 P 趋于有限点 P_0 时的函数极限

首先，仿照一元函数极限，给出如下的定义.

定义 14.2 设函数 f 在点 $P_0(x_0,y_0)\in\mathbf{R}^2$ 的某个空心邻域 $U^\circ(P_0)$ 内有定义. 如果存在数 $A\in\mathbf{R}$ 满足：对任何给定的正数 ε，存在正数 δ，使得当 $P(x,y)\in U^\circ(P_0,\delta)$ 时有

$$|f(P)-A|<\varepsilon \text{ 或 } |f(x,y)-A|<\varepsilon,$$

则称函数 f 当点 P 趋于点 P_0 时有**极限** A，记作

$$\lim_{P\to P_0}f(P)=A \text{ 或 } f(P)\to A, \ P\to P_0,$$

或用坐标 x,y 表示为

$$\lim_{(x,y)\to(x_0,y_0)}f(x,y)=A \text{ 或 } f(x,y)\to A, \ (x,y)\to(x_0,y_0). \qquad \square$$

例 14.5 证明 $\lim\limits_{(x,y)\to(0,0)}(xy+2x+y+1)=1$.

证 首先有

$$|(xy+2x+y+1)-1|\leqslant|x||y|+2|x|+|y|,$$

因此先限制在点 $(0,0)$ 的空心方邻域 $S^\circ(O;1)=\{(x,y)\neq(0,0)\mid|x|<1,|y|<1\}$ 上讨论而有

$$|xy+2x+y+1-1|\leqslant|x|+2|x|+|y|\leqslant3(|x|+|y|).$$

于是，对任何正数 ε，取正数 $\delta=\min\left\{1,\dfrac{\varepsilon}{6}\right\}$，则当 $(x,y)\in S^\circ(O;\delta)$ 时有

$$|xy+2x+y+1-1|<3\cdot2\delta\leqslant\varepsilon.$$

这就证明了题中的极限. □

注 也可考虑圆邻域.此时,常用极坐标变换:

$$\begin{cases} x=x_0+\rho\cos\theta \\ y=y_0+\rho\sin\theta \end{cases}.$$

这时,$(x,y)\to(x_0,y_0)$等价于对任何 θ 都有 $\rho\to0^+$.

另证 作极坐标变换 $x=\rho\cos\theta,y=\rho\sin\theta$,则有

$$|(xy+2x+y+1)-1|=|\rho^2\cos\theta\sin\theta+2\rho\cos\theta+\rho\sin\theta|\leqslant\rho^2+3\rho.$$

先限制在圆邻域 $\Delta^\circ(O;1)$ 上考虑而有 $|xy+2x+y+1-1|\leqslant\rho+3\rho=4\rho.$

于是,对任何正数 ε,取正数 $\delta=\min\left\{1,\dfrac{\varepsilon}{4}\right\}$,则当 $(x,y)\in\Delta^\circ(O;\delta)$ 时有

$$|xy+2x+y+1-1|<4\cdot\delta\leqslant\varepsilon. □$$

这同样也证明了题中的极限.

例 14.6 证明 $\lim\limits_{(x,y)\to(1,2)}(xy+2x+y+1)=7.$

分析 上述两种方式同样都可用.第一种应用方邻域的证明,可作平移变换:

$$\begin{cases} x=x_0+u \\ y=y_0+v \end{cases}.$$

证 记 $u=x-1,v=y-2$,则

$$|(xy+2x+y+1)-7|=|uv+4u+2v|\leqslant|u||v|+4|u|+2|v|.$$

因此先在点 $P_0(1,2)$ 的空心方邻域 $S^\circ(P_0;1)=\{(x,y)\neq(1,2)\,|\,|x-1|<1,|y-2|<1\}$ 上考虑而有

$$|(xy+2x+y+1)-7|\leqslant|u|+4|u|+2|v|\leqslant5(|u|+|v|).$$

于是,对任何 $\varepsilon>0$,取 $\delta=\min\left\{1,\dfrac{\varepsilon}{10}\right\}>0$,则当 $(x,y)\in S^\circ(P_0;\delta)$ 时有

$$|(xy+2x+y+1)-7|<5\cdot2\delta\leqslant\varepsilon. □$$

另证 先在点 $P_0(1,2)$ 的空心圆邻域 $\Delta^\circ(P_0;1)$ 上,作变换 $x=1+\rho\cos\theta,y=2+\rho\sin\theta$,则有

$$|(xy+2x+y+1)-7|=|\rho^2\cos\theta\sin\theta+4\rho\cos\theta+2\rho\sin\theta|\leqslant\rho^2+6\rho\leqslant7\rho.$$

于是,对任何正数 ε,取正数 $\delta=\min\left\{1,\dfrac{\varepsilon}{7}\right\}$,则当 $(x,y)\in\Delta^\circ(P_0;\delta)$ 时有

$$|(xy+2x+y+1)-7|<7\cdot\delta\leqslant\varepsilon. □$$

例 14.7 讨论极限 $\lim\limits_{(x,y)\to(0,0)}\dfrac{xy}{x^2+y^2}$ 的存在性.

解 首先函数 $f(x,y)=\dfrac{xy}{x^2+y^2}$ 在点 $O(0,0)$ 的空心邻域有定义.但是,当 $(x,y)\to$

$(0,0)$时该函数的极限不存在.事实上,若有数 A 使得 $\lim\limits_{(x,y)\to(0,0)}\dfrac{xy}{x^2+y^2}=A$,则按定义,对任何

给定的正数 ε,存在正数 δ,使得当 $(x,y)\in\Delta^{\circ}(O;\delta)$ 时有

$$\left|\frac{xy}{x^2+y^2}-A\right|<\varepsilon.$$

于是对空心圆邻域 $\Delta^{\circ}(O;\delta)$ 内的点 $\left(0,\dfrac{\delta}{2}\right)$ 和 $\left(\dfrac{\delta}{2},\dfrac{\delta}{2}\right)$ 就分别有 $|0-A|<\varepsilon$ 和 $\left|\dfrac{1}{2}-A\right|<\varepsilon$. 由此容易得到矛盾. □

与一元函数 $f(x)=\sqrt{x}$ 在 0 处仅在 0 的右邻域有定义而只能考虑右极限相类似,对二元函数 $f(x,y)=\sqrt{xy}$ 在点 $P_0(0,0)$ 处考虑时,动点 P 只能从函数有定义的一、三象限趋于点 $P_0(0,0)$. 因此,需要我们给出比定义 14.2 更一般的极限定义,其中的点 P_0 可以不是定义域的内点,甚至不在定义域中,但可以从定义域中任意靠近. 这样的点 P_0 叫作定义域的**聚点**. 一般地,如果点 P_0 的任何空心邻域 $U^{\circ}(P_0)$ 都含有 D 中的点,则称点 P_0 是点集 $D\subset\mathbf{R}^2$ 的一个**聚点**. 显然,点集 D 的任一内点必是点集 D 的聚点;区域 D 的任一边界点必是 D 的聚点.

定义 14.3 设函数 f 于点集 $D\subset\mathbf{R}^2$ 有定义,$P_0(x_0,y_0)$ 为点集 D 的一聚点. 如果存在数 $A\in\mathbf{R}$ 满足:对任何给定的正数 ε,存在正数 δ,使得当 $P(x,y)\in U^{\circ}(P_0,\delta)\bigcap D$ 时有

$$|f(P)-A|<\varepsilon \text{ 或 } |f(x,y)-A|<\varepsilon,$$

则称函数 f 当点 $P(x,y)$ 在 D 上趋于点 $P_0(x_0,y_0)$ 时有**极限** A,记作

$$\lim_{P(\in D)\to P_0}f(P)=A \text{ 或 } f(P)\to A,\ P(\in D)\to P_0,$$

或用坐标 x,y 表示为

$$\lim_{(x,y)(\in D)\to(x_0,y_0)}f(x,y)=A \text{ 或 } f(x,y)\to A,\ (x,y)(\in D)\to(x_0,y_0).$$

当不会对 $P(x,y)\in D$ 产生误解时,可简写成

$$\lim_{P\to P_0}f(P)=A \text{ 或 } \lim_{(x,y)\to(x_0,y_0)}f(x,y)=A. \qquad □$$

例 14.8 证明 $\lim\limits_{(x,y)\to(1,1)}\sqrt{1-xy}=0$.

证明 首先,点 $P(x,y)$ 只能从区域 $D=\{(x,y)\mid xy\leqslant 1\}$ 趋于点 $P_0(1,1)$. 由于

$$|\sqrt{1-xy}-0|$$

$$=\sqrt{1-[(x-1)+1][(y-1)+1]}$$

$$=\sqrt{-(x-1)(y-1)-(x-1)-(y-1)}$$

$$\leqslant\sqrt{|x-1||y-1|+|x-1|+|y-1|},$$

先限制在点 $P_0(1,1)$ 的方邻域 $S^{\circ}(P_0;1)$ 和 D 的交集上得

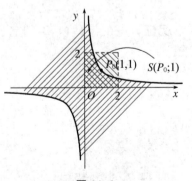

图 14.6

$$|\sqrt{1-xy}-0|\leqslant\sqrt{|y-1|+|x-1|+|y-1|}=\sqrt{2(|x-1|+|y-1|)}.$$

于是,对任何 $\varepsilon>0$,取 $\delta=\min\left\{1,\dfrac{\varepsilon^2}{4}\right\}>0$,则在 $P_0(1,1)$ 的方邻域 $S^\circ(P_0;\delta)$ 和 D 的交集 $(1-\delta,1+\delta)\times(1-\delta,1+\delta)\bigcap D$ 上,点 (x,y) 满足 $|\sqrt{1-xy}-0|\leqslant\sqrt{4\delta}<\varepsilon$. 这就证明了极限 $\lim\limits_{(x,y)\to(1,1)}\sqrt{1-xy}=0$. □

注 无论是定义 14.2 还是 14.3,一定要注意动点 P(在 D 上)趋于点 P_0 的方式是任意的. 事实上,可以证明如下的定理.

定理 14.1 $\lim\limits_{P(\in D)\to P_0}f(P)=A$ 当且仅当对任何以 P_0 为聚点的子集 $E\subset D$ 有

$$\lim\limits_{P(\in E)\to P_0}f(P)=A.$$
□

推论 14.1 若有以 P_0 为聚点的两个子集 $E_1,E_2\subset D$ 使得

$$\lim\limits_{P(\in E_1)\to P_0}f(P)\neq\lim\limits_{P(\in E_2)\to P_0}f(P),$$

则极限 $\lim\limits_{P(\in D)\to P_0}f(P)$ 不存在. □

在应用上述推论时,经常地取子集 E_1,E_2 为过点 P_0 的直线或射线或一般的连续曲线.

例如,对例 14.7 中函数,当 (x,y) 沿着任何一条指定直线 $y=kx$ 时趋于 $(0,0)$ 时都有极限. 事实上,二元函数在直线 $y=kx$ 上变为一元函数 $f(x,kx)=\dfrac{x\cdot kx}{x^2+k^2x^2}=\dfrac{k}{1+k^2}(x\neq0)$.

这是一个常值函数,因而当 $x\to0$ 时有极限 $\dfrac{k}{1+k^2}$. 由于这个极限与直线斜率有关,按照上述推论 14.1,例 14.7 中的函数极限不存在.

例 14.9 判断如下关于极限 $\lim\limits_{(x,y)\to(0,0)}\dfrac{xy}{x+y}$ 的解法是否正确.

(1) 将极限号下表达式变形,利用 $(x,y)\to(0,0)$ 时 $\dfrac{1}{x}\to\infty$,$\dfrac{1}{y}\to\infty$ 而有

$$\lim\limits_{(x,y)\to(0,0)}\dfrac{xy}{x+y}=\lim\limits_{(x,y)\to(0,0)}\dfrac{1}{\dfrac{1}{x}+\dfrac{1}{y}}=0;$$

(2) 作极坐标变换 $x=\rho\cos\theta,y=\rho\sin\theta$ 而有

$$\lim\limits_{(x,y)\to(0,0)}\dfrac{xy}{x+y}=\lim\limits_{\rho\to0^+}\dfrac{\rho\cos\theta\sin\theta}{\cos\theta+\sin\theta}=0.$$

解 都不对. 对(1),首先表达式变形是有问题的,因为变形后表达式需要 $x\neq0,y\neq0$. 还有一个问题是 $\infty+\infty=\infty$ 未必成立. 对(2),问题出在忽略了 θ 的任意性而不能保证表达式 $\dfrac{\cos\theta\sin\theta}{\cos\theta+\sin\theta}$ 有界. 事实上,该表达式无界:当 $\theta\to-\dfrac{\pi}{4}$ 时,分母趋于 0,分子趋于 $-\dfrac{1}{2}$.

讨论本例所涉极限时一定要注意 $(x,y)\to(0,0)$ 的方式在不经过直线 $x+y=0$ 的情况下是任意的. 事实上,所涉极限不存在. 首先,当 (x,y) 沿坐标轴趋于 $(0,0)$ 时,极限为 0. 但当 (x,y) 沿曲线 $\dfrac{1}{x}+\dfrac{1}{y}=1$,即 $y=\dfrac{x}{x-1}$ 趋于 $(0,0)$ 时极限为 1,因此极限 $\lim\limits_{(x,y)\to(0,0)}\dfrac{xy}{x+y}$ 不存在. □

14.2.2 动点 P 趋于无穷远点 P_0 时的函数极限

有时,我们需要考虑动点 P 趋于平行于坐标轴的直线 $x=x_0$ 上的无穷远点 $P_0(x_0,\pm\infty)$,或者直线 $y=y_0$ 上的无穷远点 $P_0(\pm\infty,y_0)$,或者一般的无穷远点 $P_0(\pm\infty,\pm\infty)$. 在这些情况下函数 $f(P)$ 的极限,只要稍做修改,定义 14.3 仍然适用. 以 $P_0(x_0,+\infty)$ 为例:首先,无穷远点 $P_0(x_0,+\infty)$ 的邻域是半带形区域:$U(P_0)=\{(x,y)\mid|x-x_0|<\delta,y>M\}$. 如果存在数 $A\in\mathbf{R}$ 满足:对任何给定的正数 ε,存在 $P_0(x_0,+\infty)$ 的某邻域 $U(P_0)$,使得当 $P\in U(P_0)\bigcap D$ 时有 $|f(P)-A|<\varepsilon$,则称函数 f 当点 $P(x,y)$ 在 D 上趋于点 $P_0(x_0,+\infty)$ 时有极限 A,记作

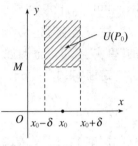

图 14.7

$$\lim_{P(\in D)\to P_0}f(P)=A$$

或

$$\lim_{(x,y)\to(x_0,+\infty)}f(x,y)=A.$$

14.2.3 函数极限的性质

与一元函数极限相类似,二元函数极限也有各相应的性质:唯一性、局部有界性、局部保号性、保不等式性、迫敛性、四则运算和复合运算法则. 这些性质的具体叙述,特别是写成点函数 $f(P)$ 形式时,与一元函数的性质陈述高度相似,相应的证明亦如此,因此这里就不一一罗列了.

例 14.10 求极限

$$\lim_{(x,y)\to(+\infty,+\infty)}(x^2+y^2)e^{-(x+y)}.$$

解 当 $x>0,y>0$ 时有 $x^2+y^2<(x+y)^2$. 于是有

$$0<(x^2+y^2)e^{-(x+y)}<(x+y)^2e^{-(x+y)}\to0,(x,y)\to(+\infty,+\infty).$$

根据迫敛性即得 $\lim\limits_{(x,y)\to(+\infty,+\infty)}(x^2+y^2)e^{-(x+y)}=0$. □

14.2.4 累次极限

在极限 $\lim\limits_{(x,y)\to(x_0,y_0)}f(x,y)$ 中,$(x,y)\to(x_0,y_0)$ 的方式是任意的,自变量 x,y 不分先后地趋于 x_0,y_0,正因如此,这种极限常称为**二重极限**或**重极限**. 然而,有时需要考虑给定次序:自变量 x,y 按照给定的先后次序分别趋于 x_0,y_0.

定义 14.4 设函数 f 于平面点集 $D\subset\mathbf{R}^2$ 有定义,点集 $D\subset\mathbf{R}^2$ 在 x 轴和 y 轴上的投影分别为

$$D_x=\{x\mid存在 y 使得(x,y)\in D\},D_y=\{y\mid存在 x 使得(x,y)\in D\}.$$

又 $P_0(x_0,y_0)\in\mathbf{R}^2$ 为一定点使得 x_0 和 y_0 分别为 D_x 和 D_y 的聚点. 若对每个给定的 $y\in D_y\setminus\{y_0\}$,当 x 在 D_x 内趋于 x_0 时,$f(x,y)$ 作为 x 的一元函数有极限,由此确定了一个一元函数

$$\varphi(y)=\lim_{x(\in D_x)\to x_0}f(x,y),y\in D_y\backslash\{y_0\}.$$

又若当 y 在 D_y 内趋于 y_0 时,函数 $\varphi(y)$ 有极限:

$$\lim_{y(\in D_y)\to y_0}\varphi(y)=A,$$

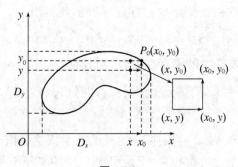

图 14.8

则称函数 $f(x,y)$ 在点 $P_0(x_0,y_0)$ 处具有先 x 后 y 的**二次极限**或**累次极限** A,记为

$$A=\lim_{y\to y_0}\lim_{x\to x_0}f(x,y).$$

类似地,可定义先 y 后 x 的二次极限

$$B=\lim_{x\to x_0}\lim_{y\to y_0}f(x,y).\qquad\square$$

注　累次极限与重极限是两个不同的概念,它们的存在性之间没有必然的蕴含关系,如下例所示.

例 14.11　对函数 $f(x,y)=\dfrac{xy}{x^2+y^2}$,由例 14.7 知在 $(0,0)$ 处的重极限 $\lim\limits_{(x,y)\to(0,0)}\dfrac{xy}{x^2+y^2}$ 不存在,但两个累次极限 $\lim\limits_{x\to0}\lim\limits_{y\to0}\dfrac{xy}{x^2+y^2}=0,\lim\limits_{y\to0}\lim\limits_{x\to0}\dfrac{xy}{x^2+y^2}=0$ 都存在而且相等. $\qquad\square$

例 14.12　对函数 $f(x,y)=\dfrac{x-y}{x+y}$,用例 14.7 的方法可知在 $(0,0)$ 处的重极限 $\lim\limits_{(x,y)\to(0,0)}\dfrac{x-y}{x+y}$ 不存在,但两个累次极限 $\lim\limits_{x\to0}\lim\limits_{y\to0}\dfrac{x-y}{x+y}=1,\lim\limits_{y\to0}\lim\limits_{x\to0}\dfrac{x-y}{x+y}=-1$ 都存在但不相等.

$\qquad\square$

例 14.13　对函数 $f(x,y)=x\sin\dfrac{1}{y}+y\sin\dfrac{1}{x}$,其定义域为 $D=\{(x,y)\mid xy\neq0\}$,在 $(0,0)$ 处的两个累次极限都不存在,但重极限存在:由于 $\left|x\sin\dfrac{1}{y}+y\sin\dfrac{1}{x}\right|\leqslant|x|+|y|$,故按定义(或迫敛性)有 $\lim\limits_{(x,y)\to(0,0)}\left(x\sin\dfrac{1}{y}+y\sin\dfrac{1}{x}\right)=0.$ $\qquad\square$

例 14.14　对函数 $f(x,y)=x\sin\dfrac{1}{y}$,在 $(0,0)$ 处的两个累次极限一个存在,一个不存在:$\lim\limits_{x\to0}\lim\limits_{y\to0}x\sin\dfrac{1}{y}$ 不存在,$\lim\limits_{y\to0}\lim\limits_{x\to0}x\sin\dfrac{1}{y}=0$ 存在.又重极限 $\lim\limits_{(x,y)\to(0,0)}x\sin\dfrac{1}{y}=0$ 也存在. $\qquad\square$

尽管累次极限和重极限存在性之间没有必然的关系,但当它们存在时,极限值必相等.

定理 14.2 设函数 $f(x,y)$ 在点 $P_0(x_0,y_0)$ 处具有重极限 $\lim\limits_{(x,y)\to(x_0,y_0)} f(x,y)=A$ 和二次极限 $\lim\limits_{x\to x_0}\lim\limits_{y\to y_0} f(x,y)=B$,则必有 $A=B$,即

$$\lim_{(x,y)\to(x_0,y_0)} f(x,y)=\lim_{x\to x_0}\lim_{y\to y_0} f(x,y).$$

证 根据重极限定义,对任何正数 ε,存在正数 δ,使得当

$$|x-x_0|<\delta,|y-y_0|<\delta,(x,y)\neq(x_0,y_0)$$

时有 $|f(x,y)-A|<\varepsilon$. 按累次极限存在假设,对任何 $x:0<|x-x_0|<\delta$ 有 $\lim\limits_{y\to y_0} f(x,y)=\psi(x)$,于是有 $|\psi(x)-A|=\lim\limits_{y\to y_0}|f(x,y)-A|\leqslant\varepsilon$,即 $\lim\limits_{x\to x_0}\psi(x)=A$. 按累次极限的定义,即有 $B=A$. □

例 14.14 表明,在定理 14.2 的条件下,另外的一个累次极限不一定存在. 然而,若另外的累次极限也存在,则必然三者都相等. 于是定理 14.2 有如下有用的推论.

推论 14.2 若函数 $f(x,y)$ 在点 $P_0(x_0,y_0)$ 处的两个累次极限都存在但不等,则函数 $f(x,y)$ 在点 $P_0(x_0,y_0)$ 处的重极限必不存在. □

注 同样可定义函数 $f(x,y)$ 在无穷远点 $P_0(x_0,\pm\infty)$,$P_0(\pm\infty,y_0)$,或 $P_0(\pm\infty,\pm\infty)$ 处的累次极限. 它们和对应重极限之间的关系与定理 14.2 相类似,留给读者自行给出.

14.2.5 非正常极限

一元函数有非正常极限 $\lim\limits_{x\to x_0} f(x)=(\pm)\infty$,对多元函数同样可定义非正常极限.

定义 14.5 设函数 f 于点集 $D\subset\mathbf{R}^2$ 有定义,$P_0(x_0,y_0)$ 为点集 D 的一聚点. 如果对任何给定的正数 M,存在正数 δ,使得当 $P(x,y)\in U^\circ(P_0,\delta)\bigcap D$ 时有

$$|f(P)|>M \text{ 或 } |f(x,y)|>M,$$

则称函数 f 当点 P 在 D 上趋于点 P_0 时有**非正常极限** ∞,记作

$$\lim_{P(\in D)\to P_0} f(P)=\infty \text{ 或 } f(P)\to\infty, P(\in D)\to P_0,$$

或用坐标 x,y 表示为

$$\lim_{(x,y)(\in D)\to(x_0,y_0)} f(x,y)=\infty \text{ 或 } f(x,y)\to\infty, (x,y)(\in D)\to(x_0,y_0).$$

当不会对 $P(x,y)\in D$ 产生误解时,可简写成

$$\lim_{P\to P_0} f(P)=\infty \text{ 或 } \lim_{(x,y)\to(x_0,y_0)} f(x,y)=\infty. □$$

例 14.15 证明 $\lim\limits_{(x,y)\to(0,1)}\dfrac{1}{x^2+y-1}=\infty$.

证 由于当 $|x|<1$ 时有 $|x^2+y-1|\leqslant|x|^2+|y-1|\leqslant|x|+|y-1|$,对任给的正数 M,取正数 $\delta=\min\left\{\dfrac{1}{2M},1\right\}$,则当 (x,y) 在点 $(0,1)$ 的空心 δ 方邻域

$$|x|<\delta,|y-1|<\delta,(x,y)\neq(0,1)$$

时有

$$\left|\frac{1}{x^2+y-1}\right| \geqslant \frac{1}{|x|+|y-1|} > \frac{1}{2\delta} \geqslant M.$$

这就证明了 $\lim\limits_{(x,y)\to(0,1)}\dfrac{1}{x^2+y-1}=\infty.$　　　　　　　　□

注意,非正常极限定义 14.5 中的点 $P_0(x_0,y_0)$ 也可以是无穷远点 $P_0(x_0,\pm\infty)$,
$P_0(\pm\infty,y_0)$,或 $P_0(\pm\infty,\pm\infty)$.

习题 14.2

1. 讨论下列函数在点$(0,0)$处的重极限和累次极限的存在性:

(1) $\dfrac{x-y}{x+y}$,

(2) $\dfrac{x^2 y^2}{x^2 y^2+(x-y)^2}$,

(3) $(x+y)\sin\dfrac{1}{x}\sin\dfrac{1}{y}$,

(4) $\dfrac{\sin(xy)}{x}$.

2. 求下列极限:

(1) $\lim\limits_{(x,y)\to(\infty,\infty)}\dfrac{x+y}{x^2-xy+y^2}$,

(2) $\lim\limits_{(x,y)\to(\infty,\infty)}\dfrac{x^2+y^2}{x^4+y^4}$,

(3) $\lim\limits_{(x,y)\to(0,0)}(x^2+y^2)^{x^2 y^2}$,

(4) $\lim\limits_{(x,y)\to(1,0)}\dfrac{\ln(x+\mathrm{e}^y)}{\sqrt{x^2+y^2}}$.

§14.3　二元连续函数

一元连续函数是一元函数微积分学的主要研究对象,二元或多元函数微积分学也将连续函数作为主要研究对象.

定义 14.6　设函数 f 于点集 $D\subset\mathbf{R}^2$ 有定义,$P_0(x_0,y_0)\in D$ 为点集 D 的一聚点. 如果

$$\lim_{P(\in D)\to P_0}f(P)=f(P_0),$$

则称函数 f 在点 $P_0\in D$ 处关于点集 D 连续,简称函数 f 在点 $P_0\in D$ 处连续.　　　□

如果函数 f 在点集 D 的每个聚点 $P_0\in D$ 处关于点集 D 连续,则称函数 f 于点集 D **连续**,或函数 f 是点集 D 上的**连续函数**.

例如,上述例 14.5、14.6、14.8 中函数在所考虑的点处连续. 当定义 14.6 中等式不成立时,则称点 P_0 是函数 f 的**不连续点**或**间断点**. 特别地,极限 $\lim\limits_{P(\in D)\to P_0}f(P)$ 存在的不连续点 P_0 称为函数 f 的**可去间断点**. 例如,函数 $f(x,y)=\dfrac{\sin(x^2+y^2)}{x^2+y^2}$ 以点 $P_0(0,0)$ 为可去间断点.

二元及多元连续函数也有与一元函数类似的局部性质:局部有界性、局部保号性、四则运算、复合运算等性质.

定理 14.3(复合函数连续性)　设函数 $u=\varphi(x,y)$ 和 $v=\psi(x,y)$ 在点 $P_0(x_0,y_0)$ 处连续;而函数 $z=f(u,v)$ 在点 $Q_0(u_0,v_0)$ 处连续,其中 $u_0=\varphi(x_0,y_0)$、$v_0=\psi(x_0,y_0)$,则复合函

数 $z=f(\varphi(x,y),\psi(x,y))$ 在点 $P_0(x_0,y_0)$ 处连续.

证 记 $g(x,y)=f(\varphi(x,y),\psi(x,y))$. 我们要证明

$$\lim_{(x,y)\to(x_0,y_0)} g(x,y)=g(x_0,y_0)=f(u_0,v_0).$$

对任何正数 ε，由于函数 $z=f(u,v)$ 在点 $Q_0(u_0,v_0)$ 处连续，存在正数 η 使得当 (u,v) 位于 $Q_0(u_0,v_0)$ 的方邻域：$|u-u_0|<\eta$，$|v-v_0|<\eta$ 时有

$$|f(u,v)-f(u_0,v_0)|<\varepsilon.$$

再由函数 $u=\varphi(x,y)$ 和 $v=\psi(x,y)$ 在点 $P_0(x_0,y_0)$ 处的连续性知，对上述正数 η，存在正数 δ，使得当 (x,y) 在点 $P_0(x_0,y_0)$ 的方邻域：$|x-x_0|<\delta$，$|y-y_0|<\delta$ 时有

$$|\varphi(x,y)-\varphi(x_0,y_0)|<\eta,|\psi(x,y)-\psi(x_0,y_0)|<\eta,$$

即有 $|\varphi(x,y)-u_0|<\eta$，$|\psi(x,y)-v_0|<\eta$. 于是也就有

$$|f(\varphi(x,y),\psi(x,y))-f(u_0,v_0)|<\varepsilon,$$

即有 $|g(x,y)-g(x_0,y_0)|<\varepsilon$. 这就证明了复合函数在点 $P_0(x_0,y_0)$ 处连续. □

作为上述诸性质的一个重要推论，**所有二元或多元初等函数在其定义域上连续**.

闭区间上一元连续函数所具有的整体性质：有界性与最值存在性、介值性、一致连续性，也都可推广到有界闭区域上多元连续函数，而且证明也相似.

定理 14.4（有界性与最值存在性定理） 若函数 f 在有界闭域 D 上连续，则函数在 D 上有界，并且有最大值与最小值. □

定理 14.5（一致连续性定理） 若函数 f 在有界闭域 D 上连续，则函数 f 在 D 上一致连续：对任何正数 ε，存在正数 δ，使得对任何点 $P,Q\in D$，只要 $d(P,Q)<\delta$，就有 $|f(P)-f(Q)|<\varepsilon$. □

定理 14.6（零点存在性定理） 若函数 f 在区域 D 上连续并且存在点 $P_1,P_2\in D$ 使得 $f(P_1)\cdot f(P_2)<0$，则存在点 $P_0\in D$ 使得 $f(P_0)=0$.

证 按定义，区域 D 由某开域 G 和该开域的部分或全部边界 $E\subset\partial G$ 合成：$D=G\cup E$.

先设点 $P_1,P_2\in G$. 此时，按开域定义，点 $P_1,P_2\in G$ 可用一条完全含于 G 的有限折线相连接.

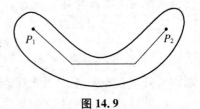

图 14.9

如果在这条折线的某个连接点处函数 f 的值为 0，则点 P_0 已经找到. 否则，由于这条折线的首末两端点 P_1,P_2 处函数值异号，在构成这条折线的有限条直线段中，必有某条线段的两端点处函数值异号. 我们可以不妨设线段 $\overline{P_1P_2}\subset G$. 设点 P_1,P_2 的坐标分别为 $P_1(x_1,y_1),P_2(x_2,y_2)$，则线段 $\overline{P_1P_2}$ 的方程为

$$\begin{cases} x=x_1+(x_2-x_1)t \\ y=y_1+(y_2-y_1)t \end{cases},0\leqslant t\leqslant1.$$

于是在线段 $\overline{P_1P_2}$ 上，函数 f 表示为 t 的一元函数：

$$g(t)=f(x_1+(x_2-x_1)t,y_1+(y_2-y_1)t),0\leqslant t\leqslant1.$$

根据连续函数复合运算的性质,一元函数 g 在闭区间 $[0,1]$ 连续,并且 $g(0)g(1)=f(P_1) \cdot f(P_2)<0$,于是由一元连续函数的零点存在性定理知,存在 $t_0 \in (0,1)$ 使得 $g(t_0)=0$. 记 $P_0(x_1+(x_2-x_1)t_0, y_1+(y_2-y_1)t_0)$,则 $P_0 \in \overline{P_1P_2} \subset G \subset D$,并且 $f(P_0)=g(t_0)=0$.

现在设 $P_1 \in E \subset \partial G$. 我们证明存在点 $P_1^* \in G$ 使得 $f(P_1)$ 与 $f(P_1^*)$ 同号. 事实上,首先由边界点定义知任何 $U(P_1)$ 满足 $U(P_1) \bigcap G \neq \varnothing$. 再由于函数 f 在点 $P_1 \in D$ 处连续并且 $f(P_1) \neq 0$,根据局部保号性,存在某邻域 $U(P_1)$ 使得当 $P \in U(P_1) \bigcap D$ 时有 $f(P)f(P_1)>0$. 于是,取点 $P_1^* \in U(P_1) \bigcap G \subset U(P_1) \bigcap D$ 即满足要求.

于是,当 $P_2 \in G$ 时,对点 P_1^* 和 P_2 应用上述情形就知函数 f 零点的存在.

当 $P_2 \in E \subset \partial G$ 时,同上可找到一点 $P_2^* \in G$ 使得 $f(P_2)$ 与 $f(P_2^*)$ 同号. 再对点 P_1^* 和 P_2^* 应用上述情形就知函数 f 有零点. □

与一元函数一样,也有形式上更一般的介值性定理.

定理 14.7(介值性定理) 设函数 f 在区域 D 连续,点 $P_1, P_2 \in D$ 使得 $f(P_1) \neq f(P_2)$,则对介于 $f(P_1), f(P_2)$ 之间的任何数 μ,存在点 $P_0 \in D$ 使得 $f(P_0)=\mu$. □

根据介值性定理,即知区域上的非常值连续函数的值域是一个区间.

由于二元函数 $f(x,y)$ 有两个变量,当其中一个变量取确定的数时,就成为另外一个变量的一元函数. 例如,在点 $P_0(x_0,y_0)$ 处,就有两个相关的一元函数

$$f(x,y_0), f(x_0,y).$$

它们和二元函数 $f(x,y)$ 在点 $P_0(x_0,y_0)$ 处的性质之间有什么关系自然是一个需要考虑的问题. 明显地,如果函数 $f(x,y)$ 在点 $P_0(x_0,y_0)$ 的某邻域 $U(P_0)$ 有定义并且在点 $P_0(x_0,y_0)$ 处连续,则一元函数 $f(x,y_0)$ 在 x_0 处、$f(x_0,y)$ 在 y_0 处都连续. 但反之未必. 例如,函数 $f(x,y)=\begin{cases} 1, & xy \neq 0 \\ 0, & xy=0 \end{cases}$ 在原点 $O(0,0)$ 处不连续,但 $f(x,0) \equiv 0, f(0,y) \equiv 0$ 在 0 处都连续. 因此,当一元函数 $f(x,y_0)$ 在 x_0 处、$f(x_0,y)$ 在 y_0 处都连续时,为得到函数 $f(x,y)$ 在点 $P_0(x_0,y_0)$ 处的连续性需要增加额外的条件.

例 14.16 设函数 $f(x,y)$ 在点 $P_0(x_0,y_0)$ 的某邻域 $U(P_0)$ 有定义. 如果函数 $f(x,y_0)$ 在 x_0 处连续,并且对任何 $(x,y'),(x,y'') \in U(P_0)$ 有

$$|f(x,y')-f(x,y'')| \leqslant L|y'-y''|,$$

这里 L 是常数. 证明函数 $f(x,y)$ 在点 $P_0(x_0,y_0)$ 处连续.

证 首先注意到,对任何 $(x,y) \in U(P_0)$,有

$$|f(x,y)-f(x_0,y_0)| \leqslant |f(x,y)-f(x,y_0)| + |f(x,y_0)-f(x_0,y_0)|,$$

因此根据条件有

$$|f(x,y)-f(x_0,y_0)| \leqslant L|y-y_0| + |f(x,y_0)-f(x_0,y_0)|.$$

现在,对任何正数 ε,由于函数 $f(x,y_0)$ 在 x_0 处连续,存在正数 δ_1 使得当 $|x-x_0|<\delta_1$ 时有 $|f(x,y_0)-f(x_0,y_0)|<\dfrac{\varepsilon}{2}$. 于是,取正数 $\delta=\min\left\{\delta_1, \dfrac{\varepsilon}{2L}\right\}$,则当 (x,y) 位于 P_0 的方邻域 $U(P_0)=\{(x,y) \mid |x-x_0|<\delta, |y-y_0|<\delta\}$ 时就有

$$|f(x,y)-f(x_0,y_0)|<L\delta+\frac{\varepsilon}{2}\leqslant\varepsilon.$$

这就证明了函数 $f(x,y)$ 在点 $P_0(x_0,y_0)$ 处连续. $\qquad\qquad\square$

习题 14.3

1. 讨论下列函数的连续性：

(1) $\dfrac{1}{\sqrt{x^2+y^2}}$,　　(2) $\dfrac{xy}{x+y}$,　　(3) $\dfrac{x+y}{x^3+y^3}$,　　　(4) $[x+y]$,

(5) $\sin\dfrac{1}{x+y}$,　　(6) $\dfrac{1}{xy}$,　　(7) $\dfrac{1}{\sin x}+\dfrac{1}{\sin y}$,　　(8) $\mathrm{e}^{-\frac{x}{y}}$.

2. 叙述并且证明二元连续函数的局部保号性.

3*. 设函数 $f(x,y)$ 于开域 D 分别对每个变量 x,y 都是连续的，并且对每个固定的 x，函数 $f(x,y)$ 作为 y 的函数是单调的. 证明函数 $f(x,y)$ 于开域 D 连续.

4*. 证明区域上的非常数连续函数的值域是一个区间.

5*. 设函数 $f(x,y)$ 于闭矩形域 $[a,b]\times[c,d]$ 连续，证明函数

$$h(x)=\max_{y\in[c,d]}f(x,y)$$

于闭区间 $[a,b]$ 连续.

第十五章 多元函数微分学

在一元函数微分学中,利用导数这个重要工具,我们可以了解函数的单调性、凹凸性等重要性质.本章的目的是利用偏导数和可微性对二元或多元函数的性质作初步的讨论和了解.

§15.1 偏导数

为了研究多元函数性质,就需要与一元函数的导数相类似的工具.然而,由于多元函数有多个自变量,形式上很难给出一个与一元函数导数直接相对应的恰当的概念.为此,先对各个自变量分别考虑相应的导数,这就产生了多元函数的偏导数概念.

定义 15.1 设二元函数 $z=f(x,y)$ 在以点 $P_0(x_0,y_0)$ 中心的某线段

$$\{(x,y_0)\mid\mid x-x_0\mid<\delta_0\}$$

上有定义.如果函数 $f(x,y_0)$ 在点 x_0 处可导,则称函数 $z=f(x,y)$ 在点 $P_0(x_0,y_0)$ 处关于 x 可偏导,函数 $f(x,y_0)$ 在点 x_0 处的导数称为函数 $f(x,y)$ 在点 $P_0(x_0,y_0)$ 处关于 x 的偏导数,记作

$$f_x(x_0,y_0),\ \frac{\partial f}{\partial x}\bigg|_{(x_0,y_0)}\quad \text{或}\quad z_x(x_0,y_0),\ \frac{\partial z}{\partial x}\bigg|_{(x_0,y_0)}. \qquad \Box$$

于是,

$$\begin{aligned}
f_x(x_0,y_0)&=\frac{\mathrm{d}}{\mathrm{d}x}(f(x,y_0))\bigg|_{x=x_0}\\
&=\lim_{x\to x_0}\frac{f(x,y_0)-f(x_0,y_0)}{x-x_0}\\
&=\lim_{\Delta x\to 0}\frac{f(x_0+\Delta x,y_0)-f(x_0,y_0)}{\Delta x}.
\end{aligned}$$

同样可以定义函数 $z=f(x,y)$ 在点 $P_0(x_0,y_0)$ 处关于 y 的偏导数:

$$f_y(x_0,y_0),\ \frac{\partial f}{\partial y}\bigg|_{(x_0,y_0)}\quad \text{或}\quad z_y(x_0,y_0),\ \frac{\partial z}{\partial y}\bigg|_{(x_0,y_0)}.$$

例 15.1 证明:函数 $f(x,y)=x^2y^3$ 在点 $P_0(1,1)$ 处关于 x 和 y 都可偏导,并且

$$f_x(1,1)=2,f_y(1,1)=3.$$

证 由于 $f(x,1)=x^2$ 在 $x=1$ 处可导,并且导数为 2,函数 $f(x,y)=x^2y^3$ 在点 $P_0(1,1)$ 处关于 x 可偏导,并且 $f_x(1,1)=2$.同理可知,函数 $f(x,y)=x^2y^3$ 在点 $P_0(1,1)$ 处关于 y 可偏导,并且 $f_y(1,1)=3$. $\qquad\Box$

例 15.2 证明函数 $f(x,y)=x+|y|$ 在点 $P_0(0,0)$ 处关于 x 可偏导,但关于 y 不可偏导.

证 按定义即知.事实上,$f(x,0)=x$ 在 $x=0$ 处可导;而 $f(0,y)=|y|$ 在 $y=0$ 处不可导. □

类似地,函数 $f(x,y)=|x|+|y|$ 在点 $P_0(0,0)$ 处关于 x 和 y 都不可偏导.这些例子表明二元连续函数未必可偏导.这与一元函数连续未必可导是一致的.

与一元函数可导必蕴含连续不同的是,二元函数的可偏导未必能保证函数是连续的.例如,函数 $f(x,y)=\begin{cases} 0, & xy\neq 0 \\ 1, & xy=0 \end{cases}$ 在原点 $O(0,0)$ 处不连续,但因 $f(x,0)\equiv 1$,$f(0,y)\equiv 1$ 都是常值函数,因而在原点 $O(0,0)$ 处函数 $f(x,y)$ 关于 x 和 y 都可偏导.

偏导数 $f_x(x_0,y_0)$ 的几何意义:首先,偏导数 $f_x(x_0,y_0)$ 等于空间曲面 $z=f(x,y)$ 和平面 $y=y_0$ 的交线 $\begin{cases} z=f(x,y) \\ y=y_0 \end{cases}$ 在 zOx 平面内的投影曲线 $z=f(x,y_0)$ 在点 x_0 处切线的斜率,因此也等于空间平面曲线 $\begin{cases} z=f(x,y) \\ y=y_0 \end{cases}$ 在曲面上点 $P_0(x_0,y_0,z_0)$ 处的切线相对于 x 轴的斜率,即与 x 轴正向夹角的正切值,这里 $z_0=f(x_0,y_0)$.偏导数 $f_y(x_0,y_0)$ 的几何意义类似.如图 15.1 所示.

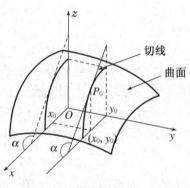

图 15.1

若二元函数 $z=f(x,y)$ 在区域 D 的每一点 (x,y) 处关于 x 都可偏导,则对应

$$(x,y)\mapsto f_x(x,y)$$

所确定的函数称为函数 $z=f(x,y)$ 在区域 D 上关于 x 的**偏导函数**,也简称**偏导数**,记为

$$f_x(x,y),f_x,\frac{\partial f}{\partial x} \quad \text{或} \quad z_x(x,y),z_x,\frac{\partial z}{\partial x}$$

同样可定义函数 $z=f(x,y)$ 在区域 D 上关于 y 的偏导函数:

$$f_y(x,y),f_y,\frac{\partial f}{\partial y} \quad \text{或} \quad z_y(x,y),z_y,\frac{\partial z}{\partial y}.$$

按定义,偏导函数 $f_x(x,y)$ 是二元函数 $z=f(x,y)$ 对给定的 y 作为 x 的一元函数的导函数;偏导函数 $f_y(x,y)$ 是二元函数 $z=f(x,y)$ 对给定的 x 作为 y 的一元函数的导函数.

根据偏导数的定义,对 x 的偏导数 $f_x(x_0,y_0)$ 实际上是一元函数 $f(x,y_0)$ 的导数,或者一般地,对某个变量的偏导数是将多元函数看作该变量的一元函数(将其他自变量看作常数)所求导数,因此一元函数的求导法则对多元函数求偏导仍然适用.

上述二元函数的偏导数定义可以推广到一般的多元函数.

例 15.3 求函数 $z=x^y(x>0)$ 关于 x 和 y 的偏导数 z_x,z_y.

解 求 z_x 时,将 y 看作常数,此时函数 $z=x^y$ 是 x 的幂函数,因而 $z_x=yx^{y-1}$.再求 z_y.将 x 看作常数,此时函数 $z=x^y$ 是 y 的指数函数,因而 $z_y=x^y\ln x$. □

例 15.4 求函数 $w=x^2\sin(y+z^2)$ 的偏导函数 w_x,w_y,w_z.

解　求 w_x:将 y,z 看作常数而有 $w_x=2x\sin(y+z^2)$.

求 w_y:将 z,x 看作常数而有 $w_y=x^2\cos(y+z^2)$.

求 w_z:将 x,y 看作常数而有 $w_z=2x^2z\cos(y+z^2)$.　　　□

习题 15.1

1. 求下列函数的偏导数:

(1) $z=x^4+4x^2y^2+y^4$,　　　　(2) $z=xy+\dfrac{x}{y}$,

(3) $z=\dfrac{x}{\sqrt{x^2+y^2}}$,　　　　(4) $z=\arctan\dfrac{x+y}{1-xy}$.

2. 设 $f(x,y)=x+(y-1)\arcsin\sqrt{\dfrac{x}{y}}$,求 $f_x(x,1)$.

3. 考察函数 $\sqrt{x^2+y^2}$ 和函数 $\sqrt{x^4+y^4}$ 在原点 $(0,0)$ 处的连续性和可偏导性.

§15.2　可微性

由于对多元函数不能定义导数,我们转而考虑可微性.对一元函数而言,可微与切线相关:若函数 $y=f(x)$ 在点 x_0 处可微,则存在过点 (x_0,y_0) 的直线 $y=y_0+k(x-x_0)$,其中 $y_0=f(x_0)$,使得函数与该直线相差一个高阶无穷小量:

$$f(x)=y_0+k(x-x_0)+o(x-x_0)\quad(x\to x_0),$$

或者,等价地,

$$\Delta y=f(x_0+\Delta x)-f(x_0)=k\Delta x+o(\Delta x)\quad(\Delta x\to 0).$$

类似地,可将上述一元函数可微的定义推广到二元或多元函数.

定义 15.2　设二元函数 $z=f(x,y)$ 在点 $P_0(x_0,y_0)$ 的某个邻域上有定义,记 $z_0=f(x_0,y_0)$.如果存在过点 $P_0^*(x_0,y_0,z_0)$ 的平面 $z=z_0+A(x-x_0)+B(y-y_0)$ 使得函数与该平面相差一个高阶无穷小量:

$$f(x,y)=z_0+A(x-x_0)+B(y-y_0)+o(\rho)\quad(\rho\to 0),\tag{15.1}$$

这里,ρ 是动点 $P(x,y)$ 到定点 $P_0(x_0,y_0)$ 的距离:$\rho=\sqrt{(x-x_0)^2+(y-y_0)^2}$,或者等价地有

$$\Delta z=f(x_0+\Delta x,y_0+\Delta y)-f(x_0,y_0)=A\Delta x+B\Delta y+o(\rho)\quad(\rho\to 0),\tag{15.2}$$

其中 $\rho=\sqrt{(\Delta x)^2+(\Delta y)^2}$,则称函数 $z=f(x,y)$ 在点 $P_0(x_0,y_0)$ 处**可微**,并且称式(15.2)右端线性部分 $A\Delta x+B\Delta y$ 为函数 $z=f(x,y)$ 在点 $P_0(x_0,y_0)$ 处的**全微分**,记作

$$\mathrm{d}z|_{(x_0,y_0)}=\mathrm{d}f(x_0,y_0)-A\Delta x+B\Delta y.\tag{15.3}$$

　　　□

如果二元函数 $z=f(x,y)$ 在区域 D 内每个点 $P(x,y)$ 处都可微,则称二元函数 $z=f(x,y)$ 在区域 D 内可微.

与一元函数一样,自变量的全微分等于自变量的改变量,即将函数 $z=x$ 和 $z=y$ 看作二元函数,它们在平面 $\mathbf{R}^2$ 上每一点处都可微,并且全微分为

$$\mathrm{d}x=\Delta x,\mathrm{d}y=\Delta y,$$

因此函数 $z=f(x,y)$ 在点 $P_0(x_0,y_0)$ 处的全微分写成

$$\mathrm{d}z|_{(x_0,y_0)}=\mathrm{d}f(x_0,y_0)=A\mathrm{d}x+B\mathrm{d}y. \tag{15.4}$$

类似地,可定义一般多元函数的可微性.

例 15.5 证明函数 $z=xy$ 于全平面上任何一点 $P_0(x_0,y_0)\in\mathbf{R}^2$ 处可微.

证 由于在点 $P_0(x_0,y_0)$ 处

$$\Delta z=(x_0+\Delta x)(y_0+\Delta y)-x_0y_0$$
$$=y_0\Delta x+x_0\Delta y+\Delta x\Delta y,$$

并且 $\Delta x\Delta y$ 满足

$$\frac{|\Delta x\Delta y|}{\rho}=\rho\cdot\frac{|\Delta x|}{\rho}\cdot\frac{|\Delta y|}{\rho}\leqslant\rho\rightarrow0,$$

即有 $\Delta x\Delta y=o(\rho),\rho\rightarrow0$,因此按定义,函数 $z=xy$ 在点 $P_0(x_0,y_0)$ 处可微,并且

$$\mathrm{d}z|_{(x_0,y_0)}=y_0\mathrm{d}x+x_0\mathrm{d}y. \qquad \square$$

例 15.6 证明函数

$$f(x,y)=\begin{cases}x-y+(x^2+y^2)\sin\dfrac{1}{x^2+y^2}, & (x,y)\neq(0,0)\\ 0, & (x,y)=(0,0)\end{cases}$$

在原点 $O(0,0)$ 处可微.

证 在点 $O(0,0)$ 处,

$$\Delta z=f(0+\Delta x,0+\Delta y)-f(0,0)$$
$$=\Delta x-\Delta y+(\Delta x^2+\Delta y^2)\sin\frac{1}{\Delta x^2+\Delta y^2}=\Delta x-\Delta y+\rho^2\sin\frac{1}{\rho^2}.$$

由于当 $\rho\rightarrow0$ 时有 $\dfrac{\rho^2\sin\dfrac{1}{\rho^2}}{\rho}=\rho\sin\dfrac{1}{\rho^2}\rightarrow0$,即 $\rho^2\sin\dfrac{1}{\rho^2}=o(\rho)$,按定义,函数在原点 $O(0,0)$ 处可微,并且 $\mathrm{d}f(0,0)=\mathrm{d}x-\mathrm{d}y$. $\qquad\square$

定理 15.1(可微必要条件) 若二元函数 $z=f(x,y)$ 在点 $P_0(x_0,y_0)$ 处可微,则函数 f 在点 $P_0(x_0,y_0)$ 处连续,关于 x 和 y 都可偏导,并且函数 $z=f(x,y)$ 在点 $P_0(x_0,y_0)$ 处的全微分为

$$\mathrm{d}z|_{(x_0,y_0)}=\mathrm{d}f(x_0,y_0)=f_x(x_0,y_0)\mathrm{d}x+f_y(x_0,y_0)\mathrm{d}y.$$

证 由于二元函数 $z=f(x,y)$ 在点 $P_0(x_0,y_0)$ 处可微,存在常数 A,B 使得

$$\Delta z=f(x_0+\Delta x,y_0+\Delta y)-f(x_0,y_0)=A\Delta x+B\Delta y+o(\rho) \quad (\rho\rightarrow0).$$

于是就有

$$\lim_{(\Delta x,\Delta y)\to(0,0)}f(x_0+\Delta x,y_0+\Delta y)=f(x_0,y_0),$$

此即函数 f 在点 $P_0(x_0,y_0)$ 处连续.

再令 $\Delta y=0$,则有

$$f(x_0+\Delta x,y_0)-f(x_0,y_0)=A\Delta x+o(\Delta x),$$

即有

$$\frac{f(x_0+\Delta x,y_0)-f(x_0,y_0)}{\Delta x}=A+o(1)\to A.$$

这就证明了函数 f 在点 $P_0(x_0,y_0)$ 处关于 x 可偏导,并且 $f_x(x_0,y_0)=A$. 同理可证函数 f 在点 $P_0(x_0,y_0)$ 处关于 y 可偏导,并且 $f_y(x_0,y_0)=B$. 于是就有

$$\mathrm{d}z|_{(x_0,y_0)}=\mathrm{d}f(x_0,y_0)=f_x(x_0,y_0)\mathrm{d}x+f_y(x_0,y_0)\mathrm{d}y.$$

根据定理 15.1,如果二元函数 $z=f(x,y)$ 在区域 D 内可微,则可得**全微分**函数

$$\mathrm{d}z=\mathrm{d}f(x,y)=f_x(x,y)\mathrm{d}x+f_y(x,y)\mathrm{d}y.$$

推论 15.1 若函数 $z=f(x,y)$ 在点 $P_0(x_0,y_0)$ 处可微,则

$$\lim_{\rho\to0}\frac{\Delta z-\mathrm{d}z}{\rho}=0.$$

例 15.7 证明函数

$$f(x,y)=\begin{cases}\dfrac{xy}{\sqrt{x^2+y^2}}, & (x,y)\neq(0,0)\\0, & (x,y)=(0,0)\end{cases}$$

在原点 $O(0,0)$ 处不可微.

证 由于 $f(x,0)=0,f(0,y)=0$,在 $O(0,0)$ 处关于两变量都可偏导,并且 $f_x(0,0)=f_y(0,0)=0$. 现在假设函数 f 在原点 $O(0,0)$ 处可微,则 $\mathrm{d}f(0,0)=0$. 于是由推论 15.1 知

$$\lim_{\rho\to0}\frac{\dfrac{\Delta x\Delta y}{\sqrt{(\Delta x)^2+(\Delta y)^2}}}{\rho}=0,$$

即有

$$\lim_{\rho\to0}\frac{\Delta x\Delta y}{(\Delta x)^2+(\Delta y)^2}=0.$$

然而上式左端极限不存在,因而矛盾.

对一元函数来说,可导与可微等价;但对多元函数,可偏导只是可微的必要条件. 因此除了可偏导之外,还需要增加适当的条件,才能使得多元函数可微.

定理 15.2(可微充分条件) 如果二元函数 $z=f(x,y)$ 在点 $P_0(x_0,y_0)$ 的某邻域内关于 x 和 y 都可偏导,并且偏导函数 f_x 和 f_y 在点 $P_0(x_0,y_0)$ 处连续,则二元函数 $z=f(x,y)$ 在点 $P_0(r_0,y_0)$ 处可微.

证 根据拉格朗日中值定理有

$$\Delta z = f(x_0+\Delta x, y_0+\Delta y) - f(x_0, y_0)$$
$$= [f(x_0+\Delta x, y_0+\Delta y) - f(x_0, y_0+\Delta y)] + [f(x_0, y_0+\Delta y) - f(x_0, y_0)]$$
$$= f_x(x_0+\theta\Delta x, y_0+\Delta y)\Delta x + f_y(x_0, y_0+\eta\Delta y)\Delta y, \quad 0<\theta, \eta<1.$$

由于偏导函数 f_x 和 f_y 在点 $P_0(x_0, y_0)$ 处连续，当 $\rho = \sqrt{(\Delta x)^2 + (\Delta y)^2} \to 0$ 时有

$$f_x(x_0+\theta\Delta x, y_0+\Delta y) = f_x(x_0, y_0) + o(1),$$
$$f_y(x_0, y_0+\eta\Delta y) = f_y(x_0, y_0) + o(1).$$

于是有

$$\Delta z = f_x(x_0, y_0)\Delta x + f_y(x_0, y_0)\Delta y + o(1)\Delta x + o(1)\Delta y.$$

由于

$$\frac{|o(1)\Delta x + o(1)\Delta y|}{\rho} \leqslant |o(1)| + |o(1)| \to 0 \quad (\rho \to 0),$$

$\Delta z = f_x(x_0, y_0)\Delta x + f_y(x_0, y_0)\Delta y + o(\rho)$，从而函数 f 在点 $P_0(x_0, y_0)$ 处可微. □

需要指出的是，偏导函数连续是可微的充分条件，但不是必要的. 也就是说，存在可微函数，其偏导函数不连续. 例如，例 15.6 中的函数在原点 $O(0,0)$ 处可微，但偏导函数 f_x 和 f_y 在原点 $O(0,0)$ 处不连续. 正因如此，为强调而将偏导函数连续的可微函数称为**连续可微函数**.

现在，我们考虑可微的几何应用. 对一元函数 $y = f(x)$ 而言，在点 x_0 处可微就意味着平面曲线 $y = f(x)$ 在点 $P_0(x_0, y_0)$ 处有切线，这里 $y_0 = f(x_0)$. 我们将证明，对二元函数 $z = f(x, y)$ 而言，在点 $P_0(x_0, y_0)$ 处可微，同样表示空间曲面 $z = f(x, y)$ 在点 $P_0^*(x_0, y_0, z_0)$ 处有切平面，这里 $z_0 = f(x_0, y_0)$.

为此，我们需要定义空间曲面 S 在其上一点 $P_0^* \in S$ 处的切平面. 如果存在一个过点 $P_0^* \in S$ 的平面 Π 使得空间曲面 S 上任一点 $P \in S$ 到平面 Π 的距离和到定点 $P_0^* \in S$ 的距离满足

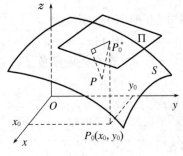

图 15.2

$$\lim_{P(\in S) \to P_0^*} \frac{\mathrm{d}(P, \Pi)}{\mathrm{d}(P, P_0^*)} = 0,$$

则称曲面 S 在其上一点 $P_0^* \in S$ 处有**切平面** Π. 不难证明，若曲面 S 在其上一点处的切平面存在，则该点处的切平面必唯一.

定理 15.3 函数 $z = f(x, y)$ 在点 $P_0(x_0, y_0)$ 处可微的充要条件为曲面 $S: z = f(x, y)$ 在其上的 $P_0^*(x_0, y_0, z_0)$ 处有不平行于 z 轴的切平面，这里 $z_0 = f(x_0, y_0)$，并且切平面为

$$\Pi: z - z_0 = f_x(x_0, y_0)(x-x_0) + f_y(x_0, y_0)(y-y_0).$$

证 我们只证明必要性. 设函数 $z = f(x, y)$ 在点 $P_0(x_0, y_0)$ 处可微，则由定义知

$$f(x, y) = z_0 + f_x(x_0, y_0)(x-x_0) + f_y(x_0, y_0)(y-y_0) + o(\rho),$$

其中 $\rho = \sqrt{(x-x_0)^2 + (y-y_0)^2}$. 于是，曲面 $S: z = f(x, y)$ 上任一点 $P(x, y, z) \in S$ 到平面 Π 的距离为

$$d(P,\Pi)=\frac{|z-z_0-f_x(x_0,y_0)(x-x_0)-f_y(x_0,y_0)(y-y_0)|}{\sqrt{[f_x(x_0,y_0)]^2+[f_x(x_0,y_0)]^2+1}}$$

$$=\frac{|f(x,y)-z_0-f_x(x_0,y_0)(x-x_0)-f_y(x_0,y_0)(y-y_0)|}{\sqrt{[f_x(x_0,y_0)]^2+[f_x(x_0,y_0)]^2+1}}$$

$$=o(\rho).$$

而点 $P(x,y,z)\in S$ 到点 $P_0^*(x_0,y_0,z_0)$ 的距离为

$$d(P,P_0^*)=\sqrt{(x-x_0)^2+(y-y_0)^2+(z-z_0)^2}\geqslant\rho.$$

由此即得

$$0\leqslant\frac{d(P,\Pi)}{d(P,P_0^*)}\leqslant\frac{o(\rho)}{\rho}\rightarrow0\quad(\rho\rightarrow0).$$

这就证明了平面 Π 为切平面.

由切平面方程知,切平面的法向量为

$$\vec{n}=\{f_x(x_0,y_0),f_y(x_0,y_0),-1\}$$

因此 **法线**(与切平面垂直并且经过切点的直线)的方程为

$$l:\frac{x-x_0}{f_x(x_0,y_0)}=\frac{y-y_0}{f_y(x_0,y_0)}=\frac{z-z_0}{-1}.$$

例 15.8 在曲面 $z=xy$ 上求一点,使该点处的切平面与平面 $x+3y-2z=0$ 平行,并求出该点处的切平面和法线.

解 设所求点为 $P(x_0,y_0,z_0)$,则 $z_0=x_0y_0$. 由于函数 $z=xy$ 在点 (x_0,y_0) 处可微,并且 $z_x(x_0,y_0)=y_0,z_y(x_0,y_0)=x_0$,故 $P(x_0,y_0,z_0)$ 处有切平面

$$z-z_0=y_0(x-x_0)+x_0(y-y_0).$$

其法向量为 $\vec{n}=\{y_0,x_0,-1\}$. 按条件,其与平面 $x+3y-2z=0$ 的法向量 $\{1,3,-2\}$ 平行,从而有

$$\frac{y_0}{1}=\frac{x_0}{3}=\frac{-1}{-2}.$$

由此可知 $x_0=\frac{3}{2},y_0=\frac{1}{2}$,从而 $z_0=\frac{3}{4}$. 于是所求切平面为

$$z-\frac{3}{4}=\frac{1}{2}\left(x-\frac{3}{2}\right)+\frac{3}{2}\left(y-\frac{1}{2}\right),$$

可化简为 $x+3y-2z-\frac{3}{2}=0$. 所求法线方程为

$$\frac{x-\frac{3}{2}}{1}=\frac{y-\frac{1}{2}}{3}=\frac{z-\frac{3}{4}}{-2}.$$

习题 15.2

1. 证明:函数 $f(x,y)=\sqrt{|xy|}$ 在点 $(0,0)$ 的某邻域内连续、两偏导函数 $f_x(x,y)$ 和

$f_y(x,y)$无界，但在点$(0,0)$处不可微.

2. 证明：函数 $f(x,y)=\begin{cases} \dfrac{xy}{\sqrt{x^2+y^2}}, & (x,y)\neq(0,0) \\ 0, & (x,y)=(0,0) \end{cases}$ 在点$(0,0)$的某邻域内连续、两偏

导函数 $f_x(x,y)$ 和 $f_y(x,y)$ 有界，但在点$(0,0)$处不可微.

3. 证明：函数 $f(x,y)=\begin{cases} (x^2+y^2)\sin\dfrac{1}{x^2+y^2}, & (x,y)\neq(0,0) \\ 0, & (x,y)=(0,0) \end{cases}$ 在$(0,0)$处可微，但不连

续可微，即两偏导函数 $f_x(x,y)$ 和 $f_y(x,y)$ 在$(0,0)$处不连续.

4. 求下列函数在给定点处的全微分：

(1) $z=x^2y^3$，求$\mathrm{d}z|_{(1,1)}$.

(2) $w=y^x$，求$\mathrm{d}w|_{(1,1)}$.

(3) $u=\ln(1+x)\ln(1+y)$，求$\mathrm{d}u|_{(0,0)}$.

5. 求下列函数的全微分：

(1) $z=\arctan\dfrac{x+y}{1+xy}$，　　　　(2) $z=\arcsin\dfrac{y}{\sqrt{x^2+y^2}}$.

6. 在曲面 $z=xy$ 上确定一点，使该点处的切平面平行于平面 $x+3y+z+9=0$，并且写出该切平面方程和相应法线方程.

§15.3 复合函数可微性

我们已经知道，对一元复合函数 $F(x)=f(g(x))$，如果内函数 g 在 x_0 处可导（可微）并且外函数 f 在 $u_0=g(x_0)$ 处可导（可微），则复合函数 $F=f\circ g$ 在 x_0 处也可导（可微）. 本节将讨论多元复合函数的可偏导性与可微性. 我们先从二元函数与一元函数的复合开始来讨论.

定理 15.4 设复合函数 $F(x)=f(\phi(x),\psi(x))$ 的内函数 $\phi(x),\psi(x)$ 在点 x_0 处都可微（可导），外函数 $f(u,v)$ 在点 $(u_0,v_0)=(\phi(x_0),\psi(x_0))$ 处可微，则复合函数 F 在点 x_0 处也可微（可导），并且

$$F'(x_0)=f_u(u_0,v_0)\phi'(x_0)+f_v(u_0,v_0)\psi'(x_0). \tag{15.5}$$

证 由于函数 $\phi(x),\psi(x)$ 都在 x_0 处可微，

$$\Delta\phi=\phi(x_0+\Delta x)-\phi(x_0)=\phi'(x_0)\Delta x+\alpha\Delta x,$$

$$\Delta\psi=\psi(x_0+\Delta x)-\psi(x_0)=\psi'(x_0)\Delta x+\beta\Delta x,$$

其中量 α,β 都是 $\Delta x\to0$ 时的无穷小量.

又由于函数 $f(u,v)$ 在点 (u_0,v_0) 处可微，

$$f(u_0+\Delta u,v_0+\Delta v)-f(u_0,v_0)=f_u(u_0,v_0)\Delta u+f_v(u_0,v_0)\Delta v+\gamma\rho,$$

其中 $\rho=\sqrt{(\Delta u)^2+(\Delta v)^2}$，而量 γ 是 $\rho\to0$ 时的无穷小量.

于是，

$$F(x_0+\Delta x)-F(x_0)$$
$$=f(\phi(x_0+\Delta x),\psi(x_0+\Delta x))-f(u_0,v_0)$$
$$=f(u_0+\Delta\phi,v_0+\Delta\psi)-f(u_0,v_0)$$
$$=f_u(u_0,v_0)\Delta\phi+f_v(u_0,v_0)\Delta\psi+\gamma\rho,$$

这里 $\rho=\sqrt{(\Delta\phi)^2+(\Delta\psi)^2}$，而量 γ 是 $\rho\to0$ 时的无穷小量. 于是,进一步就有

$$F(x_0+\Delta x)-F(x_0)$$
$$=f_u(u_0,v_0)[\phi'(x_0)\Delta x+\alpha\Delta x]+f_v(u_0,v_0)[\psi'(x_0)\Delta x+\beta\Delta x]+\gamma\rho$$
$$=[f_u(u_0,v_0)\phi'(x_0)+f_v(u_0,v_0)\psi'(x_0)]\Delta x+H,$$

其中尾项

$$H=[\alpha f_u(u_0,v_0)+\beta f_v(u_0,v_0)]\Delta x+\gamma\rho.$$

当 $\Delta x\to0$ 时有 $\alpha\to0,\beta\to0,\Delta\phi\to0,\Delta\psi\to0$,因此 $\rho\to0$,从而有 $\gamma\to0$. 另外,

$$\left|\frac{\rho}{\Delta x}\right|=\sqrt{\left(\frac{\Delta\phi}{\Delta x}\right)^2+\left(\frac{\Delta\psi}{\Delta x}\right)^2}\to\sqrt{[\phi'(x_0)]^2+[\psi'(x_0)]^2},$$

因此有

$$\frac{H}{\Delta x}=\alpha f_u(u_0,v_0)+\beta f_v(u_0,v_0)+\gamma\frac{\rho}{\Delta x}\to0,$$

即 $H=o(\Delta x)$. 于是,

$$F(x_0+\Delta x)-F(x_0)=[f_u(u_0,v_0)\phi'(x_0)+f_v(u_0,v_0)\psi'(x_0)]\Delta x+o(\Delta x).$$

这就证明了函数 F 在点 x_0 处可微,并且导数由式(15.5)确定. □

定理 15.5 设复合函数 $F(x)=f(\phi(x),\psi(x))$ 的两个内函数 $\phi(x),\psi(x)$ 在区间 I 都可导(可微),外函数 $f(u,v)$ 在区域 $D\supset(\phi,\psi)(I)$ 可微,则复合函数 F 在区间 I 也可导(可微),并且

$$F'(x)=f_u(\phi(x),\psi(x))\phi'(x)+f_v(\phi(x),\psi(x))\psi'(x). \tag{15.6}$$

□

注 可将上述求导公式(15.6)改写为

$$\frac{\mathrm{d}F}{\mathrm{d}x}=\frac{\partial f}{\partial u}\bigg|_{\substack{u=\phi(x)\\v=\psi(x)}}\cdot\frac{\mathrm{d}u}{\mathrm{d}x}\bigg|_{u=\phi(x)}+\frac{\partial f}{\partial v}\bigg|_{\substack{u=\phi(x)\\v=\psi(x)}}\cdot\frac{\mathrm{d}v}{\mathrm{d}x}\bigg|_{v=\psi(x)} \tag{15.7}$$

或简写为

$$\frac{\mathrm{d}F}{\mathrm{d}x}=\frac{\partial f}{\partial u}\cdot\frac{\mathrm{d}u}{\mathrm{d}x}+\frac{\partial f}{\partial v}\cdot\frac{\mathrm{d}v}{\mathrm{d}x}. \tag{15.8}$$

例 15.9 设函数 $\phi(x),\psi(x)$ 可导并且 $\phi(x)>0$,证明:函数 $\phi(x)^{\psi(x)}$ 可导,并且

$$[\phi(x)^{\psi(x)}]'=\phi(x)^{\psi(x)}\left[\frac{\psi(x)\phi'(x)}{\phi(x)}+\psi'(x)\ln\phi(x)\right].$$

证 函数 $\phi(x)^{\psi(x)}$ 可看成由外函数 $f(u,v)=u^v$ 和内函数 $u=\phi(x),v=\psi(x)$ 复合而成. 各函数都可微,因此由定理 15.5 知函数 $\phi(x)^{\psi(x)}$ 也可微,并且

$$\left[\phi(x)^{\psi(x)}\right]' = \frac{\partial f}{\partial u}\bigg|_{\substack{u=\phi(x)\\v=\psi(x)}} \cdot \phi'(x) + \frac{\partial f}{\partial v}\bigg|_{\substack{u=\phi(x)\\v=\psi(x)}} \cdot \psi'(x)$$

$$= vu^{v-1}\bigg|_{\substack{u=\phi(x)\\v=\psi(x)}} \cdot \phi'(x) + u^v \ln u\bigg|_{\substack{u=\phi(x)\\v=\psi(x)}} \cdot \psi'(x)$$

$$= \phi(x)^{\psi(x)}\left[\frac{\psi(x)\phi'(x)}{\phi(x)} + \psi'(x)\ln\phi(x)\right]. \qquad \square$$

定理 15.6 设复合函数 $F(x,y)=h(f(x,y))$ 的内函数 $f(x,y)$ 在点 (x_0,y_0) 处可微(可偏导),外函数 $h(t)$ 在点 $t_0=f(x_0,y_0)$ 处可微,则复合函数 F 在点 (x_0,y_0) 处也可微(可偏导),并且

$$F_x(x_0,y_0)=h'(t_0)f_x(x_0,y_0), \quad F_y(x_0,y_0)=h'(t_0)f_y(x_0,y_0). \qquad (15.9)$$

证 关于可偏导性,实际上就是一元复合函数的可导性.事实上,函数 F 关于 x 的可偏导等价于一元函数 $F(x,y_0)=h(f(x,y_0))$ 的可导性.因而根据条件和一元复合函数求导公式就有上述求偏导公式(15.9).

现在证明复合函数 F 在点 (x_0,y_0) 处的可微性.首先,由于函数 $f(x,y)$ 在点 (x_0,y_0) 处可微,

$$\Delta f=f(x_0+\Delta x,y_0+\Delta y)-f(x_0,y_0)=f_x(x_0,y_0)\Delta x+f_y(x_0,y_0)\Delta y+\eta\rho,$$

其中 $\rho=\sqrt{(\Delta x)^2+(\Delta y)^2}$,而量 η 是 $\rho\to0$ 时的无穷小量.特别地,上式表明 $\dfrac{\Delta f}{\rho}$ 有界.

又函数 $h(t)$ 在点 $t_0=f(x_0,y_0)$ 处可微,因此

$$h(t_0+\Delta t)-h(t_0)=h'(t_0)\Delta t+\varepsilon\Delta t,$$

其中量 ε 是 $\Delta t\to0$ 时的无穷小量.

于是,

$$F(x_0+\Delta x,y_0+\Delta y)-F(x_0,y_0)$$
$$=h(f(x_0+\Delta x,y_0+\Delta y))-h(t_0)$$
$$=h(t_0+\Delta f)-h(t_0)$$
$$=h'(t_0)\Delta f+\varepsilon\Delta f,$$

其中,量 ε 满足:当 $\Delta f\to0$ 时,$\varepsilon\to0$.由此,我们得到

$$F(x_0+\Delta x,y_0+\Delta y)-F(x_0,y_0)$$
$$=h'(t_0)f_x(x_0,y_0)\Delta x+h'(t_0)f_y(x_0,y_0)\Delta y+\left[\eta h'(t_0)+\varepsilon\frac{\Delta f}{\rho}\right]\rho.$$

由于当 $\rho\to0$ 时 $\eta h'(t_0)+\varepsilon\dfrac{\Delta f}{\rho}\to0$,上式表明函数 F 在点 (x_0,y_0) 处可微. $\qquad\square$

定理 15.7 设复合函数 $F(x,y)=h(f(x,y))$ 的内函数 $f(x,y)$ 在区域 D 可微(可偏导),外函数 $h(t)$ 在区间 $I\supset f(D)$ 可微,则复合函数 F 在区域 D 也可微(可偏导),并且

$$F_x(x,y)=h'(t)|_{t=f(x,y)}\cdot f_x(x,y), \quad F_y(x,y)=h'(t)|_{t=f(x,y)}\cdot f_y(x,y). \quad (15.10)$$

$\qquad\square$

例 15.10 证明:函数 $\sin(x^2+y^2)$ 于全平面 $\mathbf{R}^2$ 可微,并且

$$\frac{\partial}{\partial x}\sin(x^2+y^2)=2x\cos(x^2+y^2),\frac{\partial}{\partial y}\sin(x^2+y^2)=2y\cos(x^2+y^2).$$

证 函数 $\sin(x^2+y^2)$ 由外函数 $h(t)=\sin t$ 和内函数 $f(x,y)=x^2+y^2$ 复合而成,并且内外函数都可微,于是由定理 15.7 知函数 $\sin(x^2+y^2)$ 可微,并且两偏导数如例所示. □

定理 15.8 设复合函数 $F(x,y)=f(\phi(x,y),\psi(x,y))$ 的内函数 $\phi(x,y),\psi(x,y)$ 在点 (x_0,y_0) 处都可微(可偏导),外函数 $f(u,v)$ 在点 $(u_0,v_0)=(\phi(x_0,y_0),\psi(x_0,y_0))$ 处可微,则复合函数 F 在点 (x_0,y_0) 处也可微(可偏导),并且

$$F_x(x_0,y_0)=f_u(u_0,v_0)\phi_x(x_0,y_0)+f_v(u_0,v_0)\psi_x(x_0,y_0),$$
$$F_y(x_0,y_0)=f_u(u_0,v_0)\phi_y(x_0,y_0)+f_v(u_0,v_0)\psi_y(x_0,y_0).$$ □

定理 15.9 设复合函数 $F(x,y)=f(\phi(x,y),\psi(x,y))$ 的内函数 $\phi(x,y),\psi(x,y)$ 在区域 D 都可微(可偏导),外函数 $f(u,v)$ 在区域 $\Omega\supset(\phi,\psi)(D)$ 可微,则复合函数 F 在区域 D 也可微(可偏导),并且

$$F_x(x,y)=f_u(u,v)\Big|_{\substack{u=\phi(x,y)\\v=\psi(x,y)}}\cdot\phi_x(x,y)+f_v(u,v)\Big|_{\substack{u=\phi(x,y)\\v=\psi(x,y)}}\cdot\psi_x(x,y),$$
$$F_y(x,y)=f_u(u,v)\Big|_{\substack{u=\phi(x,y)\\v=\psi(x,y)}}\cdot\phi_y(x,y)+f_v(u,v)\Big|_{\substack{u=\phi(x,y)\\v=\psi(x,y)}}\cdot\psi_y(x,y).$$ □

可将上述公式简写成如下形式

$$\frac{\partial F}{\partial x}=\frac{\partial f}{\partial u}\cdot\frac{\partial u}{\partial x}+\frac{\partial f}{\partial v}\cdot\frac{\partial v}{\partial x},$$

$$\frac{\partial F}{\partial y}=\frac{\partial f}{\partial u}\cdot\frac{\partial u}{\partial y}+\frac{\partial f}{\partial v}\cdot\frac{\partial v}{\partial y}.$$

本节中所得复合函数求偏导公式均称为**链式法则**.

定理 15.9 可推广到一般的多元复合函数:

$$F(x_1,x_2,\cdots,x_n)=f(\phi_1(x_1,x_2,\cdots,x_n),\phi_2(x_1,x_2,\cdots,x_n),\cdots,\phi_m(x_1,x_2,\cdots,x_n))$$

当内函数 $u_j=\phi_j(x_1,x_2,\cdots,x_n)$ 可微(可偏导),外函数 f 可微时,复合函数也可微(可偏导),并且成立公式:

$$\frac{\partial F}{\partial x_i}=\sum_{j=1}^m\frac{\partial f}{\partial u_j}\cdot\frac{\partial u_j}{\partial x_i},i=1,2,\cdots,n.$$

注意,在上述诸定理中,对外函数的条件是可微,否则求导公式一般是不成立的.

例 15.11 设 $z=(x^2+y^2)^{xy},(x,y)\in\mathbf{R}^2$,求 z_x,z_y.

解 函数 $z=(x^2+y^2)^{xy}$ 是由外函数 $z=u^v$ 和内函数 $u=x^2+y^2,v=xy$ 复合而成,并且内外函数均可微,因此由复合函数链式法则得

$$z_x=z_uu_x+z_vv_x=vu^{v-1}\cdot 2x+u^v\ln u\cdot y$$
$$=(x^2+y^2)^{xy}\left[\frac{2x^2y}{x^2+y^2}+y\ln(x^2+y^2)\right].$$

同法可求得 $z_y=(x^2+y^2)^{xy}\left[\frac{2xy^2}{x^2+y^2}+x\ln(x^2+y^2)\right].$ □

例 15.12 设 $u=u(x,y)$ 可微,证明:在极坐标变换 $T:\begin{cases}x=r\cos\theta\\y=r\sin\theta\end{cases}$ 下,成立等式

$$\left(\frac{\partial u}{\partial r}\right)^2+\frac{1}{r^2}\left(\frac{\partial u}{\partial \theta}\right)^2=\left(\frac{\partial u}{\partial x}\right)^2+\left(\frac{\partial u}{\partial y}\right)^2.$$

证　在极坐标变换下，$u=u(r\cos\theta,r\sin\theta)$是$r,\theta$的可微函数，并且

$$\frac{\partial u}{\partial r}=\frac{\partial u}{\partial x}\cdot\frac{\partial x}{\partial r}+\frac{\partial u}{\partial y}\cdot\frac{\partial y}{\partial r}=\frac{\partial u}{\partial x}\cdot\cos\theta+\frac{\partial u}{\partial y}\cdot\sin\theta,$$

$$\frac{\partial u}{\partial \theta}=\frac{\partial u}{\partial x}\cdot\frac{\partial x}{\partial \theta}+\frac{\partial u}{\partial y}\cdot\frac{\partial y}{\partial \theta}=-\frac{\partial u}{\partial x}\cdot r\sin\theta+\frac{\partial u}{\partial y}\cdot r\cos\theta,$$

于是就有

$$\left(\frac{\partial u}{\partial r}\right)^2+\frac{1}{r^2}\left(\frac{\partial u}{\partial \theta}\right)^2=\left(\frac{\partial u}{\partial x}\cdot\cos\theta+\frac{\partial u}{\partial y}\cdot\sin\theta\right)^2+\left(-\frac{\partial u}{\partial x}\cdot\sin\theta+\frac{\partial u}{\partial y}\cdot\cos\theta\right)^2$$

$$=\left(\frac{\partial u}{\partial x}\right)^2+\left(\frac{\partial u}{\partial y}\right)^2.\qquad\qquad \square$$

例 15.13　已知函数 $f(u,v)$ 可微，求三元函数 $w=f\left(\dfrac{x}{y},\dfrac{y}{z}\right)$ 的偏导数 w_x,w_y,w_z.

解　三元函数 $w=f\left(\dfrac{x}{y},\dfrac{y}{z}\right)$ 由外函数 $w=f(u,v)$ 和内函数 $u=\dfrac{x}{y}$，$v=\dfrac{y}{z}$ 复合而成，因此，

$$w_x=f_u u_x+f_v v_x=\frac{1}{y}f_u\left(\frac{x}{y},\frac{y}{z}\right),$$

$$w_y=f_u u_y+f_v v_y=-\frac{x}{y^2}f_u\left(\frac{x}{y},\frac{y}{z}\right)+\frac{1}{z}f_v\left(\frac{x}{y},\frac{y}{z}\right),$$

$$w_z=f_u u_z+f_v v_z=-\frac{y}{z^2}f_v\left(\frac{x}{y},\frac{y}{z}\right).\qquad\qquad \square$$

注　在此例的解答中，也可将 $f_u\left(\dfrac{x}{y},\dfrac{y}{z}\right)$ 写成 $f_1\left(\dfrac{x}{y},\dfrac{y}{z}\right)$，表示外函数是对第一个变量的偏导数. 同样，用 $f_2\left(\dfrac{x}{y},\dfrac{y}{z}\right)$，表示外函数是对第二个变量的偏导数 $f_v\left(\dfrac{x}{y},\dfrac{y}{z}\right)$.

上述复合函数可微性的定理，有一个重要推论，就是所谓**一阶全微分形式不变性**：复合函数 $z=F(x,y)=f(\phi(x,y),\psi(x,y))$ 的全微分与外函数 $z=f(u,v)$ 的全微分相等. 事实上，复合函数的全微分为

$$dz=\frac{\partial F}{\partial x}dx+\frac{\partial F}{\partial y}dy$$

$$=\left(\frac{\partial f}{\partial u}\cdot\frac{\partial u}{\partial x}+\frac{\partial f}{\partial v}\cdot\frac{\partial v}{\partial x}\right)dx+\left(\frac{\partial f}{\partial u}\cdot\frac{\partial u}{\partial y}+\frac{\partial f}{\partial v}\cdot\frac{\partial v}{\partial y}\right)dy$$

$$=\frac{\partial f}{\partial u}\left(\frac{\partial u}{\partial x}dx+\frac{\partial u}{\partial y}dy\right)+\frac{\partial f}{\partial v}\left(\frac{\partial v}{\partial x}dx+\frac{\partial v}{\partial y}dy\right)$$

$$=\frac{\partial f}{\partial u}du+\frac{\partial f}{\partial v}dv$$

$$=dz.$$

正因如此，在计算较复杂函数的偏导数或全微分时，根据一阶微分形式不变性，可将上

述过程倒过来计算：先计算外函数的全微分，再计算内函数的全微分.

例 15.13 另解　根据一阶微分形式不变性有

$$\mathrm{d}w = \frac{\partial f}{\partial u}\mathrm{d}u + \frac{\partial f}{\partial v}\mathrm{d}v$$

$$= \frac{\partial f}{\partial u}(u_x\mathrm{d}x + u_y\mathrm{d}y + u_z\mathrm{d}z) + \frac{\partial f}{\partial v}(v_x\mathrm{d}x + v_y\mathrm{d}y + v_z\mathrm{d}z)$$

$$= \left(\frac{\partial f}{\partial u}u_x + \frac{\partial f}{\partial v}v_x\right)\mathrm{d}x + \left(\frac{\partial f}{\partial u}u_y + \frac{\partial f}{\partial v}v_y\right)\mathrm{d}y + \left(\frac{\partial f}{\partial u}u_z + \frac{\partial f}{\partial v}v_z\right)\mathrm{d}z.$$

于是有

$$w_x = f_u u_x + f_v v_x = \frac{1}{y}f_u\left(\frac{x}{y}, \frac{y}{z}\right),$$

$$w_y = f_u u_y + f_v v_y = -\frac{x}{y^2}f_u\left(\frac{x}{y}, \frac{y}{z}\right) + \frac{1}{z}f_v\left(\frac{x}{y}, \frac{y}{z}\right),$$

$$w_z = f_u u_z + f_v v_z = -\frac{y}{z^2}f_v\left(\frac{x}{y}, \frac{y}{z}\right). \qquad □$$

习题 15.3

1. 求下列复合函数的导数或偏导数.

(1) $z = \left(\dfrac{y}{x}\right)^{\frac{x}{z}}$，求 $\dfrac{\partial z}{\partial x}, \dfrac{\partial z}{\partial y}$.

(2) $z = f(x^2 + y^2)$，求 $\dfrac{\partial z}{\partial x}, \dfrac{\partial z}{\partial y}$.

(3) $z = f(\sin t, \cos t)$，求 $\dfrac{\mathrm{d}z}{\mathrm{d}t}$.

(4) $z = f(x^2 + y^2, x^2 - y^2, 2xy)$，求 $\dfrac{\partial z}{\partial x}, \dfrac{\partial z}{\partial y}$.

2. 若函数 f 可微，证明：

(1) 函数 $z = xf\left(\dfrac{y}{x^2}\right)$ 满足方程 $x\dfrac{\partial z}{\partial x} + 2y\dfrac{\partial z}{\partial y} = z$.

(2) 函数 $u = yf(x^2 - y^2)$ 满足方程 $y^2\dfrac{\partial u}{\partial x} + xy\dfrac{\partial u}{\partial y} = xu$.

3. 函数 f 可微，证明函数 $w = xf\left(\dfrac{y}{x^2}, \dfrac{z}{x^3}\right)$ 满足方程 $x\dfrac{\partial w}{\partial x} + 2y\dfrac{\partial w}{\partial y} + 3z\dfrac{\partial w}{\partial z} = w$.

§15.4　方向导数与梯度

本节内容是对偏导数的补充. 我们知道，按照定义，偏导数实际上是多元函数在坐标轴方向上的变化率. 于是，也就可以考虑在其他方向上的变化率，此即所谓方向导数.

定义 15.3　设 l 为从点 P_0 出发具有指定方向 $\vec{l}$ 的射线，函数 $w = f(P)$ 在点 P_0 的某邻域

$U(P_0)$ 内沿射线 l 有定义. 若极限

$$\lim_{\substack{P\to P_0 \\ P\in l}} \frac{f(P)-f(P_0)}{\mathrm{d}(P_0,P)}$$

存在,则称此极限为函数 f 沿方向 $\vec{l}$ 的**方向导数**,记作

$$\left.\frac{\partial f}{\partial \vec{l}}\right|_{P_0} \quad \text{或} \quad f_{\vec{l}}(P_0).\qquad\square$$

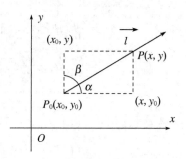

图 15.3

按定义,对二元函数 $f(x,y)$,若在点 $P_0(x_0,y_0)$ 处可偏导,则沿 x 轴正方向 $\vec{l}=\{1,0\}$ 的方向导数等于关于 x 的偏导数:$f_{\{1,0\}}(x_0,y_0)=f_x(x_0,y_0)$;沿 x 轴负方向 $\vec{l}=\{-1,0\}$ 的方向导数等于关于 x 的偏导数的相反数:$f_{\{-1,0\}}(x_0,y_0)=-f_x(x_0,y_0)$.

对可微函数,方向导数与偏导数有十分紧密的关系.

定理 15.10 若函数 $f(x,y)$ 在点 $P_0(x_0,y_0)$ 处可微,则函数 f 沿任何方向 $\vec{l}$ 的方向导数都存在,并且

$$f_{\vec{l}}(P_0)=f_x(P_0)\cos\alpha+f_y(P_0)\cos\beta,\qquad(15.11)$$

其中,$\cos\alpha$ 和 $\cos\beta$ 是方向 $\vec{l}$ 的方向余弦.

注 这里 α,β 叫作方向 $\vec{l}$ 的**方向角**,分别是方向 $\vec{l}$ 与 x 轴和 y 轴正向之间的夹角. 如图 15.3 所示.

证 由于函数 $f(x,y)$ 在点 $P_0(x_0,y_0)$ 处可微,

$$f(x,y)-f(x_0,y_0)=f_x(x_0,y_0)(x-x_0)+f_y(x_0,y_0)(y-y_0)+o(\rho),$$

这里 $\rho=\sqrt{(x-x_0)^2+(y-y_0)^2}$. 于是对任一点 $P(x,y)$,$\mathrm{d}(P_0,P)=\rho$,当 $\overrightarrow{P_0P}=\vec{l}$ 时有

$$\frac{f(P)-f(P_0)}{\mathrm{d}(P_0,P)}=f_x(x_0,y_0)\frac{x-x_0}{\rho}+f_y(x_0,y_0)\frac{y-y_0}{\rho}+\frac{o(\rho)}{\rho}$$

$$=f_x(x_0,y_0)\cos\alpha+f_y(x_0,y_0)\cos\beta+\frac{o(\rho)}{\rho}.$$

由定义即知函数 f 沿方向 $\vec{l}$ 的方向导数存在,并且由式(15.11)确定. $\qquad\square$

注 定理 15.10 对一般多元函数都成立.

例如,若三元函数 $f(x,y,z)$ 在点 $P_0(x_0,y_0,z_0)$ 处可微,则函数 f 沿任何方向 $\vec{l}$ 的方向导数都存在,并且

$$f_{\vec{l}}(P_0)=f_x(P_0)\cos\alpha+f_y(P_0)\cos\beta+f_z(P_0)\cos\gamma,\qquad(15.12)$$

其中,$\cos\alpha,\cos\beta$ 和 $\cos\gamma$ 是方向 $\vec{l}$ 的方向余弦.

由式(15.11)知,

$$f_{\vec{l}}(P_0)=\{f_x(P_0),f_y(P_0)\}\cdot\{\cos\alpha,\cos\beta\}$$
$$=\{f_x(P_0),f_y(P_0)\}\cdot\vec{l}_0.$$

现在记 $\operatorname{grad} f(P_0)=\{f_x(P_0),f_y(P_0)\}$,则

$$f_{\vec{l}}(P_0) = \operatorname{grad} f(P_0) \cdot \vec{l}_0 = |\operatorname{grad} f(P_0)| \cos \theta.$$

这里,θ 是向量 $\operatorname{grad} f(P_0)$ 与 $\vec{l}_0$ 之间的夹角. 上式表明,当 $\vec{l}_0$ 与 $\operatorname{grad} f(P_0)$ 同向时,方向导数最大,最大值为 $|\operatorname{grad} f(P_0)|$. 这说明,函数在可微点 P_0 处沿方向 $\operatorname{grad} f(P_0)$ 增长最快. 正因如此,方向 $\operatorname{grad} f(P_0) = \{f_x(P_0), f_y(P_0)\}$ 非常重要而被给予专有名词"**梯度**". 对三元函数 $f(x, y, z)$,其在点 $P_0(x_0, y_0, z_0)$ 处的梯度为

$$\operatorname{grad} f(P_0) = \{f_x(P_0), f_y(P_0), f_z(P_0)\}.$$

例 15.14 求函数 $f(x, y, z) = x^2 y^2 + z^2$ 在点 $P_0\left(\frac{1}{2}, \frac{1}{2}, \frac{1}{\sqrt{2}}\right)$ 处沿方向 $\vec{l} = \{3, 4, 5\}$ 的方向导数和梯度.

解 先确定方向 $\vec{l}$ 的方向余弦:首先方向 $\vec{l}$ 的长度为

$$|\vec{l}| = \sqrt{3^2 + 4^2 + 5^2} = 5\sqrt{2}.$$

于是各方向余弦为 $\cos\alpha = \frac{3}{5\sqrt{2}}, \cos\beta = \frac{4}{5\sqrt{2}}, \cos\gamma = \frac{5}{5\sqrt{2}} = \frac{1}{\sqrt{2}}.$

又函数 $f(x, y, z) = x^2 y^2 + z^2$ 在点 $P_0\left(\frac{1}{2}, \frac{1}{2}, \frac{1}{\sqrt{2}}\right)$ 处的各偏导数为

$$f_x(P_0) = 2xy^2 |_{P_0} = \frac{1}{4}, f_y(P_0) = 2x^2 y|_{P_0} = \frac{1}{4}, f_z(P_0) = 2z|_{P_0} = \sqrt{2}.$$

于是,所求梯度为 $\operatorname{grad} f(P_0) = \left\{\frac{1}{4}, \frac{1}{4}, \sqrt{2}\right\}$,所求方向导数为

$$f_{\vec{l}}(P_0) = \frac{1}{4} \cdot \frac{3}{5\sqrt{2}} + \frac{1}{4} \cdot \frac{4}{5\sqrt{2}} + \sqrt{2} \cdot \frac{1}{\sqrt{2}} = \frac{7}{20\sqrt{2}} + 1. \qquad \square$$

对指定的方向 $\vec{l}$,若函数 f 在任一点 $P \in D$ 处都有方向导数 $f_{\vec{l}}(P)$,则对应 $P \mapsto f_{\vec{l}}(P)$ 所确定的函数仍然称为方向导(函)数并且记为 $f_{\vec{l}}$;关于梯度,由对应 $P \mapsto \operatorname{grad} f(P)$ 所确定的(向量)函数仍称为梯度并且记为 $\operatorname{grad} f$.

例 15.15 设 $r = \sqrt{x^2 + y^2 + z^2}$,证明当 $(x, y, z) \neq (0, 0, 0)$ 时有

$$\operatorname{grad} r = -r^2 \cdot \operatorname{grad} \frac{1}{r}.$$

证 当 $(x, y, z) \neq (0, 0, 0)$ 时,

$$r_x = \frac{x}{\sqrt{x^2 + y^2 + z^2}} = \frac{x}{r}, r_y = \frac{y}{\sqrt{x^2 + y^2 + z^2}} = \frac{y}{r}, r_z = \frac{z}{\sqrt{x^2 + y^2 + z^2}} = \frac{z}{r},$$

因此,

$$\operatorname{grad} r = \left\{\frac{x}{r}, \frac{y}{r}, \frac{z}{r}\right\} = \frac{1}{r}\{x, y, z\}.$$

又由 $\left(\frac{1}{r}\right)_x = -\frac{r_x}{r^2} = -\frac{x}{r^3}, \left(\frac{1}{r}\right)_y = -\frac{r_y}{r^2} = -\frac{y}{r^3}, \left(\frac{1}{r}\right)_z = -\frac{r_z}{r^2} = -\frac{z}{r^3}$,知

$$\operatorname{grad} \frac{1}{r} = \left\{-\frac{x}{r^3}, -\frac{y}{r^3}, -\frac{z}{r^3}\right\} = -\frac{1}{r^3}\{x, y, z\} = -\frac{1}{r^2} \cdot \operatorname{grad} r.$$

于是得 $\operatorname{grad} r = -r^2 \cdot \operatorname{grad} \dfrac{1}{r}$. $\qquad\qquad\qquad\qquad\qquad\qquad\qquad$ □

习题 15.4

1. 求函数 $z = x^2 - y^2$ 在点 $P(1,1)$ 处沿与 x 轴正向夹角为 $60°$ 的方向 $\vec{l}$ 的方向导数.

2. 求函数 $u = xy^2 + z^3 - xyz$ 在点 $P(1,1,2)$ 处沿方向 $\overrightarrow{PQ}$ 的方向导数,其中 $Q(2, 1+\sqrt{2}, 3)$.

3. 设函数 $u = \dfrac{1}{r}$,其中 $r = \sqrt{x^2 + y^2 + z^2}$. 求该函数在点 $P_0(x_0, y_0, z_0) \neq O(0,0,0)$ 处的梯度及梯度模.

§15.5 高阶偏导数

二元函数 $z = f(x, y)$ 的偏导函数 $f_x(x, y)$、$f_y(x, y)$ 仍然是 x, y 的二元函数,因此可以继续考虑偏导数 $f_x(x, y)$、$f_y(x, y)$ 的偏导数. 如果存在,自然称为二阶偏导数. 二元函数 $z = f(x, y)$ 的二阶偏导数有如下四种形式:

$$\frac{\partial}{\partial x}\left(\frac{\partial z}{\partial x}\right) = \frac{\partial^2 z}{\partial x^2} = z_{xx} = z_{x^2};$$

$$\frac{\partial}{\partial y}\left(\frac{\partial z}{\partial x}\right) = \frac{\partial^2 z}{\partial x \partial y} = z_{xy};$$

$$\frac{\partial}{\partial x}\left(\frac{\partial z}{\partial y}\right) = \frac{\partial^2 z}{\partial y \partial x} = z_{yx};$$

$$\frac{\partial}{\partial y}\left(\frac{\partial z}{\partial y}\right) = \frac{\partial^2 z}{\partial y^2} = z_{yy} = z_{y^2}.$$

当然,四种二阶偏导数表达式中表示函数的字母 z 也可换成 f. 由于偏导数实际上就是导数,故存在二阶偏导数不存在的二元函数. 在有二阶偏导数的基础上,可进一步考虑三阶偏导数. 二元函数共有八种三阶偏导数:

$$\frac{\partial}{\partial x}\left(\frac{\partial^2 z}{\partial x^2}\right) = \frac{\partial^3 z}{\partial x^3} = z_{xxx} = z_{x^3};$$

$$\frac{\partial}{\partial y}\left(\frac{\partial^2 z}{\partial x^2}\right) = \frac{\partial^3 z}{\partial x^2 \partial y} = z_{xxy} = z_{x^2 y};$$

$$\frac{\partial}{\partial x}\left(\frac{\partial^2 z}{\partial x \partial y}\right) = \frac{\partial^3 z}{\partial x \partial y \partial x} = z_{xyx};$$

$$\frac{\partial}{\partial y}\left(\frac{\partial^2 z}{\partial x \partial y}\right) = \frac{\partial^3 z}{\partial x \partial y^2} = z_{xyy} = z_{xy^2};$$

类似地,还有 $z_{y^3}, z_{y^2 x}, z_{yxy}, z_{yx^2}$.

例 15.16 计算函数 $z=\sin(x^2+y)$ 的所有二阶偏导数和三阶偏导数 z_{xyx}，z_{x^2y}，z_{yx^2}．

解 先求一阶偏导数，得 $z_x=2x\cos(x^2+y)$，$z_y=\cos(x^2+y)$．于是二阶偏导数为

$$z_{xx}=2\cos(x^2+y)-4x^2\sin(x^2+y),\qquad z_{xy}=-2x\sin(x^2+y),$$

$$z_{yx}=-2x\sin(x^2+y),\qquad z_{yy}=-\sin(x^2+y).$$

再求三阶偏导数 z_{xyx}，z_{x^2y}，z_{yx^2}：

$$z_{xyx}=(z_{xy})_x=-2\sin(x^2+y)-4x^2\cos(x^2+y),$$

$$z_{x^2y}=(z_{x^2})_y=-2\sin(x^2+y)-4x^2\cos(x^2+y),$$

$$z_{yx^2}=(z_{yx})_x=-2\sin(x^2+y)-4x^2\cos(x^2+y).$$

在上述例子中，我们看到有等式：

$$z_{xy}=z_{yx},\quad z_{xyx}=z_{x^2y}=z_{yx^2}.$$

这个等式，在很多具体的例子计算时好像都是成立的，也即既有关于 x 也有关于 y 的高阶偏导数似乎与求偏导顺序无关．然而，下面例 15.17 说明，这样的结论一般不成立．以下，我们将关于两个或更多个不同自变量的高阶偏导数，如 z_{xy}，z_{yx}，z_{xyx}，z_{x^2y} 等，称为**混合偏导数**．

例 15.17 计算函数

$$f(x,y)=\begin{cases}xy\dfrac{x^2-y^2}{x^2+y^2}, & (x,y)\neq(0,0)\\ 0, & (x,y)=(0,0)\end{cases}$$

在原点 $O(0,0)$ 处的二阶混合偏导数 $f_{xy}(0,0)$，$f_{yx}(0,0)$．

解 一阶偏导数为

$$f_x(x,y)=\begin{cases}y\dfrac{x^4+4x^2y^2-y^4}{(x^2+y^2)^2}, & (x,y)\neq(0,0)\\ 0, & (x,y)=(0,0)\end{cases},$$

$$f_y(x,y)=\begin{cases}x\dfrac{x^4-4x^2y^2-y^4}{(x^2+y^2)^2}, & (x,y)\neq(0,0)\\ 0, & (x,y)=(0,0)\end{cases}.$$

于是，二阶混合偏导数 $f_{xy}(0,0)$，$f_{yx}(0,0)$ 按定义计算为

$$f_{xy}(0,0)=\lim_{y\to0}\frac{f_x(0,y)-f_x(0,0)}{y-0}=\lim_{y\to0}\frac{-y}{y}=-1,$$

$$f_{yx}(0,0)=\lim_{x\to0}\frac{f_y(x,0)-f_y(0,0)}{x-0}=\lim_{x\to0}\frac{x}{x}=1.$$

于是，我们需要合适的使得混合偏导数与求偏导的顺序无关的条件．如下结论给出了一个充分条件．

定理 15.11 若函数 $z=f(x,y)$ 的二阶混合偏导函数 $z_{xy}(x,y)$，$z_{yx}(x,y)$ 在点 $P_0(x_0,y_0)$ 处连续，则 $z_{xy}(x_0,y_0)=z_{yx}(x_0,y_0)$．

证 作辅助函数

$$F(x,y)=f(x,y)-f(x_0,y)-f(x,y_0)+f(x_0,y_0).$$

固定 x,置 $\psi(y)=f(x,y)-f(x_0,y)$,则 $F(x,y)=\psi(y)-\psi(y_0)$. 由于函数 $z=f(x,y)$ 关于 y 可偏导,函数 $\psi(y)$ 可导,从而可用拉格朗日中值定理有

$$F(x,y)=\psi(y)-\psi(y_0)$$
$$=\psi'(\xi_1)(y-y_0) \qquad [\xi_1=y_0+\theta_1(y-y_0),0<\theta_1<1]$$
$$=[f_y(x,\xi_1)-f_y(x_0,\xi_1)](y-y_0).$$

现在,对固定的 y,考虑关于 x 的一元函数 $f_y(x,y)$. 因其关于 x 可导而可应用拉格朗日中值定理,于是有 $f_y(x,\xi_1)-f_y(x_0,\xi_1)=f_{yx}(\eta_1,\xi_1)(x-x_0)$,其中 $\eta_1=x_0+\lambda_1(x-x_0)$, $(0<\lambda_1<1)$. 于是,我们得到

$$F(x,y)=f_{yx}(\eta_1,\xi_1)(x-x_0)(y-y_0).$$

在上述过程中,交换 x 和 y 的次序,则可得

$$F(x,y)=f_{xy}(\eta_2,\xi_2)(x-x_0)(y-y_0),$$

其中,$\eta_2=x_0+\lambda_2(x-x_0)(0<\lambda_2<1),\xi_2=y_0+\theta_2(y-y_0)(0<\theta_2<1)$.

于是,当 $(x-x_0)(y-y_0)\neq0$ 时就有

$$f_{yx}(\eta_1,\xi_1)=f_{xy}(\eta_2,\xi_2).$$

由于二阶混合偏导数在点 (x_0,y_0) 处连续,在上式中令 $(x,y)\to(x_0,y_0)$,即得

$$f_{yx}(x_0,y_0)=f_{xy}(x_0,y_0). \qquad\qquad \square$$

注 定理 15.11 不仅对更高阶的混合偏导数依然成立,而且对三元函数或更多元函数及更高阶混合偏导数都成立:例如,若函数 $z=f(x,y)$ 的三阶混合偏导函数 $z_{xyx}(x,y)$, $z_{yx^2}(x,y)$ 在点 $P_0(x_0,y_0)$ 处连续,则 $z_{xyx}(x_0,y_0)=z_{yx^2}(x_0,y_0)$. 又若函数 $w=f(x,y,z)$ 的四阶混合偏导数 $w_{xyxz}(x,y,z),w_{zyx^2}(x,y,z)$ 在点 $P_0(x_0,y_0,z_0)$ 处连续,则

$$w_{xyxz}(x_0,y_0,z_0)=w_{zyx^2}(x_0,y_0,z_0).$$

今后,除非特别指出,所涉及的混合偏导数都假设连续而不再特别说明. 于是,本书中从现在开始出现的混合偏导数,除非特别指出,都与求导次序无关.

习题 15.5

1. 求下列函数的所有二阶偏导数:

(1) $z=x^4+y^5-4x^2y^3$,　　　　　(2) $z=\dfrac{x}{\sqrt{x^2+y^2}}$,

(3) $z=x\sin(x+y)$,　　　　　　(4) $z=x^y$.

2. 求下列复合函数的一阶和二阶偏导数:

(1) $z=f(x^2+y^2)$,　　　　　　(2) $z=f(x,xy)$.

3. 证明函数 $z=\ln\sqrt{(x-1)^2+(y-2)^2}$ 满足拉普拉斯方程 $\dfrac{\partial^2 z}{\partial x^2}+\dfrac{\partial^2 z}{\partial y^2}=0$.

§15.6　多元函数中值定理与泰勒公式

多元函数也有与一元函数类似的拉格朗日中值定理和泰勒公式,只是形式稍复杂一些.以下,对平面或空间中的两点 P,Q,我们用 $\overline{PQ}$ 表示连接两点 P,Q 的闭线段,用 (PQ) 表示连接两点 P,Q 的开线段,即线段 $\overline{PQ}$ 去除两端点 P,Q: $(PQ)=\overline{PQ}\setminus\{P,Q\}$.

定理 15.12　设二元函数 $z=f(x,y)$ 在区域 D 连续,于 D 内部 $\mathrm{int}(D)$ 可微,则对 D 中任何两点 $P_0(x_0,y_0)$,$P(x,y)$,当 $(\overline{P_0P})\subset\mathrm{int}(D)$ 时,存在点 $\Omega(\eta,\xi)\in(\overline{P_0P})$ 使得

$$f(x,y)-f(x_0,y_0)=f_x(\eta,\xi)(x-x_0)+f_y(\eta,\xi)(y-y_0).$$

证　对给定的点 $P_0(x_0,y_0)$,$P(x,y)$,作辅助函数

$$\phi(t)=f(x_0+t(x-x_0),y_0+t(y-y_0)),t\in[0,1].$$

则按定理假设,函数 $\phi(t)$ 于闭区间 $[0,1]$ 连续,于开区间 $(0,1)$ 可导,于是可用拉格朗日中值定理而知存在某 $t_0\in(0,1)$ 使得

$$\phi(1)-\phi(0)=\phi'(t_0).$$

由于

$$\begin{aligned}\phi'(t)=&f_x(x_0+t(x-x_0),y_0+t(y-y_0))(x-x_0)+\\&f_y(x_0+t(x-x_0),y_0+t(y-y_0))(y-y_0),\end{aligned}$$

若取点 $\Omega(x_0+t_0(x-x_0),y_0+t_0(y-y_0))$ 即有所要证明之结论.　　　□

推论 15.3　若二元函数 $z=f(x,y)$ 在区域 D 上有偏导函数,并且

$$f_x\equiv0,f_y\equiv0,$$

则函数 $z=f(x,y)$ 在区域 D 上为常值函数.　　　□

注　有些区域,如圆盘,连接其中任何两点的开线段必含于该区域的内部.这样的区域称为**严格凸区域**.

如果函数 f 在区域 D 上具有更高阶的连续偏导函数,则有如下的泰勒定理.

定理 15.13　设二元函数 $z=f(x,y)$ 在开区域 D 内具有 $n+1$ 阶连续偏导数,则对 D 中任何两点 $P_0(x_0,y_0)$,$P(x,y)$,当 $\overline{P_0P}\subset D$ 时,存在点 $\Omega(\eta,\xi)\in(\overline{P_0P})$ 使得

$$\begin{aligned}f(x,y)=&f(x_0,y_0)+\sum_{m=1}^{n}\frac{1}{m!}\left[(x-x_0)\frac{\partial}{\partial x}+(y-y_0)\frac{\partial}{\partial y}\right]^m f(x_0,y_0)+\\&\frac{1}{(n+1)!}\left[(x-x_0)\frac{\partial}{\partial x}+(y-y_0)\frac{\partial}{\partial y}\right]^{n+1}f(\eta,\xi).\end{aligned}\tag{15.13}$$

这里

$$\left[(x-x_0)\frac{\partial}{\partial x}+(y-y_0)\frac{\partial}{\partial y}\right]^m f(x_0,y_0)=\sum_{i=0}^{m}C_m^i\frac{\partial^m f(x_0,y_0)}{\partial x^i\partial y^{m-i}}(x-x_0)^i(y-y_0)^{m-i}.$$

注　式(15.13)叫作函数 $z=f(x,y)$ 在点 $P_0(x_0,y_0)$ 处的**带拉格朗日型余项的 n 阶泰勒公式**.

证　与定理 15.12 证明相同,对任意给定的点 $P(x,y)$,考虑函数

$$\phi(t)=f(x_0+t(x-x_0),y_0+t(y-y_0)),t\in[0,1].$$

由于函数 $z=f(x,y)$ 具有直到 $n+1$ 阶连续偏导数,函数 $\phi(t)$ 有 $n+1$ 阶连续导数,从而由一元函数的带拉格朗日型余项的泰勒公式知

$$\phi(1)=\sum_{m=0}^{n}\frac{\phi^{(m)}(0)}{m!}+\frac{\phi^{(n+1)}(\theta)}{(n+1)!},0<\theta<1.$$

应用复合函数求导法则,直接计算可有

$$\phi^{(m)}(t)=\sum_{i=0}^{m}C_m^i\frac{\partial^m f(x,y)}{\partial x^i\partial y^{m-i}}\Bigg|_{\substack{x=x_0+t(x-x_0)\\y=y_0+t(y-y_0)}}\cdot(x-x_0)^i(y-y_0)^{m-i}$$

$$=\left[(x-x_0)\frac{\partial}{\partial x}+(y-y_0)\frac{\partial}{\partial y}\right]^m f[x_0+t(x-x_0),y_0+t(y-y_0)].$$

因此,

$$\phi^{(m)}(0)=\left[(x-x_0)\frac{\partial}{\partial x}+(y-y_0)\frac{\partial}{\partial y}\right]^m f(x_0,y_0).$$

从而式(15.13)对 $\Omega(\eta,\xi)=\Omega(x_0+\theta(x-x_0),y_0+\theta(y-y_0))$ 成立. □

推论 15.4　设二元函数 $z=f(x,y)$ 在点 $P_0(x_0,y_0)$ 的某邻域 $U(P_0)$ 内具有直到 n 阶连续偏导数,则当 $\rho=\sqrt{(x-x_0)^2+(y-y_0)^2}\to0$ 时有

$$f(x,y)=f(x_0,y_0)+\sum_{m=1}^{n}\frac{1}{m!}\left[(x-x_0)\frac{\partial}{\partial x}+(y-y_0)\frac{\partial}{\partial y}\right]^m f(x_0,y_0)+o(\rho^n).$$

$$(15.14)$$

式(15.14)称为函数 $z=f(x,y)$ 在点 $P_0(x_0,y_0)$ 处的**带佩亚诺型余项的 n 阶泰勒公式**.

证　由定理 15.13,开线段 $\overline{(P_0P)}$ 上存在一点 $\Omega(\eta,\xi)$ 使得

$$f(x,y)=f(x_0,y_0)+\sum_{m=1}^{n-1}\frac{1}{m!}\left[(x-x_0)\frac{\partial}{\partial x}+(y-y_0)\frac{\partial}{\partial y}\right]^m f(x_0,y_0)+$$

$$\frac{1}{n!}\left[(x-x_0)\frac{\partial}{\partial x}+(y-y_0)\frac{\partial}{\partial y}\right]^n f(\eta,\xi).$$

因此

$$\Delta=f(x,y)-\left\{f(x_0,y_0)+\sum_{m=1}^{n}\frac{1}{m!}\left[(x-x_0)\frac{\partial}{\partial x}+(y-y_0)\frac{\partial}{\partial y}\right]^m f(x_0,y_0)\right\}$$

$$=\frac{1}{n!}\left[(x-x_0)\frac{\partial}{\partial x}+(y-y_0)\frac{\partial}{\partial y}\right]^n f(\eta,\xi)$$

$$-\frac{1}{n!}\left[(x-x_0)\frac{\partial}{\partial x}+(y-y_0)\frac{\partial}{\partial y}\right]^n f(x_0,y_0)$$

$$=\frac{1}{n!}\sum_{i=0}^{n}C_n^i\left[\frac{\partial^n f(\eta,\xi)}{\partial x^i\partial y^{n-i}}-\frac{\partial^n f(x_0,y_0)}{\partial x^i\partial y^{n-i}}\right](x-x_0)^i(y-y_0)^{n-i}.$$

于是,当 $\rho\to0$ 时,由于 $(\eta,\xi)\to(x_0,y_0)$ 和 n 阶偏导数的连续性,有

$$\left|\frac{\Delta}{\rho^n}\right| = \frac{1}{n!}\left|\sum_{i=0}^{n} C_n^i \left[\frac{\partial^n f(\eta,\xi)}{\partial x^i \partial y^{n-i}} - \frac{\partial^n f(x_0,y_0)}{\partial x^i \partial y^{n-i}}\right]\left(\frac{x-x_0}{\rho}\right)^i \left(\frac{y-y_0}{\rho}\right)^{n-i}\right|$$

$$\leqslant \frac{1}{n!}\sum_{i=0}^{n} C_n^i \left|\frac{\partial^n f(\eta,\xi)}{\partial x^i \partial y^{n-i}} - \frac{\partial^n f(x_0,y_0)}{\partial x^i \partial y^{n-i}}\right| \to 0.$$

这就证明了式(15.14).　　　　　　　　　　　　　　　　　　　　　　　　□

习题 15.6

给出下列函数在指定点处的泰勒展开式：

(1) $z = x^y$ 于点 $(1,1)$, 到二阶为止；

(2) $z = \dfrac{\cos x}{\cos y}$ 于点 $(0,0)$, 到二阶为止；

(3) $z = \sqrt{1-x^2-y^2}$ 于点 $(0,0)$, 到四阶为止.

§15.7　多元函数极值

与一元函数一样,多元函数也有极值,其定义与一元函数的极值是类似的.

定义 15.4　若二元函数 f 在点 $P_0(x_0,y_0)$ 的某邻域 $U(P_0)$ 有定义,并且对任何 $P(x,y)\in U(P_0)$ 都有

$$f(P)\geqslant f(P_0) \quad (f(P)\leqslant f(P_0)),$$

则称点 $P_0(x_0,y_0)$ 是函数 f 的**极小值点(极大值点)**.　　□

注意,根据上述定义,多元函数的极值点一定是函数定义域的内点.

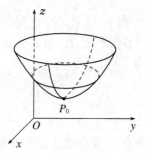

图 15.4

例 15.18　函数 x^2+y^2, $|x|+|y|$ 以原点 $O(0,0)$ 为极小值点；函数 $\sqrt{1-x^2-y^2}$ 以原点 $O(0,0)$ 为极大值点；函数 x^2-y^2, xy 则不以原点 $O(0,0)$ 为极值点.　　　　　　　　　　　　□

根据定义,若点 $P_0(x_0,y_0)$ 是函数 f 的极值点,则 x_0 是一元函数 $f(x,y_0)$ 的极值点,y_0 是一元函数 $f(x_0,y)$ 的极值点. 于是根据一元函数极值点的费马定理即得如下极值点的必要条件.

定理 15.14(极值必要条件)　多元函数 f 在其极值点处或者不可偏导,或者偏导数为 0.　　　　　　　　　　　　　　　　　　　　　　　　　　　　　　　□

上述例子表明,两种情况都可能出现. 与一元函数类似,我们把二元函数 $f(x,y)$ 两个偏导数 $f_x(x_0,y_0)$, $f_y(x_0,y_0)$ 都为 0 的点 $P_0(x_0,y_0)$ 称为**稳定点**. 然而稳定点并不一定是极值点. 因此,需要寻求稳定点为极值点的充分条件.

为叙述结论,对具有二阶偏导数的二元函数 f,我们引入 2×2 矩阵

$$\mathbf{H}_f(P) = \begin{pmatrix} f_{xx}(P) & f_{xy}(P) \\ f_{yx}(P) & f_{yy}(P) \end{pmatrix} = \begin{pmatrix} f_{xx} & f_{xy} \\ f_{yx} & f_{yy} \end{pmatrix}(P),$$

并且称其为黑塞（Hesse）矩阵.

定理 15.15（极值充分条件） 设二元函数 f 在其稳定点 $P_0(x_0, y_0)$ 的某邻域 $U(P_0)$ 内具有二阶连续偏导数，则

(1) 当 $\mathbf{H}_f(P_0)$ 正定时，点 P_0 是函数 f 的极小值点；

(2) 当 $\mathbf{H}_f(P_0)$ 负定时，点 P_0 是函数 f 的极大值点；

(3) 当 $\mathbf{H}_f(P_0)$ 不定（既非半正定，也非半负定）时，点 P_0 不是函数 f 的极值点.

证 在稳定点 $P_0(x_0, y_0)$ 处，由推论 15.4 知二元函数 f 的带佩亚诺型余项的二阶泰勒公式为

$$f(x,y) = f(x_0, y_0) + \frac{1}{2}[f_{xx}(x_0, y_0)(x-x_0)^2 + 2f_{xy}(x_0, y_0)(x-x_0)(y-y_0) +$$
$$f_{yy}(x_0, y_0)(y-y_0)^2] + o(\rho^2).$$

$$= f(x_0, y_0) + \frac{1}{2}(x-x_0, y-y_0)\begin{pmatrix} f_{xx}(x_0, y_0) & f_{xy}(x_0, y_0) \\ f_{yx}(x_0, y_0) & f_{yy}(x_0, y_0) \end{pmatrix}\begin{pmatrix} x-x_0 \\ y-y_0 \end{pmatrix} + o(\rho^2).$$

现在记 $u = \dfrac{x-x_0}{\rho}, v = \dfrac{y-y_0}{\rho}$，则 $u^2 + v^2 = 1$. 再令

$$Q(u,v) = (u,v)\begin{pmatrix} f_{xx}(x_0, y_0) & f_{xy}(x_0, y_0) \\ f_{yx}(x_0, y_0) & f_{yy}(x_0, y_0) \end{pmatrix}\begin{pmatrix} u \\ v \end{pmatrix} = (u,v)\mathbf{H}_f(P_0)\begin{pmatrix} u \\ v \end{pmatrix}.$$

(1) 设 $\mathbf{H}_f(P_0)$ 正定，则 $Q(u,v) > 0$. 由于单位圆 $u^2 + v^2 = 1$ 是有界闭集，连续函数 $Q(u, v)$ 有最小值，即 $Q(u,v) \geqslant m = Q(u_0, v_0) > 0$. 于是，在某个 $U(P_0)$ 内有

$$f(x,y) = f(x_0, y_0) + \frac{1}{2}[Q(u,v) + o(1)]\rho^2$$

$$\geqslant f(x_0, y_0) + \frac{1}{2}[m + o(1)]\rho^2 \geqslant f(x_0, y_0),$$

即点 P_0 是函数 f 的极小值点.

(2) 与(1)类似可证.

(3) 设 $\mathbf{H}_f(P_0)$ 不定. 我们要证明点 P_0 不是函数 f 的极值点. 为此，假设点 P_0 是函数 f 的极值点. 不妨设 P_0 是极小值点，则对任何 $P(x, y) \in U(P_0)$ 都有 $f(x, y) \geqslant f(x_0, y_0)$. 现在考虑函数

$$\phi(t) = f(x_0 + t(x-x_0), y_0 + t(y-y_0)), t \in [-1, 1].$$

则函数 $\phi(t)$ 二阶可导，并且在 $t = 0$ 处取极小值. 由此可知必有 $\phi''(0) \geqslant 0$. 否则由 $\phi''(0) < 0$ 将导致函数 $\phi(t)$ 在 $t = 0$ 处取极大值，因而函数 $\phi(t)$ 在 $t = 0$ 处局部为常数，进而必有 $\phi''(0) = 0$ 而矛盾. 但经过计算可有

$$\phi''(0) = (x-x_0, y-y_0)\begin{pmatrix} f_{xx}(x_0, y_0) & f_{xy}(x_0, y_0) \\ f_{yx}(x_0, y_0) & f_{yy}(x_0, y_0) \end{pmatrix}\begin{pmatrix} x-x_0 \\ y-y_0 \end{pmatrix}$$

$$= (x-x_0, y-y_0)\mathbf{H}_f(P_0)\begin{pmatrix} x-x_0 \\ y-y_0 \end{pmatrix}.$$

因此由 $\phi''(0)\geqslant 0$ 知黑塞矩阵 $\mathbf{H}_f(P_0)$ 半正定. 这与假设矛盾.　　　　□

注　根据判定对称矩阵正定的顺序主子行列式符号规则,可将定理 15.15 写成如下形式:在同样条件下,

(1) 若 $f_{xx}(x_0,y_0)>0,(f_{xx}f_{yy}-f_{xy}^2)(x_0,y_0)>0$,则 (x_0,y_0) 为极小值点;

(2) 若 $f_{xx}(x_0,y_0)<0,(f_{xx}f_{yy}-f_{xy}^2)(x_0,y_0)>0$,则 (x_0,y_0) 为极大值点;

(3) 若 $(f_{xx}f_{yy}-f_{xy}^2)(x_0,y_0)<0$,则 (x_0,y_0) 不是极值点;

(4) 若 $(f_{xx}f_{yy}-f_{xy}^2)(x_0,y_0)=0$,则不能确定 (x_0,y_0) 是否是极值点.

从图形上看,黑塞矩阵 $\mathbf{H}_f(P_0)$ 正定(负定)时,曲面 $z=f(x,y)$ 在点 P_0 处局部地碗形下凸(上凸).

例 15.19　求函数 $z=x^3-3xy+y^3$ 的极值点.

解　所论函数在整个平面 $\mathbf{R}^2$ 可微,没有不可偏导点,并且

$$z_x=3x^2-3y,z_y=-3x+3y^2.$$

解方程组 $\begin{cases} z_x=3x^2-3y=0, \\ z_y=-3x+3y^2=0 \end{cases}$ 得稳定点有两个:$(0,0)$ 和 $(1,1)$. 由于

$$z_{xx}=6x,z_{xy}=-3,z_{yy}=6y,$$

黑塞矩阵分别为

$$H(0,0)=\begin{pmatrix} 0 & -3 \\ -3 & 0 \end{pmatrix},H(1,1)=\begin{pmatrix} 6 & -3 \\ -3 & 6 \end{pmatrix}.$$

这两个矩阵,前者不定,后者正定.于是,点 $(0,0)$ 不是极值点;点 $(1,1)$ 是极小值点,相应的极小值为 $z(1,1)=-1$.　　　　□

极值是局部的,因此如果要进一步求函数在某个区域上的最大、小值,与一元函数情形一样,一般要先确定函数在该区域上的不可偏导点、稳定点以及在区域边界上的函数值,然后再比较所有这些函数值:最大者(最小者)即为最大值(最小值).

然而,下个定理说明在某些特殊情况下最大值或最小值可有稳定点处的函数值求出.

定理 15.16　设函数 $z=f(x,y)$ 在区域 D 连续,于 $\mathrm{int}(D)$ 具有二阶连续偏导数并且黑塞矩阵恒正定(负定).又设点 $P_0(x_0,y_0)\in\mathrm{int}(D)$ 是函数 $z=f(x,y)$ 的稳定点.如果对任何点 $P(x,y)\in\mathrm{int}(D)$,线段 $(\overline{P_0P})\subseteq D$,则点 $P_0(x_0,y_0)$ 必是最小(大)值点.

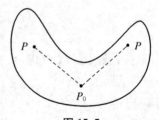

图 15.5

证　利用带拉格朗日型余项的一阶泰勒公式即得.事实上,设黑塞矩阵恒正定,则对任何点 $P(x,y)\in\mathrm{int}(D)$,存在点 $\Omega(\eta,\xi)\in(\overline{P_0P})$ 使得

$$f(x,y)=f(x_0,y_0)+\frac{1}{2}\left[(x-x_0)\frac{\partial}{\partial x}+(y-y_0)\frac{\partial}{\partial y}\right]^2 f(\eta,\xi)$$

$$=f(x_0,y_0)+\frac{1}{2}(x-x_0,y-y_0)\begin{pmatrix} f_{xx}(\eta,\xi) & f_{xy}(\eta,\xi) \\ f_{yx}(\eta,\xi) & f_{yy}(\eta,\xi) \end{pmatrix}\begin{pmatrix} x-x_0 \\ y-y_0 \end{pmatrix}$$

$$\geqslant f(x_0,y_0).$$

即点 $P_0(x_0, y_0)$ 必是最小值点. $\square$

例 15.20 证明圆的所有内接三角形中以正三角形面积为最大.

证 首先,根据平面几何知识,当内接三角形不包含圆心时,总可找到一个内接直角三角形,圆心在其斜边上,其面积大于原不包含圆心的内接三角形. 如图 15.6 所示. 因此,我们只要讨论圆心在内部或边上的内接三角形即可,如图 15.7 所示.

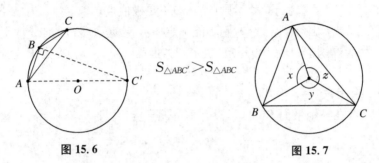

$$S_{\triangle ABC'} > S_{\triangle ABC}$$

图 15.6　　　　　　　　　图 15.7

不妨设圆的半径为 1,内接三角形 $\triangle ABC$ 三顶点处的半径两两夹角分别为 x, y, z. 由于 $z = 2\pi - x - y$ 以及 $0 < x, y, z \leqslant \pi$,从而内接三角形 $\triangle ABC$ 的面积为

$$S = \frac{1}{2}(\sin x + \sin y + \sin z) = \frac{1}{2}[\sin x + \sin y - \sin(x+y)].$$

面积 S 作为 x, y 的函数在区域 $D = \{(x, y) \mid 0 < x, y \leqslant \pi \leqslant x+y < 2\pi\}$ 内具有二阶连续偏导数,并且

$$S_x = \frac{1}{2}[\cos x - \cos(x+y)],$$

$$S_y = \frac{1}{2}[\cos y - \cos(x+y)],$$

$$S_{xx} = \frac{1}{2}[-\sin x + \sin(x+y)], \quad S_{xy} = \frac{1}{2}\sin(x+y),$$

$$S_{yy} = \frac{1}{2}[-\sin y + \sin(x+y)].$$

在三角形区域 D 内,$S_{xx} < 0$,

$$S_{xx}S_{yy} - S_{xy}^2 = \frac{1}{4}[\sin x \sin y - \sin(x+y)(\sin x + \sin y)] > 0,$$

因此黑塞矩阵 H_S 恒负定. 又由于方程组 $\begin{cases} S_x = 0 \\ S_y = 0 \end{cases}$ 在三角形区域 D 内只有唯一解 $\begin{cases} x = 2\pi/3 \\ y = 2\pi/3 \end{cases}$, 面积函数 $S(x, y)$ 只有唯一稳定点 $P_0\left(\dfrac{2\pi}{3}, \dfrac{2\pi}{3}\right)$. 显然,对任何点 $P \in \text{int}(D)$,线段 $\overline{P_0 P} \subset \text{int}(D)$. 于是,由定理 15.16 知,面积函数 $S(x, y)$ 在三角形区域 D 有最大值 $S\left(\dfrac{2\pi}{3}, \dfrac{2\pi}{3}\right)$. 此时,$x = y = z = \dfrac{2\pi}{3}$,三角形为正三角形,即圆的所有内接三角形中正三角形面积为最大. $\square$

例 15.21(最小二乘法) 对平面上给定的 $n>1$ 个不共线的点 $P_i(x_i, y_i)$,确定一条直线 $y=kx+b$ 使得其与这些点的偏差平方和

$$\sum_{i=1}^{n} (kx_i + b - y_i)^2$$

最小.

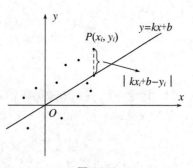

图 15.9

解 问题转化为确定常数 k,b 使得表达式

$$f(k,b) = \sum_{i=1}^{n} (kx_i + b - y_i)^2$$

最小. 将此表达式看作 k,b 的函数,则 $f(k,b)$ 在整个平面 $\mathbf{R}^2$ 上具有二阶连续偏导数,并且

$$f_k(k,b) = 2\sum_{i=1}^{n}(kx_i + b - y_i)x_i = 2k\sum_{i=1}^{n}x_i^2 + 2b\sum_{i=1}^{n}x_i - 2\sum_{i=1}^{n}x_iy_i,$$

$$f_b(k,b) = 2\sum_{i=1}^{n}(kx_i + b - y_i) = 2k\sum_{i=1}^{n}x_i + 2nb - 2\sum_{i=1}^{n}y_i,$$

$$f_{kk}(k,b) = 2\sum_{i=1}^{n}x_i^2, \quad f_{kb}(k,b) = 2\sum_{i=1}^{n}x_i, \quad f_{bb}(k,b) = 2n.$$

由于按假设,x_i 不全相等,$f_{kk}(k,b)>0$ 并且

$$f_{kk}(k,b)f_{bb}(k,b) - [f_{kb}(k,b)]^2 = 4\left[n\sum_{i=1}^{n}x_i^2 - \left(\sum_{i=1}^{n}x_i\right)^2\right] > 0,$$

即黑塞矩阵 $H_f = \begin{pmatrix} f_{kk} & f_{kb} \\ f_{kb} & f_{bb} \end{pmatrix}$ 恒正定.

又由于方程组 $\begin{cases} f_k(k,b)=0, \\ f_b(k,b)=0 \end{cases}$ 在整个平面上只有唯一解

$$\begin{cases} k=k_0 = \dfrac{n\sum_{i=1}^{n}x_iy_i - \left(\sum_{i=1}^{n}x_i\right)\left(\sum_{i=1}^{n}y_i\right)}{n\sum_{i=1}^{n}x_i^2 - \left(\sum_{i=1}^{n}x_i\right)^2} \\[4mm] b=b_0 = \dfrac{\left(\sum_{i=1}^{n}x_i^2\right)\left(\sum_{i=1}^{n}y_i\right) - \left(\sum_{i=1}^{n}x_i\right)\left(\sum_{i=1}^{n}x_iy_i\right)}{n\sum_{i=1}^{n}x_i^2 - \left(\sum_{i=1}^{n}x_i\right)^2} \end{cases},$$

即函数 $f(k,b)$ 在整个平面 $\mathbf{R}^2$ 上只有唯一的稳定点 (k_0, b_0). 于是,由定理 15.16 知,偏差平方和 $f(k,b)$ 在 (k_0, b_0) 处达到最小,即所求直线方程为 $y=k_0x+b_0$. □

习题 15.7

1. 讨论下列多元函数的极值:

(1) $z=x^3+y^3-3xy$,   (2) $z=x^4+y^4-x^2-2xy-y^2$,

(3) $z=e^{x^2-y}(5-2x+y)$,   (4) $z=x-2y+\ln\sqrt{x^2+y^2}+3\arctan\dfrac{y}{x}$.

2. 求下列函数在给定区域内的最大、最小值:

(1) $z=x-2y, D=\{(x,y)|0\leqslant x,y\leqslant1,0\leqslant x+y\leqslant1\}$;

(2) $z=x^2-xy+y^2, D=\{(x,y)||x|+|y|\leqslant1\}$.

3. 在平面上求一点,使其与 n 个定点 $P_1(x_1,y_1),P_2(x_2,y_2),\cdots,P_n(x_n,y_n)$ 的距离平方和最小.

4. 证明圆的所有外切三角形中以正三角形面积为最小.

5. 设函数 $z=f(x,y)$ 在圆域 D 连续、具有二阶连续偏导数并且黑塞矩阵恒正定. 证明函数 $z=f(x,y)$ 的稳定点至多一个.

6. 设函数 $z=f(x,y)$ 在圆域 D 可微并且具有唯一的稳定点. 证明:如果

$$\lim_{(x,y)\to\partial D}f(x,y)=+\infty,$$

则唯一的稳定点必是函数 $z=f(x,y)$ 在圆域 D 上的最小值点.

第十六章　隐函数定理及其应用

在实际应用中,有些量与量之间的依赖关系不是很直接,而是通过某种关系,例如,通过方程来描述.本章所要考虑的就是通过方程所确定的函数.

§16.1　隐函数(组)定义及其存在性和可微性定理

16.1.1　何为隐函数?

我们知道,函数就是自变量到因变量的一种对应关系.将这种对应关系用具体的公式

$$y=f(x),z=f(x,y)$$

等表示出来,就是我们已经熟悉的函数.例如:

$$y=x^2+x,z=x^2+y^2.$$

此类函数有清晰的表达式将对应关系呈现出来,故称之为**显函数**.然而,自变量与因变量之间的对应关系亦可有方程式来确定,这种对应关系确定的函数通常称为隐函数.

定义 16.1　设有二元函数 $F:D(\subset \mathbf{R}^2)\rightarrow \mathbf{R}$. 如果存在非空集合 $I,J\subset \mathbf{R}$ 使得对任何 $x\in I$,存在唯一的 $y\in J$ 满足 $(x,y)\in D$ 并且

$$F(x,y)=0, \tag{16.1}$$

则对应关系

$$f: I\rightarrow J$$
$$x\mapsto y$$

确定的函数称为由方程(16.1)确定的一个**隐函数**,其定义域为 I,并且值域含于 J.　　□

按定义,隐函数 $y=f(x)$ $(x\in I,y\in J)$ 满足

$$F(x,f(x))\equiv 0,x\in I.$$

于是可简单地说,隐函数 $y=f(x)$ 是函数方程(16.1)的解.

例 16.1　对二元函数 $F(x,y)=x^2y+x+y+1$,方程 $F(x,y)=0$,即方程

$$x^2y+x+y+1=0$$

确定了一个定义在 $\mathbf{R}$ 上的隐函数:对任何的 $x\in \mathbf{R}$,存在唯一的 $y\in \mathbf{R}$ 使得 $F(x,y)=0$.事实上,这里的 $y\in \mathbf{R}$ 可用自变量 x 表示出来,即 $y=-\dfrac{x+1}{x^2+1}$.　　□

当隐函数可用显函数表示出来时,我们可称之为隐函数显化.我们将看到,很多隐函数

是不能显化的.

例 16.2 方程

$$F(x,y)=x^2+y^2-1=0$$

能确定一个定义在闭区间$[-1,1]$上,值域含于$\mathbf{R}_{\geqslant 0}$的隐函数:对任何的$x\in[-1,1]$,存在唯一的$y\in\mathbf{R}_{\geqslant 0}$满足方程$F(x,y)=0$,所确定的隐函数可显化为$y=\sqrt{1-x^2}$;同样的方程也能确定一个定义在闭区间$[-1,1]$上,值域含于$\mathbf{R}_{\leqslant 0}$的隐函数:对任何的$x\in[-1,1]$,存在唯一的$y\in\mathbf{R}_{\leqslant 0}$满足方程$F(x,y)=0$,所确定的隐函数可显化为$y=-\sqrt{1-x^2}$. □

例 16.2 表明隐函数的确定,除了方程和定义域之外,还必须要指明取值范围. 当然在不会误解的情况下亦可省掉,就像例 16.1.

例 16.3 证明方程

$$F(x,y)=y-x-\frac{1}{2}\sin(x+y)=0$$

确定了一个定义在$\mathbf{R}$上的隐函数:对任何的$x\in\mathbf{R}$,存在唯一的$y\in\mathbf{R}$使得$F(x,y)=0$.

证 对给定的$x\in\mathbf{R}$,$F(x,y)=y-x-\frac{1}{2}\sin(x+y)$成为$y$的一元函数. 显然,$F(x,y)$作为$y$的一元函数于整个$\mathbf{R}$连续并且可导. 由于

$$F(x,x-1)=-1-\frac{1}{2}\sin(2x-1)<0;F(x,x+1)=1-\frac{1}{2}\sin(2x+1)>0,$$

根据连续函数零点存在性定理,存在$y\in(x-1,x+1)$使得$F(x,y)=0$.

为证明如此的y是唯一的,我们只要证明$F(x,y)$作为y的一元函数于整个$\mathbf{R}$严格单调. 这可由偏导数$F_y(x,y)=1-\frac{1}{2}\cos(x+y)>0$即知.

至此,我们证明了方程$F(x,y)=0$确定了一个$\mathbf{R}$上的隐函数. □

图 16.1 所示是例 16.3 确定的隐函数的图形.

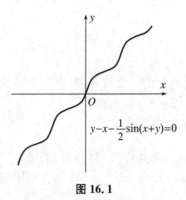

$$y-x-\frac{1}{2}\sin(x+y)=0$$

图 16.1

注意,例 16.3 中的隐函数不能像例 16.1 和例 16.2 中那样可以用显函数表示出来. 另外,还要注意不是所有方程都可确定隐函数的,例如,方程

$$F(x,y)=x^2+y^2+1=0$$

就没有隐函数解.

16.1.2　隐函数存在唯一性定理

从上述各例可以看出函数方程 $F(x,y)=0$ 能够确定一个隐函数是有条件的. 首先方程 $F(x,y)=0$ 至少要有一解 (x_0,y_0), 这是基本的初始条件. 其次, 按例 16.3 证明过程所提示, 函数 $F(x,y)$, 对给定的 x, 作为 y 的一元函数连续并且严格单调. 这样就得到了如下的隐函数定理.

定理 16.1(隐函数存在唯一性定理)　设二元函数 $F(x,y)$ 在点 $P_0(x_0,y_0)$ 处满足:

(1) 函数值 $F(x_0,y_0)=0$(初始条件);

(2) 在某邻域 $U(P_0)$ 内, 函数 $F(x,y)$ 关于 x 连续;

(3) 在某邻域 $U(P_0)$ 内, 函数 $F(x,y)$ 关于 y 连续并且严格单调,

则方程 $F(x,y)=0$ 在点 P_0 的某邻域 $V(P_0)\subset U(P_0)$ 内唯一地确定了一个定义在某区间 $(x_0-\alpha,x_0+\alpha)$ 上, 值域含于某区间 $(y_0-\delta_0,y_0+\delta_0)$ 的隐函数 $y=f(x)$ 使得

(a) $y_0=f(x_0)$;

(b) 当 $x\in(x_0-\alpha,x_0+\alpha)$ 时点 $(x,f(x))\in V(P_0)$ 且 $F(x,f(x))=0$;

(c) 隐函数 $y=f(x)$ 在区间 $(x_0-\alpha,x_0+\alpha)$ 内连续.

证　先取定点 P_0 的一个闭方邻域

$$[x_0-\delta_0,x_0+\delta_0]\times[y_0-\delta_0,y_0+\delta_0]\subset U(P_0).$$

由条件(3), 函数 $F(x_0,y)$ 于 $[y_0-\delta_0,y_0+\delta_0]$ 严格单调. 假设是严格单调递增, 则由 $F(x_0,y_0)=0$ 知: 当 $y_0-\delta_0\leqslant y<y_0$ 时, $F(x_0,y)<0$; 当 $y_0<y\leqslant y_0+\delta_0$ 时, $F(x_0,y)>0$. 特别地,

$$F(x_0,y_0-\delta_0)<0,\ F(x_0,y_0+\delta_0)>0.$$

现在考虑 x 的一元函数 $F(x,y_0-\delta_0)$ 和 $F(x,y_0+\delta_0)$. 按条件(2), 这两个函数都是区间 $[x_0-\delta_0,x_0+\delta_0]$ 上的连续函数. 根据连续函数的局部保号性, 存在 x_0 的某邻域

$$(x_0-\alpha,x_0+\alpha)\subset[x_0-\delta_0,x_0+\delta_0]$$

使得当 $x\in(x_0-\alpha,x_0+\alpha)$ 时有

$$F(x,y_0-\delta_0)<0,\ F(x,y_0+\delta_0)>0.$$

于是, 对任意取定的 $x\in(x_0-\alpha,x_0+\alpha)$, 函数 $F(x,y)$ 作为 y 的一元函数不仅由条件(3)知在闭区间 $[y_0-\delta_0,y_0+\delta_0]$ 上连续, 而且在该区间的两端点处函数值异号. 从而, 根据连续函数的零点存在定理, 存在 $y\in(y_0-\delta_0,y_0+\delta_0)$ 使得 $F(x,y)=0$. 同时, 由于函数 $F(x,y)$ 关于 y 严格单调, 这样的 $y\in(y_0-\delta_0,y_0+\delta_0)$ 是唯一的. 这就证明了方程 $F(x,y)=0$ 在点 P_0 的邻域 $V(P_0)=(x_0-\alpha,x_0+\alpha)\times(y_0-\delta_0,y_0+\delta_0)\subset U(P_0)$ 内确定了一个定义在区间 $(x_0-\alpha,x_0+\alpha)$ 上, 并且值域

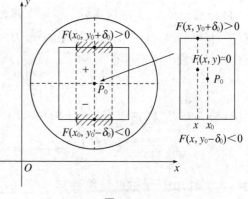

图 16.2

含于区间 $(y_0-\delta_0, y_0+\delta_0)$ 的隐函数 $y=f(x)$,满足(a)和(b).

再证明该隐函数于区间 $(x_0-\alpha, x_0+\alpha)$ 连续:在任一点 $x^* \in (x_0-\alpha, x_0+\alpha)$ 处隐函数 $y=f(x)$ 连续,即对任意给定的小正数 ε,存在正数 δ,使得当 $x \in (x^*-\delta, x^*+\delta) \subset (x_0-\alpha, x_0+\alpha)$ 时有 $|f(x)-f(x^*)|<\varepsilon$.

记 $y^*=f(x^*)$,则 $y^* \in (y_0-\delta_0, y_0+\delta_0)$. 于是,对小正数

$$\varepsilon < \min[y^*-(y_0-\delta_0), (y_0+\delta_0)-y^*],$$

有 $y_0-\delta_0 \leqslant y^*-\varepsilon < y^* < y^*+\varepsilon \leqslant y_0+\delta_0$. 由于 $F(x^*,y^*)=0$ 并且 $F(x,y)$ 关于 y 严格单调递增,$F(x^*, y^*-\varepsilon)<0, F(x^*, y^*+\varepsilon)>0$. 于是,根据连续函数保号性,存在 x^* 的邻域 $(x^*-\delta, x^*+\delta) \subset (x_0-\alpha, x_0+\alpha)$ 使得当 $x \in (x^*-\delta, x^*+\delta)$ 时同样有

$$F(x, y^*-\varepsilon)<0, F(x, y^*+\varepsilon)>0.$$

同样,按照连续函数的零点存在定理和 $F(x,y)$ 关于 y 的严格单调性条件,存在唯一的 $y \in (y^*-\varepsilon, y^*+\varepsilon) \subset (y_0-\delta_0, y_0+\delta_0)$ 使得 $F(x,y)=0$. 于是由(b)知 $y=f(x)$,即当 $x \in (x^*-\delta, x^*+\delta)$ 时 $y=f(x) \in (y^*-\varepsilon, y^*+\varepsilon)$,即 $|f(x)-f(x^*)|<\varepsilon$. 于是隐函数 $y=f(x)$ 于区间 $(x_0-\alpha, x_0+\alpha)$ 连续. □

注 1. 如果将条件"函数 $F(x,y)$ 关于 y 严格单调"更换为"函数 $F(x,y)$ 关于 x 严格单调",则可唯一确定连续隐函数 $x=g(y)$.

2. 二元或多元函数关于某个变量的严格单调性,可用关于这个变量的偏导数不取 0 来验证,因此定理 16.1 中条件(3)中"函数 $F(x,y)$ 关于 y 严格单调"可用如下更强条件代替.

3*. 在点 P_0 的某邻域 $U(P_0)$ 内,函数 $F(x,y)$ 关于 y 可偏导并且 $F_y(x,y) \neq 0$.

定理 16.2(隐函数可微性定理) 设二元函数 $F(x,y)$ 在点 $P_0(x_0, y_0)$ 处满足:

(1) 函数值 $F(x_0, y_0)=0$(初始条件);

(2) 在某邻域 $U(P_0)$ 内连续可微;

(3) 在某邻域 $U(P_0)$ 内,偏导数 $F_y(x,y) \neq 0$,

则定理 16.1 确定的隐函数 $y=f(x)$ 在区间 $(x_0-\alpha, x_0+\alpha)$ 内连续可微,并且

$$f'(x) = -\frac{F_x(x,y)}{F_y(x,y)}. \tag{16.2}$$

证 首先,定理 16.2 的条件(1)—(3)蕴含了定理 16.1 的条件(1)—(3),因此隐函数 $y=f(x)$ 唯一存在. 本定理要进一步证明隐函数 $y=f(x)$ 在任一点 $x^* \in (x_0-\alpha, x_0+\alpha)$ 处可导. 对任何 $x \in (x_0-\alpha, x_0+\alpha)$,由于点 $P^*(x^*, y^*)$ 和点 $P(x,y)$ 的连线段 $\overline{P^*P} \subset V(P_0)$,根据二元函数中值定理有

$$F(x,y)-F(x^*,y^*)=F_x(\eta,\xi)(x-x^*)+F_y(\eta,\xi)(y-y^*),$$

其中,$(\eta,\xi) \in \overline{P^*P}$. 由于 $F(x^*,y^*)=0, F(x,y)=0$,并且 $F_y \neq 0$,由上式得

$$\frac{f(x)-f(x^*)}{x-x^*} = \frac{y-y^*}{x-x^*} = -\frac{F_x(\eta,\xi)}{F_y(\eta,\xi)}.$$

当 $x \to x^*$ 时,由隐函数的连续性知 $y=f(x) \to f(x^*)=y^*$,即点 $P \to P^*$,从而作为线段 $\overline{P^*P}$ 上的点 $(\eta,\xi) \to P^*$. 于是根据偏导数的连续性即知有

$$\lim_{x \to x^*} \frac{f(x) - f(x^*)}{x - x^*} = -\frac{F_x(x^*, y^*)}{F_y(x^*, y^*)}.$$

这就证明了隐函数 $y = f(x)$ 在点 $x^* \in (x_0 - \alpha, x_0 + \alpha)$ 处可导,并且

$$f'(x^*) = -\frac{F_x(x^*, y^*)}{F_y(x^*, y^*)}.$$

由 $x^* \in (x_0 - \alpha, x_0 + \alpha)$ 的任意性,定理 16.2 得证. □

注 由于偏导数 F_y 连续,定理 16.2 的条件(3)可改写成较弱的形式:$F_y(x_0, y_0) \neq 0$.

另外,隐函数导数公式(16.2)也可用如下方式获得:在已经知道方程 $F(x, y) = 0$ 确定的隐函数 $y = f(x)$ 可导的情况下,可通过对恒等式 $F(x, f(x)) \equiv 0$ 两边求导,得

$$F_x(x, f(x)) + F_y(x, f(x)) f'(x) = 0.$$

由此即得

$$y' = f'(x) = -\frac{F_x(x, f(x))}{F_y(x, f(x))} = -\frac{F_x(x, y)}{F_y(x, y)}.$$

由定理 16.2 可知,若函数 $F(x, y)$ 具有高阶偏导数,则隐函数 $y = f(x)$ 就有同样阶数的高阶导数. 例如,若函数 $F(x, y)$ 有二阶偏导数,则由导数公式(16.2)及复合函数性质知,隐函数 $y = f(x)$ 二阶可导,并且

$$y'' = f''(x) = -\left[\frac{F_x(x, y)}{F_y(x, y)}\right]'$$

$$= -\frac{[F_x(x, y)]' F_y(x, y) - F_x(x, y)[F_y(x, y)]'}{[F_y(x, y)]^2}$$

$$= -\frac{[F_{xx}(x, y) + F_{xy}(x, y) y'] F_y(x, y) - F_x(x, y)[F_{xy}(x, y) + F_{yy}(x, y) y']}{[F_y(x, y)]^2}.$$

将 $y' = -\dfrac{F_x(x, y)}{F_y(x, y)}$ 代入并且整理即得

$$y'' = f''(x)$$

$$= \frac{2F_x(x, y) F_y(x, y) F_{xy}(x, y) - [F_x(x, y)]^2 F_{yy}(x, y) - [F_y(x, y)]^2 F_{xx}(x, y)}{[F_y(x, y)]^3}.$$

例 16.4 证明例 16.3 中由方程

$$F(x, y) = y - x - \frac{1}{2} \sin(x + y) = 0$$

确定的定义在 **R** 上的隐函数 $y = f(x)$ 可微,并且求出 $f'(0), f''(0)$ 和 $f'\left(\dfrac{\pi}{2}\right), f''\left(\dfrac{\pi}{2}\right)$.

证 由例 16.3 知,方程 $F(x, y) = 0$ 确定了一个 **R** 上的隐函数 $y = f(x)$. 对任一点 $x_0 \in$ **R**,记 $y_0 = f(x_0)$,则在点 $P_0(x_0, y_0)$ 处函数 $F(x, y)$ 满足定理 16.2 的条件:(1)$F(x_0, y_0) = 0$;(2)$F(x, y)$ 可偏导,并且

$$F_x(x, y) = -1 - \frac{1}{2} \cos(x + y), \quad F_y(x, y) = 1 - \frac{1}{2} \cos(x + y)$$

于任何 $U(P_0) \subset \mathbf{R}^2$ 连续;(3)$F_y(x, y) \neq 0$. 于是根据定理 16.1 和定理 16.2,方程 $F(x, y) =$

0 在点 $P_0(x_0,y_0)$ 的某邻域内唯一地确定了一个在点 $x_0 \in \mathbf{R}$ 处连续可微的隐函数. 由隐函数的唯一性,该隐函数即 $y=f(x)$. 于是,$y=f(x)$ 在点 $x_0 \in \mathbf{R}$ 处连续可微,并且

$$f'(x_0) = -\frac{F_x(x_0,y_0)}{F_x(x_0,y_0)} = \frac{2+\cos(x_0+y_0)}{2-\cos(x_0+y_0)}.$$

这就证明了隐函数 $y=f(x)$ 于 $\mathbf{R}$ 可微,并且导数满足

$$f'(x) = \frac{2+\cos(x+y)}{2-\cos(x+y)}.$$

为求出 $f'(0)$,我们需要确定函数值 $y_0=f(0)$. 由 $F(0,y_0)=0$ 知 $y_0 - \frac{1}{2}\sin y_0 = 0$. 由此易知 $y_0=0$. 于是,$f'(0) = \frac{2+\cos 0}{2-\cos 0} = 3$. 再求 $f''(0)$.

$$f''(x) = \left[\frac{2+\cos(x+y)}{2-\cos(x+y)}\right]' = \left[\frac{4}{2-\cos(x+y)}-1\right]' = \frac{-4\sin(x+y)}{[2-\cos(x+y)]^2}(1+y'),$$

因此 $f''(0) = -\frac{4\sin(0+0)}{[2-\cos(0+0)]^2}(1+3) = 0$.

再求 $f'\left(\frac{\pi}{2}\right)$. 先求函数值 $y_0 = f\left(\frac{\pi}{2}\right)$. 由 $F_y(x,y)>0$ 知 $F\left(\frac{\pi}{2},y\right)$ 关于 y 严格单调递增. 于是由 $F\left(\frac{\pi}{2},\frac{\pi}{2}\right)=0$ 知 $y_0 = f\left(\frac{\pi}{2}\right) = \frac{\pi}{2}$,从而 $f'\left(\frac{\pi}{2}\right) = \frac{2+\cos\pi}{2-\cos\pi} = \frac{1}{3}$. 进而

$$f''\left(\frac{\pi}{2}\right) = -\frac{4\sin\left(\frac{\pi}{2}+\frac{\pi}{2}\right)}{\left[2-\cos\left(\frac{\pi}{2}+\frac{\pi}{2}\right)\right]^2}\left(1+\frac{1}{3}\right) = 0. \qquad \square$$

例 16.5 (**一元函数反函数的存在与可微性定理**)证明:
(1) 设函数 f 在区间 I 上连续并且严格单调,则函数 f 有连续的反函数 f^{-1};
(2) 设函数 f 在区间 I 上连续可导并且 $f' \neq 0$,则反函数 f^{-1} 也可导并且

$$(f^{-1})'(y) = \frac{1}{f'(x)}.$$

证 (1) 考虑二元函数

$$F(x,y) = y - f(x).$$

根据条件,该函数关于 x,y 都连续,并且关于 $x \in I$ 严格单调,因此由定理 16.1(隐函数存在唯一性定理)知在每个点 (x_0,y_0) 处,其中 $y_0 = f(x_0)$,方程 $F(x,y)=0$ 唯一确定了一个隐函数 $x=g(y)$,其在 y_0 的某邻域 $U(y_0)$ 内连续,满足 $F(g(y),y)\equiv 0$,即

$$f(g(y)) = y, y \in U(y_0).$$

因此函数 f 有反函数 $f^{-1}=g$,并且该反函数于任一点 $y_0 \in f(I)$ 处连续.

(2) 可进一步验证(1)中的函数 $F(x,y)=y-f(x)$ 在每个点 (x_0,y_0) 处,其中 $y_0 = f(x_0)$,满足定理 16.2 的条件:$F_x(x,y)=-f'(x), F_y(x,y)=1$ 连续并且 $F_x(x,y)\neq 0$,于是由定理 16.2 知由(1)所确定的隐函数,即反函数 $x=g(y)=f^{-1}(y)$ 连续可导,并且

$$(f^{-1})'(y) = -\frac{F_y(x,y)}{F_x(x,y)} = \frac{1}{f'(x)}.$$

定理 16.1 和定理 16.2 中隐函数是一元的. 对二元或多元隐函数, 同样有存在唯一性定理和可微性定理. 我们只给出二元隐函数定理的陈述而不给予证明. 实际上, 证明与一元函数是类似的. 至于三元或三元以上的隐函数定理, 读者可相仿给出.

定理 16.3(二元隐函数存在唯一性定理) 设三元函数 $F(x,y,z)$ 在点 $P_0(x_0,y_0,z_0)$ 处满足:

(1) 函数值 $F(x_0,y_0,z_0) = 0$(初始条件);

(2) 在某邻域 $U(P_0)$ 内, 函数 $F(x,y,z)$ 关于 (x,y) 连续;

(3) 在某邻域 $U(P_0)$ 内, 函数 $F(x,y,z)$ 关于 z 连续并且严格单调,

则方程 $F(x,y,z) = 0$ 在点 P_0 的某邻域 $V(P_0) \subset U(P_0)$ 内**唯一**地确定了一个定义在点 P_0^* (x_0,y_0) 的某圆域 $\Delta(P_0^*; r)$ 上, 值域含于某区间 $(z_0 - \delta_0, z_0 + \delta_0)$ 的二元隐函数 $z = f(x,y)$ 使得

(a) $z_0 = f(x_0,y_0)$;

(b) 当 $(x,y) \in \Delta(P_0^*; r)$ 时点 $(x,y,f(x,y)) \in V(P_0)$ 并且 $F(x,y,f(x,y)) = 0$;

(c) 隐函数 $z = f(x,y)$ 在圆域 $\Delta(P_0^*; r)$ 内连续.

定理 16.4 **(二元隐函数可微性定理)** 设二元函数 $F(x,y,z)$ 在点 $P_0(x_0,y_0,z_0)$ 处满足

(1) 函数值 $F(x_0,y_0,z_0) = 0$(初始条件);

(2) 在某邻域 $U(P_0) \subset \mathbf{R}^3$ 内连续可微;

(3) 在某邻域 $U(P_0)$ 内, 函数 $F_z(x,y,z) \neq 0$,

则定理 16.3 确定的隐函数 $z = f(x,y)$ 在圆域 $\Delta(P_0^*; r)$ 内连续可微, 并且

$$dz = -\frac{F_x(x,y,z)}{F_z(x,y,z)}dx - \frac{F_y(x,y,z)}{F_z(x,y,z)}dy.$$

特别地, 有

$$\frac{\partial z}{\partial x} = -\frac{F_x(x,y,z)}{F_z(x,y,z)}, \frac{\partial z}{\partial y} = -\frac{F_y(x,y,z)}{F_z(x,y,z)}.$$

注 与一元隐函数一样, 由于方程 $F(x,y,z) = 0$ 中, 变量 x,y,z 地位平等, 除了隐函数 $z = f(x,y)$ 之外, 也可以有隐函数 $x = g(y,z)$ 和 $y = h(z,x)$.

例 16.6 设三元函数方程 $F(x,y,z) = 0$ 可以确定连续可微的二元隐函数 $x = x(y,z)$, $y = y(z,x)$ 及 $z = z(x,y)$, 证明:

$$\frac{\partial x}{\partial y} \cdot \frac{\partial y}{\partial z} \cdot \frac{\partial z}{\partial x} = -1.$$

证 由于 $F(x(y,z),y,z) = 0$, 两边对 y 求偏导, 就有

$$F_x(x,y,z)x_y + F_y(x,y,z) = 0,$$

从而 $x_y = -\dfrac{F_y(x,y,z)}{F_x(x,y,z)}$. 同法可得 $y_z = -\dfrac{F_z(x,y,z)}{F_y(x,y,z)}$, $z_x = -\dfrac{F_x(x,y,z)}{F_z(x,y,z)}$. 于是

$$\frac{\partial x}{\partial y} \cdot \frac{\partial y}{\partial z} \cdot \frac{\partial z}{\partial x} = \left[-\frac{F_y(x,y,z)}{F_x(x,y,z)}\right] \cdot \left[-\frac{F_z(x,y,z)}{F_y(x,y,z)}\right] \cdot \left[-\frac{F_x(x,y,z)}{F_z(x,y,z)}\right] = -1.$$

例 16.7 证明方程

$$x^2+y^2+z^2+1=e^{x+y+z}$$

在点 $P_0(0,0,0)$ 的某邻域内确定了一个二元连续可微的隐函数 $z=z(x,y)$,并求出其偏导数.

证 记 $F(x,y,z)=x^2+y^2+z^2+1-e^{x+y+z}$,则 $F(x,y,z)$ 于 $\mathbf{R}^3$ 连续可微,并且 $F(P_0)=0$. 又 $F_z(P_0)=(2z-e^{x+y+z})_{P_0}=-1\neq 0$,也因此在某 $U(P_0)$ 内,$F_z(x,y,z)\neq 0$. 于是由定理 16.4,方程 $F(x,y,z)=0$ 在点 $P_0(0,0,0)$ 的某邻域内确定了一个二元连续可微的隐函数 $z=z(x,y)$,其偏导数为

$$z_x=-\frac{F_x(x,y,z)}{F_z(x,y,z)}=-\frac{2x-e^{x+y+z}}{2z-e^{x+y+z}},\ z_y=-\frac{F_y(x,y,z)}{F_z(x,y,z)}=-\frac{2y-e^{x+y+z}}{2z-e^{x+y+z}}.$$

特别地,$z_x(0,0)=-1,z_y(0,0)=-1$. □

16.1.3 隐函数组定理

现在进一步考虑由方程组确定的隐函数组. 首先,类似地给出隐函数组的如下定义.

定义 16.2 设有两个三元函数 $F,G:D(\subset\mathbf{R}^3)\rightarrow\mathbf{R}$. 如果有数集 $I,J,K\subset\mathbf{R}$,使得对任何 $x\in I$,存在唯一的 $y\in J$ 和唯一的 $z\in K$ 使得 $(x,y,z)\in D$ 并且满足方程组

$$\begin{cases}F(x,y,z)=0\\G(x,y,z)=0\end{cases}, \tag{16.3}$$

则称由对应 $x(\in I)\mapsto y\in J$ 和 $x(\in I)\mapsto z\in K$ 所定义的函数组

$$\begin{cases}y=y(x)\\z=z(x)\end{cases}$$

为由方程组(16.3)所确定的一元**隐函数组**,其定义域为 I,而值域含于 $J\times K$. □

为给出隐函数组存在的条件,按照解方程组之消元法思想做如下分析. 先设第一个方程 $F(x,y,z)=0$ 能够确定一个二元隐函数 $z=f(x,y)$. 将其代入第二个方程得

$$H(x,y)=G(x,y,f(x,y))=0.$$

如果由此可确定一个隐函数 $y=y(x)$,则再将其代入 $z=f(x,y)$ 即得 $z=z(x)=f(x,y(x))$. 据此,经过分析可得到如下的隐函数组定理.

为叙述隐函数组定理,我们引入行列式:

$$\frac{\partial(F,G)}{\partial(y,z)}=\begin{vmatrix}F_y & F_z\\G_y & G_z\end{vmatrix}$$

称为函数 F,G 关于变量 y,z 的**函数行列式**或**雅可比(Jacobi)行列式**.

定理 16.5(一元隐函数组存在唯一性及可微性定理) 设两个三元函数 $F(x,y,z)$,$G(x,y,z)$ 在点 $P_0(x_0,y_0,z_0)$ 处满足:

(1) 函数值 $F(x_0,y_0,z_0)=G(x_0,y_0,z_0)=0$(初始条件);

(2) 在某邻域 $U(P_0)\subset\mathbf{R}^3$ 内连续可微;

(3) 函数行列式 $\dfrac{\partial(F,G)}{\partial(y,z)}(P_0)=\begin{vmatrix}F_y & F_z\\G_y & G_z\end{vmatrix}(P_0)\neq 0$,

则方程组 $\begin{cases} F(x,y,z)=0 \\ G(x,y,z)=0 \end{cases}$ 在点 P_0 的某邻域 $V(P_0) \subset U(P_0)$ 内唯一地确定了一组定义在某区间 $(x_0-\alpha, x_0+\alpha)$ 上，值域含于某方域 $(y_0-\delta_0, y_0+\delta_0) \times (z_0-\delta_0, z_0+\delta_0)$ 的一元隐函数组 $\begin{cases} y=y(x) \\ z=z(x) \end{cases}$ 使得

(a) $y_0=y(x_0), z_0=z(x_0)$；

(b) 当 $x \in (x_0-\alpha, x_0+\alpha)$ 时，点 $(x,y(x),z(x)) \in V(P_0)$ 并且 $F(x,y(x),z(x))=0$，$G(x,y(x),z(x))=0$；

(c) 隐函数组 $\begin{cases} y=y(x) \\ z=z(x) \end{cases}$ 在区间 $(x_0-\alpha, x_0+\alpha)$ 连续可微，并且

$$\begin{cases} y'(x)=-\dfrac{\partial(F,G)}{\partial(x,z)} \Big/ \dfrac{\partial(F,G)}{\partial(y,z)} \\[3mm] z'(x)=-\dfrac{\partial(F,G)}{\partial(y,x)} \Big/ \dfrac{\partial(F,G)}{\partial(y,z)} \end{cases}.$$

概证　由 $\dfrac{\partial(F,G)}{\partial(y,z)}(P_0)=\begin{vmatrix} F_y & F_z \\ G_y & G_z \end{vmatrix}(P_0) \neq 0$ 知，$F_z(P_0)$ 和 $G_z(P_0)$ 中至少有一不等于 0，故可不妨设 $F_z(P_0) \neq 0$. 因此由函数偏导数的连续性知，在某 $U(P_0)$ 内，$\dfrac{\partial(F,G)}{\partial(y,z)} \neq 0$ 并且 $F_z \neq 0$. 于是由定理 16.3 和定理 16.4，方程 $F(x,y,z)=0$ 确定了一个连续可微的二元隐函数 $z=f(x,y)$，其偏导数为

$$z_x=-\frac{F_x(x,y,z)}{F_z(x,y,z)}, z_y=-\frac{F_y(x,y,z)}{F_z(x,y,z)}.$$

将 $z=f(x,y)$ 代入第二个方程 $G(x,y,z)=0$，得

$$H(x,y)=G(x,y,f(x,y))=0.$$

对函数 $H(x,y)$，可验证其在点 (x_0,y_0) 处满足定理 16.2 的条件. 事实上，前两条件易见. 而对第三个条件，可验证如下.

$$\begin{aligned} H_y(x,y) &= G_y(x,y,z)+G_z(x,y,z)z_y \\ &= G_y(x,y,z)-G_z(x,y,z)\frac{F_y(x,y,z)}{F_z(x,y,z)} \\ &= -\frac{1}{F_z(x,y,z)}\begin{vmatrix} F_y & F_z \\ G_y & G_z \end{vmatrix} \neq 0. \end{aligned}$$

于是，由定理 16.2，方程 $H(x,y)=0$ 确定了一个连续可微隐函数 $y=y(x)$，进而得连续可微函数 $z=z(x)=f(x,y(x))$.　　　　　　　　　　　　　　　□

同样也有多元隐函数组定理，以二元隐函数组为例叙述如下.

定理 16.6（二元隐函数组存在唯一性及可微性定理）　设四元函数 $F(x,y,u,v), G(x,y,u,v)$ 在点 $P_0(x_0,y_0,u_0,v_0) \in \mathbf{R}^4$ 处满足：

(1) 函数值 $F(x_0,y_0,u_0,v_0)=G(x_0,y_0,u_0,v_0)=0$（初始条件）；

(2) 在某邻域 $U(P_0) \subset \mathbf{R}^4$ 内连续可微；

（3）函数行列式 $\dfrac{\partial(F,G)}{\partial(u,v)}(P_0) = \begin{vmatrix} F_u & F_v \\ G_u & G_v \end{vmatrix}(P_0) \neq 0$，

则方程组 $\begin{cases} F(x,y,u,v)=0 \\ G(x,y,u,v)=0 \end{cases}$ 在点 P_0 的某邻域 $V(P_0) \subset U(P_0)$ 内唯一地确定了一组定义在点 $P_0^*(x_0,y_0) \in \mathbf{R}^2$ 的某邻域 $U(P_0^*) \subset \mathbf{R}^2$ 上，值域含于某方域 $(u_0-\delta_0,u_0+\delta_0) \times (v_0-\delta_0,v_0+\delta_0)$ 的二元隐函数组 $\begin{cases} u=u(x,y) \\ v=v(x,y) \end{cases}$ 使得

（a）$u_0 = u(x_0,y_0),\ v_0 = v(x_0,y_0)$；

（b）当 $(x,y) \in U(P_0^*)$ 时，点 $(x,y,u(x,y),v(x,y)) \in V(P_0)$ 并且 $F(x,y,u(x,y),v(x,y))=0,\ G(x,y,u(x,y),v(x,y))=0$；

（c）隐函数组 $\begin{cases} u=u(x,y) \\ v=v(x,y) \end{cases}$ 在邻域 $U(P_0^*)$ 上连续可微，并且

$$\begin{cases} u_x = -\dfrac{\partial(F,G)}{\partial(x,v)} \Big/ \dfrac{\partial(F,G)}{\partial(u,v)} \\ u_y = -\dfrac{\partial(F,G)}{\partial(y,v)} \Big/ \dfrac{\partial(F,G)}{\partial(u,v)} \end{cases}, \qquad \begin{cases} v_x = -\dfrac{\partial(F,G)}{\partial(u,x)} \Big/ \dfrac{\partial(F,G)}{\partial(u,v)} \\ v_y = -\dfrac{\partial(F,G)}{\partial(u,y)} \Big/ \dfrac{\partial(F,G)}{\partial(u,v)} \end{cases}.$$

注 在隐函数（组）定理中的条件（3），总是对隐函数的因变量来说的. 这一点务必要记住.

习题 16.1

1. 讨论方程 $x^2+2xy-y^2=1$ 是否在点 $(1,0)$ 的某邻域内确定了隐函数 $y=y(x)$.

2. 讨论方程 $x+y+z=e^z$ 是否在点 $(1,0,0)$ 的某邻域内确定了隐函数 $z=z(x,y)$.

3. 证明方程

$$F(x,y) = y - x^2 - \frac{1}{2}\sin(x+y) = 0$$

确定了一个在 $\mathbf{R}$ 上连续可微的隐函数 $y=y(x)$.

4. 求下列方程确定的隐函数的导数或偏导数：

（1）$y = 2x\arctan\dfrac{y}{x}$，求 y',y''.

（2）$2y - \sin y = x$，求 y',y''.

（3）$x+y+z=e^z$，求 z_x,z_y,z_{xx},z_{xy}.

（4）$z = f(x+y+z,xyz)$，这里函数 f 可微，求 z_x,x_y,y_z.

5. 讨论方程组

$$\begin{cases} xe^{u+v}+2uv=1 \\ ye^{u-v}-\dfrac{u}{1+v}=2x \end{cases}$$

能否在点 $(x,y,u,v)=(1,2,0,0)$ 的某邻域内确定隐函数组 $u=u(x,y),v=v(x,y)$.

6. 求方程组 $\begin{cases} u+v=x+y \\ \dfrac{\sin u}{\sin v}=\dfrac{x}{y} \end{cases}$ 确定的隐函数组 $u=u(x,y),v=v(x,y)$ 的一阶和二阶偏导数.

§16.2　隐函数(组)定理的应用

16.2.1　几何应用

(a) 平面曲线的切线与法线

一般平面曲线 $C\subset\mathbf{R}^2$ 由方程 $F(x,y)=0$ 给出. 例如,圆方程为 $x^2+y^2-1=0$. 如果在曲线 C 上某点 $P_0(x_0,y_0)$ 处,函数 $F(x,y)$ 满足定理 16.2 的条件,则方程 $F(x,y)=0$ 在某 $U(P_0)$ 内唯一确定了一个连续可微函数 $y=y(x)$. 该可微函数 $y=y(x)$ 的图像在 $U(P_0)$ 内与曲线 C 重合,因此曲线 C 在点 $P_0(x_0,y_0)$ 处有切线

$$y-y_0=y'(x_0)(x-x_0).$$

由于 $y'(x)=-\dfrac{F_x(x,y)}{F_y(x,y)}$,曲线 C 在点 $P_0(x_0,y_0)$ 处的切线方程可写成

$$F_x(x_0,y_0)(x-x_0)+F_y(x_0,y_0)(y-y_0)=0.$$

从而法线方程为

$$F_y(x_0,y_0)(x-x_0)-F_x(x_0,y_0)(y-y_0)=0.$$

(b) 空间曲面的切平面和法线

一般三维空间曲面 $\Sigma\subset\mathbf{R}^3$ 由方程

$$F(x,y,z)=0$$

给出. 例如,球面方程为 $x^2+y^2+z^2-1=0$. 如果在曲面 Σ 上某点 $P_0(x_0,y_0,z_0)$ 处,函数 $F(x,y,z)$ 满足定理 16.4 的条件,则方程 $F(x,y,z)=0$ 在某 $U(P_0)\subset\mathbf{R}^3$ 内唯一确定了一个连续可微函数 $z=z(x,y)$. 该可微函数 $z=z(x,y)$ 的图像在 $U(P_0)$ 内与曲面 Σ 重合,因此曲面 Σ 在点 $P_0(x_0,y_0,z_0)$ 处有切平面

$$z-z_0=z_x(x_0,y_0)(x-x_0)+z_y(x_0,y_0)(y-y_0).$$

由于 $z_x(x,y)=-\dfrac{F_x(x,y,z)}{F_z(x,y,z)},z_y(x,y)=-\dfrac{F_y(x,y,z)}{F_z(x,y,z)}$,曲面 Σ 在点 $P_0(x_0,y_0)$ 处的切平面方程为

$$F_x(x_0,y_0,z_0)(x-x_0)+F_y(x_0,y_0,z_0)(y-y_0)+F_z(x_0,y_0,z_0)(z-z_0)=0.$$

从而法线方程为

$$\frac{x-x_0}{F_x(x_0,y_0,z_0)}=\frac{y-y_0}{F_y(x_0,y_0,z_0)}=\frac{z-z_0}{F_z(x_0,y_0,z_0)}.$$

(c) 空间曲线的切线和法平面

(c1)空间曲线 $C \subset \mathbf{R}^3$ 由参数方程

$$\begin{cases} x = x(t) \\ y = y(t), t \in I \\ z = z(t) \end{cases}$$

表示. 在其上对应参数 $t_0 \in I$ 的一点 $P_0(x_0, y_0, z_0) = P_0(x(t_0), y(t_0), z(t_0))$ 处的切线可类似于平面曲线,通过割线的极限位置来获取.

对曲线 C 上任一点 $P(x(t), y(t), z(t)) \neq P_0$,割线 $P_0 P$ 的方程为

$$\frac{x - x_0}{x(t) - x(t_0)} = \frac{y - y_0}{y(t) - y(t_0)} = \frac{z - z_0}{z(t) - z(t_0)}.$$

为获取极限位置,将其表示为

$$\frac{x - x_0}{\frac{x(t) - x(t_0)}{t - t_0}} = \frac{y - y_0}{\frac{y(t) - y(t_0)}{t - t_0}} = \frac{z - z_0}{\frac{z(t) - z(t_0)}{t - t_0}}.$$

因此,若 $x(t), y(t), z(t)$ 在 t_0 处都可导,并且导数不全为 0:

$$(x'(t_0), y'(t_0), z'(t_0)) \neq (0, 0, 0),$$

则割线 $P_0 P$ 当 $P \to P_0$ 即参数 $t \to t_0$ 时有极限位置

$$\frac{x - x_0}{x'(t_0)} = \frac{y - y_0}{y'(t_0)} = \frac{z - z_0}{z'(t_0)}.$$

此即空间曲线 C 在其上点 $P_0(x_0, y_0, z_0) = P_0(x(t_0), y(t_0), z(t_0))$ 处的切线方程. 进而,过点 $P_0(x_0, y_0, z_0)$ 的**法平面**(过切点且与切线垂直的平面)方程为

$$x'(t_0)(x - x_0) + y'(t_0)(y - y_0) + z'(t_0)(z - z_0) = 0.$$

(c2) 空间曲线 C 由联立方程

$$\begin{cases} F(x, y, z) = 0 \\ G(x, y, z) = 0 \end{cases}, (x, y, z) \in D \subset \mathbf{R}^3$$

表示. 在几何上看,这种曲线表示为两个曲面的交线. 为获得这种空间曲线 C 上某一点 $P_0(x_0, y_0, z_0)$ 处的切线方程,先设在点 P_0 的某邻域内可将曲线 C 参数化:

$$\begin{cases} x = x \\ y = y(x), x \in U(x_0) \\ z = z(x) \end{cases}$$

于是,函数组 $\begin{cases} y = y(x) \\ z = z(x) \end{cases}$ 实际上是由方程组 $\begin{cases} F(x, y, z) = 0 \\ G(x, y, z) = 0 \end{cases}$ 所确定的隐函数组. 根据隐函数组定理,若函数 F, G 连续可微,则隐函数组 $\begin{cases} y = y(x) \\ z = z(x) \end{cases}$ 也连续可微,并且

$$y'(x) = -\frac{\partial(F, G)}{\partial(x, z)} \bigg/ \frac{\partial(F, G)}{\partial(y, z)},$$

$$z'(x) = -\frac{\partial(F,G)}{\partial(y,x)} \bigg/ \frac{\partial(F,G)}{\partial(y,z)}.$$

于是,由(c1)知,切线方程为

$$\frac{x-x_0}{1} = \frac{y-y_0}{y'(x_0)} = \frac{z-z_0}{z'(x_0)}.$$

即

$$\frac{x-x_0}{\dfrac{\partial(F,G)}{\partial(y,z)}(P_0)} = \frac{y-y_0}{\dfrac{\partial(F,G)}{\partial(z,x)}(P_0)} = \frac{z-z_0}{\dfrac{\partial(F,G)}{\partial(x,y)}(P_0)}.$$

同时,法平面方程为

$$\frac{\partial(F,G)}{\partial(y,z)}(P_0)(x-x_0) + \frac{\partial(F,G)}{\partial(z,x)}(P_0)(y-y_0) + \frac{\partial(F,G)}{\partial(x,y)}(P_0)(z-z_0) = 0.$$

注意这里各项中三变量 x,y,z 均按如下顺序循环出现:

$$x \rightarrow y \rightarrow z \rightarrow x \rightarrow y \rightarrow z.$$

16.2.2　条件极值

函数的条件极值是指除了定义域之外,函数还受到其他某些条件的约束下的极值. 函数的条件极值,无论是理论上,还是实际应用上,都很有意义.

例 16.8　设计一个长方体纸板包装盒,顶部和底部双层,使其容量为给定的 V 但用料最少.

解　为简单起见,我们不计纸板厚度. 设长方体的长、宽、高分别为 $x,y,z>0$,则按要求 $xyz=V$,同时所用纸板面积为

$$S = 4xy + 2yz + 2zx.$$

于是,问题就转化为在条件 $xyz=V$ 之下确定上述函数 $S=S(x,y,z)$ 在第一卦限的最小值问题. 对此,可用消元法解答如下. 由条件 $xyz=V$ 知 $z=\dfrac{V}{xy}$,因此

$$S = f(x,y) = 4xy + 2\frac{x+y}{xy}V, \quad (x,y) \in \mathbf{R}_+^2.$$

易见,函数 $f(x,y)$ 于第一象限 $\mathbf{R}_+^2$ 连续可微,并且

$$f_x(x,y) = 4y - \frac{2V}{x^2}, \quad f_y(x,y) = 4x - \frac{2V}{y^2}.$$

由此,可由方程组 $\begin{cases} f_x(x,y)=0 \\ f_y(x,y)=0 \end{cases}$ 解得函数 $f(x,y)$ 在第一象限 $\mathbf{R}_+^2$ 的唯一稳定点 $(x_0,y_0) = \left(\sqrt[3]{\dfrac{V}{2}}, \sqrt[3]{\dfrac{V}{2}}\right)$. 由于

$$f_{xx}(x,y) = \frac{4V}{x^3}, \quad f_{xy}(x,y) = 4, \quad f_{yy}(x,y) = \frac{4V}{y^3},$$

黑塞矩阵在点 (x_0, y_0) 处正定,因而点 (x_0, y_0) 是极小值点. 此时 $z_0 = \dfrac{V}{x_0 y_0} = \sqrt[3]{4V}$,并且极小值为

$$S_{\min} = f(x_0, y_0) = 6\sqrt[3]{2V^2}.$$

由于 $\lim\limits_{(x,y) \to \partial \mathbf{R}^2_+} f(x, y) = +\infty$,这就是所求的最小值. □

例 16.8 的解答中,关键一步是由条件 $xyz = V$ 可得 $z = \dfrac{V}{xy}$,从而将条件极值转化为正常的函数极值问题. 例 16.8 的一般情形就是求目标函数 $f(x, y, z)$ 在条件

$$\varphi(x, y, z) = 0$$

之下的条件极值问题. 此时,通常很难甚至无法从 $\varphi(x, y, z) = 0$ 解出显函数 $z = z(x, y)$.

我们来分析如何找到条件极值点 $P_0(x_0, y_0, z_0)$:首先自然有

$$\varphi(x_0, y_0, z_0) = 0,$$

因此可以假设方程 $\varphi(x, y, z) = 0$ 在点 $P_0(x_0, y_0, z_0)$ 处确定了一个连续可微隐函数 $z = z(x, y)$. 这样,点 $P_0^*(x_0, y_0)$ 就成为函数 $w = f(x, y, z(x, y))$ 的极值点,从而点 $P_0^*(x_0, y_0)$ 是函数 $w = f(x, y, z(x, y))$ 的稳定点(设目标函数 f 可微),即满足 $w_x(x_0, y_0) = w_y(x_0, y_0) = 0$. 根据复合函数求导链式法则和隐函数导数公式,即有

$$f_x(x_0, y_0, z_0) - f_z(x_0, y_0, z_0)\frac{\varphi_x(x_0, y_0, z_0)}{\varphi_z(x_0, y_0, z_0)} = 0,$$

$$f_y(x_0, y_0, z_0) - f_z(x_0, y_0, z_0)\frac{\varphi_y(x_0, y_0, z_0)}{\varphi_z(x_0, y_0, z_0)} = 0.$$

于是,极值点 $P_0(x_0, y_0, z_0)$ 满足 $\varphi(x_0, y_0, z_0) = 0$ 并且

$$\frac{f_x(x_0, y_0, z_0)}{\varphi_x(x_0, y_0, z_0)} = \frac{f_y(x_0, y_0, z_0)}{\varphi_y(x_0, y_0, z_0)} = \frac{f_z(x_0, y_0, z_0)}{\varphi_z(x_0, y_0, z_0)} \xlongequal{\Delta} \lambda_0,$$

或者写成如下形式:

$$\begin{cases} f_x(x_0, y_0, z_0) - \lambda_0 \varphi_x(x_0, y_0, z_0) = 0 \\ f_y(x_0, y_0, z_0) - \lambda_0 \varphi_y(x_0, y_0, z_0) = 0 \\ f_z(x_0, y_0, z_0) - \lambda_0 \varphi_z(x_0, y_0, z_0) = 0 \\ \varphi(x_0, y_0, z_0) = 0 \end{cases}.$$

现在引入函数

$$L(x, y, z, \lambda) = f(x, y, z) + \lambda \varphi(x, y, z),$$

则上述四式表明函数 $L(x, y, z, \lambda)$ 以 $(x_0, y_0, z_0, -\lambda_0)$ 为稳定点,从而将条件极值问题转化为函数 $L(x, y, z, \lambda)$ 的无条件极值问题. 这种方法叫作**拉格朗日乘数法**,上述辅助函数 L 叫作**拉格朗日函数**,其中的辅助变量 λ 叫作**拉格朗日乘数**.

拉格朗日乘数法也适用于更一般的条件极值问题:求目标函数

$$y = f(x_1, x_2, \cdots, x_n)$$

于区域 $D \subset \mathbf{R}^n$ 在条件组

$$\varphi_k(x_1, x_2, \cdots, x_n) = 0, k = 1, 2, \cdots, m(m < n)$$

之下的极值. 此时,拉格朗日函数为

$$L(x_1, x_2, \cdots, x_n, \lambda_1, \lambda_2, \cdots, \lambda_m) = f(x_1, x_2, \cdots, x_n) + \sum_{k=1}^{m} \lambda_k \varphi_k(x_1, x_2, \cdots, x_n).$$

例 16.9 用拉格朗日乘数法解决前述包装盒设计问题.

解 按之前的分析,需要确定函数 $S = 4xy + 2yz + 2zx$ 于第一卦限在条件 $xyz = V$ 之下的最小值问题. 此时,拉格朗日函数为

$$L(x, y, z, \lambda) = 4xy + 2yz + 2zx + \lambda(xyz - V).$$

先确定其稳定点. 解方程组

$$\begin{cases} L_x = 4y + 2z + \lambda yz = 0 \\ L_y = 4x + 2z + \lambda xz = 0 \\ L_z = 2y + 2x + \lambda xy = 0 \\ L_\lambda = xyz - V = 0 \end{cases},$$

得 $x = y = \sqrt[3]{\dfrac{V}{2}}, z = \sqrt[3]{4V} = 2\sqrt[3]{\dfrac{V}{2}}, \lambda = -4\sqrt[3]{\dfrac{2}{V}}$. 由于实际问题确实存在最小值,当长宽相等,高为长宽两倍时用料最省. □

例 16.10 求原点与空间曲线

$$C: \begin{cases} x^2 + y^2 = z \\ x + y + z = 1 \end{cases}$$

上点之间的最长距离和最短距离.

解 问题转化为求目标函数

$$f(x, y, z) = x^2 + y^2 + z^2$$

在条件组 $\begin{cases} x^2 + y^2 - z = 0 \\ x + y + z - 1 = 0 \end{cases}$ 之下的最大、最小值问题. 首先,由于曲线 C 是有界封闭曲线(实际上是一椭圆),连续函数 $f(x, y, z)$ 在 C 上必有最大、最小值.

作拉格朗日函数

$$L(x, y, z, \lambda, \mu) = x^2 + y^2 + z^2 + \lambda(x^2 + y^2 - z) + \mu(x + y + z - 1).$$

确定其稳定点:解方程组

$$\begin{cases} L_x = 2(1 + \lambda)x + \mu = 0 \\ L_y = 2(1 + \lambda)y + \mu = 0 \\ L_z = 2z - \lambda + \mu = 0 \\ L_\lambda = x^2 + y^2 - z = 0 \\ L_\mu = x + y + z - 1 = 0 \end{cases},$$

得拉格朗日函数有两个稳定点:

$$\left(\frac{-1\pm\sqrt{3}}{2},\frac{-1\pm\sqrt{3}}{2},2\mp\sqrt{3},-3\pm\frac{5}{3}\sqrt{3},-7\pm\frac{11}{3}\sqrt{3}\right).$$

由于函数 f 在曲线 C 上的最大、最小值必定取得，上述两个点所对应的函数值

$$f\left(\frac{-1\pm\sqrt{3}}{2},\frac{-1\pm\sqrt{3}}{2},2\mp\sqrt{3}\right)=9\mp5\sqrt{3}$$

恰好是最大、最小值. 于是，所求最长、最短距离分别为 $\sqrt{9+5\sqrt{3}}$ 和 $\sqrt{9-5\sqrt{3}}$.　　　　□

习题 16.2

1. 求平面曲线 $x^{2/3}+y^{2/3}=1$ 上任一点处的切线方程，并证明这些切线被坐标轴所截取的线段等长.

2. 求下列曲线在指定点处的切线和法平面方程：

(1) $x=a\sin^2 t,y=b\sin t\cos t,z=c\cos^2 t$，点 $t=\frac{\pi}{4}$.

(2) $x^2+z^2=10,y^2+z^2=10$，点 $P(1,1,3)$.

(3) $x^2+y^2+z^2=6,x+y+z=0$ 点 $P(1,-2,1)$.

3. 在曲线 $x=t,y=t^2,z=t^3$ 上求一点使该点处的切线与平面 $x+2y+z=4$ 平行.

4. 求下列曲面在指定点处的切平面和法线方程：

(1) $z=x^2+y^2$，点 $P(1,2,5)$.

(2) $z=y+\ln x-\ln z$，点 $P(1,1,1)$.

(3) $2^{x/z}+2^{y/z}=8$，点 $P(2,2,1)$.

5. 证明曲面 $\sqrt{x}+\sqrt{y}+\sqrt{z}=1$ 的任何切平面在坐标轴上截取的线段之和为常值.

6. 求下列函数的条件极值：

(1) $z=\frac{x}{2}+\frac{y}{3}$，条件 $x^2+y^2=1$.

(2) $z=x^2+y^2$，条件 $\frac{x}{2}+\frac{y}{3}=1$.

(3) $w=x-2y+2z$，条件 $x^2+y^2+z^2=1$.

(4) $w=xyz$，条件 $x^2+y^2+z^2=1,x+y+z=0$.

7. 证明：若 $n\geqslant1$，则任何正数 x,y 满足不等式

$$\frac{x^n+y^n}{2}\geqslant\left(\frac{x+y}{2}\right)^n.$$

第十七章　含参量积分

本章开始我们讨论多元函数的积分. 对多元函数,在指定一个自变量并且将其他自变量看作参量后,就成了指定变量的一元函数. 这种一元函数的导数就是前述的偏导数. 本章将讨论这种一元函数的定积分或反常积分. 我们将着重讨论由二元函数所诱导出的这种一元函数的积分.

§17.1　含参量正常积分

17.1.1　含参量正常积分的概念

设函数 $f(x,y)$ 在闭矩形区域 $[a,b] \times [c,d]$ 上有定义. 将 $x \in [a,b]$ 看作参量固定,则函数 $f(x,y)$ 成为以 $y \in [c,d]$ 为自变量的一元函数. 假设该一元函数在区间 $[c,d]$ 上可积,则积分值 $\int_c^d f(x,y) \mathrm{d}y$ 由参量 x 唯一确定,记为 $\varphi(x)$:

$$\varphi(x) = \int_c^d f(x,y) \mathrm{d}y, x \in [a,b]. \tag{17.1}$$

上式右端的积分就称为二元函数 $f(x,y)$ 在区域 $[a,b] \times [c,d]$ 上的**含参量 x 的正常积分**,简称**含参量积分**. 含参量 x 的正常积分 (17.1) 确定了一个以参量 x 为自变量的函数.

上述含参量积分可推广到定义在 x 型区域 $D = \{(x,y) \mid c(x) \leqslant y \leqslant d(x), a \leqslant x \leqslant b\}$ 上的二元函数 $f(x,y)$. 如果将 $x \in [a,b]$ 看作参量固定后,$f(x,y)$ 作为 y 的一元函数在闭区间 $[c(x), d(x)]$ 上可积,则积分值因同样由参量 x 唯一确定而可记为

$$I(x) = \int_{c(x)}^{d(x)} f(x,y) \mathrm{d}y, x \in [a,b]. \tag{17.2}$$

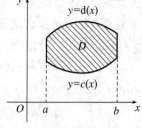

图 17.1

上式右端的积分称为二元函数 $f(x,y)$ 在 x 型区域 D 上的**含参量 x 的正常积分**,简称**含参量积分**. 含参量 x 的正常积分 (17.2) 也确定了一个以参量 x 为自变量的函数.

类似地,可以定义以 y 为参量的含参量正常积分

$$\psi(y) = \int_a^b f(x,y) \mathrm{d}x, y \in [c,d] \quad \text{或} \quad J(y) = \int_{a(y)}^{b(y)} f(x,y) \mathrm{d}x, y \in [c,d].$$

17.1.2 含参量正常积分的性质

按定义,含参量积分是以参量为自变量的函数,因此要研究含参量积分的连续性、可微性与可积性等基本性质. 由于含参量积分是由多元函数关于单个变量的定积分来定义的,其性质与多元函数的性质密切有关.

定理 17.1(连续性定理) 若函数 $f(x,y)$ 在闭矩形区域 $[a,b]\times[c,d]$ 上连续,则含参量积分 $\varphi(x)=\int_c^d f(x,y)\mathrm{d}y$ 在 $[a,b]$ 上也连续.

证 我们要证明含参量积分在任一点 $x_0\in[a,b]$ 处连续,即有

$$\lim_{x\to x_0}\varphi(x)=\varphi(x_0).\tag{17.3}$$

现在设 ε 为任一正数. $f(x,y)$ 在闭矩形区域 $[a,b]\times[c,d]$ 上连续,因而一致连续,从而存在正数 δ 使得对任何点 $P_1,P_2\in[a,b]\times[c,d]$,只要距离 $\mathrm{d}(P_1,P_2)<\delta$,就有

$$|f(P_1)-f(P_2)|<\varepsilon.$$

于是对任何 $x\in[a,b]$,只要 $|x-x_0|<\delta$ 就有

$$|\varphi(x)-\varphi(x_0)|=\left|\int_c^d[f(x,y)-f(x_0,y)]\mathrm{d}y\right|$$
$$\leqslant\int_c^d|f(x,y)-f(x_0,y)|\mathrm{d}y\leqslant(d-c)\varepsilon.$$

这就证明了函数 $\varphi(x)$ 在区间 $[a,b]$ 上连续. □

可将式(17.3)用含参量积分表示为

$$\lim_{x\to x_0}\int_c^d f(x,y)\mathrm{d}y=\int_c^d\lim_{x\to x_0}f(x,y)\mathrm{d}y,\tag{17.4}$$

即极限运算与积分运算可交换. 定理 17.1 表明,当函数 $f(x,y)$ 在闭矩形区域 $[a,b]\times[c,d]$ 上连续时,上述交换成立.

定理 17.2(连续性定理) 若函数 $f(x,y)$ 在边界连续的闭区域 $D=\{(x,y)|c(x)\leqslant y\leqslant d(x),a\leqslant x\leqslant b\}$ 上连续,则含参量积分(17.2)在区间 $[a,b]$ 上连续.

证 这里区域 D 边界连续等价于函数 $c(x)$ 与 $d(x)$ 在区间 $[a,b]$ 上连续. 利用定积分的换元法,令 $y=c(x)+t[d(x)-c(x)],t\in[0,1]$,则含参量积分(17.2)转化为

$$I(x)=\int_0^1 f(x,c(x)+t[d(x)-c(x)])[d(x)-c(x)]\mathrm{d}t.$$

上式右端是矩形区域 $[a,b]\times[0,1]$ 上连续函数的含参量积分,故由定理 17.1 知含参量积分 $I(x)$ 在 $[a,b]$ 上连续. □

例 17.1 求极限 $\displaystyle\lim_{\alpha\to 0}\int_0^1\frac{\mathrm{d}x}{1+x^2\cos(\alpha x)}$.

解 记 $\varphi(\alpha)=\displaystyle\int_0^1\frac{\mathrm{d}x}{1+x^2\cos(\alpha x)}$,则其是由二元函数 $f(\alpha,x)=\dfrac{1}{1+x^2\cos(\alpha x)}$ 所确定的含参量积分. 由于二元函数 $f(\alpha,x)$ 在矩形区域 $[-1,1]\times[0,1]$ 上连续,由定理 17.1 知含参量积分 $\varphi(\alpha)$ 在闭区间 $[0,1]$ 上连续,从而所求极限

$$\lim_{\alpha \to 0} \int_0^1 \frac{\mathrm{d}x}{1+x^2\cos(\alpha x)} = \varphi(0) = \int_0^1 \frac{\mathrm{d}x}{1+x^2} = \frac{\pi}{4}. \qquad \square$$

定理 17.3(可微性定理) 若函数 $f(x,y)$ 在闭矩形区域 $[a,b]\times[c,d]$ 上连续,并且关于 x 的偏导函数 $f_x(x,y)$ 也连续,则 $\varphi(x) = \int_c^d f(x,y)\mathrm{d}y$ 在 $[a,b]$ 上连续可导,并且

$$\varphi'(x) = \int_c^d f_x(x,y)\mathrm{d}y. \qquad (17.5)$$

证 先证明 $\varphi(x)$ 在任何一点 $x_0 \in [a,b]$ 处可导并且导数为

$$\varphi'(x_0) = \int_c^d f_x(x_0,y)\mathrm{d}y,$$

即我们要证明

$$\lim_{x \to x_0} \frac{\varphi(x)-\varphi(x_0)}{x-x_0} = \int_c^d f_x(x_0,y)\mathrm{d}y. \qquad (17.6)$$

为此,设 ε 为任一正数. $f_x(x,y)$ 在闭矩形区域 $[a,b]\times[c,d]$ 上连续,因而一致连续,从而存在正数 δ 使得对任何点 $P_1,P_2 \in [a,b]\times[c,d]$,只要距离 $d(P_1,P_2)<\delta$,就有

$$|f_x(P_1)-f_x(P_2)|<\varepsilon.$$

另一方面,对任何 $x \in [a,b], x \neq x_0$,根据拉格朗日中值定理有

$$\frac{\varphi(x)-\varphi(x_0)}{x-x_0} = \int_c^d \frac{f(x,y)-f(x_0,y)}{x-x_0}\mathrm{d}y = \int_c^d f_x(\xi,y)\mathrm{d}y,$$

其中 ξ 介于 x 与 x_0 之间. 于是,当 $|x-x_0|<\delta$ 时有

$$\left| \frac{\varphi(x)-\varphi(x_0)}{x-x_0} - \int_c^d f_x(x_0,y)\mathrm{d}y \right|$$
$$= \left| \int_c^d [f_x(\xi,y)-f_x(x_0,y)]\mathrm{d}y \right|$$
$$\leqslant \int_c^d |f_x(\xi,y)-f_x(x_0,y)|\mathrm{d}y \leqslant (d-c)\varepsilon.$$

这就证明了式(17.6). 再由定理 17.1 知,式(17.5)右端的含参量积分在区间 $[a,b]$ 上连续. 从而导函数 $\varphi'(x)$ 在 $[a,b]$ 上连续. $\qquad \square$

可将式(17.5)写成如下形式:

$$\frac{\mathrm{d}}{\mathrm{d}x}\int_c^d f(x,y)\mathrm{d}y = \int_c^d \frac{\partial}{\partial x}f(x,y)\mathrm{d}y. \qquad (17.7)$$

于是,定理 17.3 表明,当被积函数 $f(x,y)$ 连续并且关于参量 x 连续可导时,求导运算与积分运算可交换.

定理 17.4(可微性定理) 若函数 $f(x,y)$ 在边界光滑的闭区域 $D=\{(x,y)|c(x)\leqslant y\leqslant d(x), a\leqslant x\leqslant b\}$ 上连续,并且关于 x 的偏导函数 $f_x(x,y)$ 也连续,则含参量积分(17.2)在区间 $[a,b]$ 上连续可导,并且

$$I'(x) = \int_{c(x)}^{d(x)} f_x(x,y)\mathrm{d}y + f(x,d(x))\,d'(x) - f(x,c(x))\,c'(x). \qquad (17.8)$$

这里,边界光滑是指边界函数 $c(x)$ 和 $d(x)$ 于 $[a,b]$ 上连续可导.

证 可类似于定理 17.2 的证明,将 $I(x)$ 化为矩形区域上连续函数的含参量积分,再应用定理 17.3 而得结论. □

关于导函数 $I'(x)$ 表达式(17.8),也可用如下方法得到. 将 $I(x)$ 看作复合函数:

$$I(x) = H(x,c,d) = \int_c^d f(x,y)\mathrm{d}y, c = c(x), d = d(x).$$

于是根据复合函数求导法则就有

$$I'(x) = H_x(x,c,d) + H_c(x,c,d)\,c'(x) + H_d(x,c,d)\,d'(x)$$
$$= \int_{c(x)}^{d(x)} f_x(x,y)\mathrm{d}y + f(x,d(x))\,d'(x) - f(x,c(x))\,c'(x).$$

例 17.2 证明等式

$$\int_0^1 \frac{\ln(1+x)}{1+x^2}\mathrm{d}x = \lim_{\alpha\to1^-}\int_0^1 \frac{\ln(1+\alpha x)}{1+x^2}\mathrm{d}x,$$

并且由此计算上式左边的积分值.

证 记函数 $f(x,\alpha) = \frac{\ln(1+\alpha x)}{1+x^2}$. 易见该函数在矩形区域 $[0,1]\times[0,1]$ 上连续,因此含参量积分 $\varphi(\alpha) = \int_0^1 f(x,\alpha)\mathrm{d}x$ 在闭区间 $[0,1]$ 上连续,从而有 $\varphi(1) = \lim_{\alpha\to1^-}\varphi(\alpha)$,此即所要证明之等式.

现在来计算 $\varphi(1)$ 的值. 由于 $f_\alpha(x,\alpha) = \frac{x}{(1+x^2)(1+\alpha x)}$ 在矩形区域 $[0,1]\times[0,1]$ 上也连续,由可微性定理(定理 17.3)就知含参量积分 $\varphi(\alpha) = \int_0^1 f(x,\alpha)\mathrm{d}x$ 在闭区间 $[0,1]$ 上可导,并且

$$\varphi'(\alpha) = \int_0^1 f_\alpha(x,\alpha)\mathrm{d}x = \int_0^1 \frac{x}{(1+x^2)(1+\alpha x)}\mathrm{d}x$$
$$= \frac{1}{1+\alpha^2}\int_0^1 \left(\frac{x+\alpha}{1+x^2} - \frac{\alpha}{1+\alpha x}\right)\mathrm{d}x$$
$$= \frac{1}{1+\alpha^2}\left[\frac{\pi}{4}\alpha + \frac{1}{2}\ln2 - \ln(1+\alpha)\right].$$

由于 $\varphi(0) = 0$,由牛顿-莱布尼兹公式有

$$\varphi(1) = \varphi(0) + \int_0^1 \varphi'(\alpha)\mathrm{d}\alpha$$
$$= \frac{\pi}{4}\int_0^1 \frac{\alpha}{1+\alpha^2}\mathrm{d}\alpha + \frac{\ln2}{2}\int_0^1 \frac{\mathrm{d}\alpha}{1+\alpha^2} - \int_0^1 \frac{\ln(1+\alpha)}{1+\alpha^2}\mathrm{d}\alpha$$
$$= \frac{\pi}{4}\ln2 - \varphi(1).$$

于是,$\varphi(1) = \frac{\pi}{8}\ln2$. 从而所求积分

$$\int_0^1 \frac{\ln(1+x)}{1+x^2}\mathrm{d}x = \varphi(1) = \frac{\pi}{8}\ln2. \qquad □$$

例 17.3 求 $F'(x)$,其中

$$F(x) = \int_0^x \frac{\ln(1+xy)}{y} dy, x > 0.$$

解 根据公式(17.8),有

$$F'(x) = \int_0^x \frac{1}{1+xy} dy + \frac{\ln(1+x \cdot x)}{x} = \frac{2\ln(1+x^2)}{x}. \qquad □$$

根据定理 17.1,若函数 $f(x,y)$ 在闭矩形区域 $[a,b] \times [c,d]$ 上连续,则含参量积分 $\varphi(x) = \int_c^d f(x,y) dy$ 在 $[a,b]$ 上、$\psi(y) = \int_a^b f(x,y) dx$ 在 $[c,d]$ 上都连续,进而有定积分

$$\int_a^b \varphi(x) dx = \int_a^b \left[\int_c^d f(x,y) dy \right] dx,$$

$$\int_c^d \psi(y) dy = \int_c^d \left[\int_a^b f(x,y) dx \right] dy.$$

上面两式右端都表示了对两个变量按一定顺序进行了两次积分,因此称这种形式的积分为**二次积分**,或一般地称为**累次积分**. 上述二次积分常简写为如下形式:

$$\int_a^b dx \int_c^d f(x,y) dy \text{ 和 } \int_c^d dy \int_a^b f(x,y) dx,$$

分别表示先对 y 后对 x 求积分和先对 x 后对 y 求积分.

直觉上,这两个二次积分值应该相等. 下面的定理告诉我们,这个直觉在被积函数 $f(x,y)$ 连续的条件下是对的,即累次积分与积分次序无关.

定理 17.5(积分次序交换定理) 若函数 $f(x,y)$ 在闭矩形区域 $[a,b] \times [c,d]$ 上连续,则

$$\int_a^b dx \int_c^d f(x,y) dy = \int_c^d dy \int_a^b f(x,y) dx. \tag{17.9}$$

证 记

$$\Phi(u) = \int_a^u dx \int_c^d f(x,y) dy = \int_a^u \varphi(x) dx, u \in [a,b],$$

$$\Psi(u) = \int_c^d dy \int_a^u f(x,y) dx, u \in [a,b],$$

则由 $\varphi(x)$ 连续知 $\Phi(u)$ 可导,并且

$$\Phi'(u) = \varphi(u) = \int_c^d f(u,y) dy.$$

对于函数 $\Psi(u)$,由于函数 $H(u,y) = \int_a^u f(x,y) dx$ 和其偏导函数 $H_u(u,y) = f(u,y)$ 都在闭矩形区域 $[a,b] \times [c,d]$ 上连续,由定理 17.3 知含参量积分 $\Psi(u) = \int_c^d H(u,y) dy$ 也可导,并且

$$\Psi'(u) = \int_c^d H_u(u,y) dy = \int_c^d f(u,y) dy.$$

于是 $\Phi'(u)=\Psi'(u)$，从而存在常数 C 使得对任何 $u\in[a,b]$ 有

$$\Phi(u)=\Psi(u)+C.$$

由于 $\Phi(a)=\Psi(a)=0$，故常数 $C=0$. 于是，对任何 $u\in[a,b]$ 有 $\Phi(u)=\Psi(u)$. 特别地，$\Phi(b)=\Psi(b)$. 此即所要证明的等式. □

例 17.4 计算定积分 $I=\displaystyle\int_0^1\frac{x^b-x^a}{\ln x}\mathrm{d}x$，其中 $b>a>0$.

解 首先注意，被积函数于区间 $(0,1)$ 连续，并且当 $x\to 0^+$ 时 $\dfrac{x^b-x^a}{\ln x}\to 0$，当 $x\to 1^-$ 时 $\dfrac{x^b-x^a}{\ln x}\to b-a$，因此所求定积分存在.

由于 $\displaystyle\int_a^b x^y\mathrm{d}y=\frac{x^b-x^a}{\ln x}$，所求定积分可转化为二次积分：

$$I=\int_0^1\mathrm{d}x\int_a^b x^y\mathrm{d}y.$$

由于二元函数 $f(x,y)=x^y$ 在闭矩形区域 $[0,1]\times[a,b]$ 上连续，所以二次积分可交换次序，从而

$$I=\int_0^1\mathrm{d}x\int_a^b x^y\mathrm{d}y=\int_a^b\mathrm{d}y\int_0^1 x^y\mathrm{d}x=\int_a^b\frac{1}{1+y}\mathrm{d}y=\ln\frac{1+b}{1+a}. \qquad \square$$

最后，我们指出但不做进一步讨论，对一般多元函数，例如，对定义在空间中的 xy 型区域 $G=\{(x,y,z)\mid z_1(x,y)\leqslant z\leqslant z_2(x,y),(x,y)\in D\}$ 上的三元函数 $f(x,y,z)$，同样可定义含参量正常积分

$$\varphi(x,y)=\int_{z_1(x,y)}^{z_2(x,y)}f(x,y,z)\mathrm{d}z,(x,y)\in D.$$

对含参量正常积分定义的二元或多元函数，同样可讨论其连续性、可微性和可积性，并且有与上述各定理相类似的结论.

习题 17.1

1. 求含参量积分 $\varphi(x)=\displaystyle\int_0^2|x-y|\mathrm{d}y$ 的表达式，并且画出 $\varphi(x)$ 的图形.

2. 证明含参量积分 $\varphi(x)=\displaystyle\int_0^2\operatorname{sgn}(x-y)\mathrm{d}y$ 在整个实轴 $\mathbf{R}$ 上连续.

3. 求下列极限：

(1) $\displaystyle\lim_{x\to 0}\int_0^1 y\sqrt{x\sin^2 y+1}\mathrm{d}y$；

(2) $\displaystyle\lim_{y\to 0}\int_y^{y^2+1}\frac{\mathrm{d}x}{x^2+y^2+1}$；

(3) $\displaystyle\lim_{x\to 0}\frac{\int_0^x\mathrm{d}u\int_0^{u^2}\arctan(1+t)\mathrm{d}t}{x(1-\cos x)}$；

(4) $\lim\limits_{y\to 0^+}\int_0^1\dfrac{\mathrm{d}x}{1+(1+xy)^{\frac{1}{y}}}$.

4. 设 $\varphi(x)=\int_0^1\sin(xy^3)\mathrm{d}y$，求 $\varphi'(0)$.

5. 设 $\varphi(y)=\int_0^{y^2}\dfrac{\ln(1+xy)}{x}\mathrm{d}x,y>0$，求 $\varphi'(y)$.

6. 设 $f(x,y)=y\sin(xy)$，求含参量积分 $\varphi(x)=\int_0^1 f(x,y)\mathrm{d}y$ 的表达式及定积分 $\int_0^1\varphi(x)\mathrm{d}x$ 的值.

7. 设 $\varphi(x)=\int_\pi^{2\pi}\dfrac{y\sin(xy)}{y-\sin y}\mathrm{d}y$，求定积分 $\int_0^1\varphi(x)\mathrm{d}x$ 的值.

§17.2 含参量反常积分

17.2.1 含参量反常积分定义及一致收敛性概念

由于反常积分形式上分为无穷区间上的反常积分和有限区间上无界函数的反常积分两种，含参量的反常积分也有两种形式. 我们将主要讨论无穷区间上的含参量反常积分.

设函数 $f(x,y)$ 在无界区域 $I\times[c,+\infty)$ 有定义，其中 $I\subset\mathbf{R}$. 若对每个给定的参量 $x\in I$，反常积分

$$\int_c^{+\infty}f(x,y)\mathrm{d}y \tag{17.10}$$

都收敛，则反常积分(17.10)的值由 $x\in I$ 唯一确定，因而可记为

$$\Phi(x)=\int_c^{+\infty}f(x,y)\mathrm{d}y,x\in I. \tag{17.11}$$

我们称式(17.11)右端为二元函数 $f(x,y)$ 在无界区域 $I\times[c,+\infty)$ 上的**含参量 x 的无穷上限反常积分**，简称无穷上限反常积分，其确定了一个定义在 I 上的函数. 类似地，可定义**无穷下限反常积分**，以及上下限均无穷的反常积分，并且统称为**含参量无穷限反常积分**.

同样，我们要讨论含参量反常积分(17.11)的连续性、可微性与可积性等基本性质.

例 17.5 讨论反常积分

$$\int_0^{+\infty}x\mathrm{e}^{-xy}\mathrm{d}y$$

于区间 $I=[0,+\infty)$ 的收敛性.

解 令

$$F(u,x)=\int_0^u x\mathrm{e}^{-xy}\mathrm{d}y,$$

则 $F(u,0)=0$，并且当 $x>0$ 时 $F(u,x)=-\mathrm{e}^{-xy}|_{y=0}^{y=u}=1-\mathrm{e}^{-xu}\to 1\ (u\to+\infty)$. 于是例中需讨论的反常积分对每个给定的参量 $x\in I=[0,+\infty)$ 都收敛，并且收敛于

$$\Phi(x) = \begin{cases} 1, & x > 0 \\ 0, & x = 0 \end{cases}.$$ □

例 17.5 中,被积函数 $f(x,y) = x\mathrm{e}^{-xy}$ 在区域 $[0,+\infty) \times [0,+\infty)$ 上连续,但含参量反常积分确定的函数却不连续. 因此,为得到含参量反常积分的连续性,需要加强反常积分的收敛性条件. 首先,按定义,含参量反常积分(17.11)收敛指的是对给定的 $x \in I$,

$$\lim_{u \to +\infty} \int_c^u f(x,y) \mathrm{d}y = \Phi(x).$$

根据极限的定义,对任何给定的 $\varepsilon > 0$,存在正数 $U > c$,使得当 $u > U$ 时,

$$\left| \int_c^u f(x,y) \mathrm{d}y - \Phi(x) \right| < \varepsilon.$$

这里的正数 U 是在给定 $x \in I$ 后获得,因此不仅与 ε 有关,还通常与 x 有关. 我们加强的收敛性条件就是上述正数 U 可以选取为与 x 无关,即只和 ε 有关. 这种收敛就是所谓的一致收敛.

定义 17.1 设函数 $f(x,y)$ 在无界区域 $I \times [c,+\infty)$ 有定义,并且对每个给定的参量 $x \in I$,反常积分(17.11)都收敛. 如果对任何给定的 $\varepsilon > 0$,存在正数 $U > c$,使得当 $u > U$ 时,对任何 $x \in I$ 都有

$$\left| \int_c^u f(x,y) \mathrm{d}y - \Phi(x) \right| < \varepsilon, \tag{17.12}$$

则称含参量反常积分(17.10)在区间 I 上**一致收敛**于函数 $\Phi(x)$,简称含参量反常积分(17.10)在区间 I 上**一致收敛**. □

由于

$$\int_c^u f(x,y) \mathrm{d}y - \Phi(x) = -\int_u^{+\infty} f(x,y) \mathrm{d}y,$$

式(17.12)等价于

$$\left| \int_u^{+\infty} f(x,y) \mathrm{d}y \right| < \varepsilon.$$

于是由定义即得如下含参量反常积分一致收敛的判别准则.

定理 17.6 含参量反常积分(17.10)在区间 I 上一致收敛的充要条件是

$$\lim_{u \to +\infty} F(u) = 0,$$

其中 $F(u) = \sup\limits_{x \in I} \left| \int_u^{+\infty} f(x,y) \mathrm{d}y \right|$. □

例 17.6 证明:含参量反常积分

$$\int_0^{+\infty} x\mathrm{e}^{-xy} \mathrm{d}y$$

于区间 $[\delta, +\infty)$ 一致收敛,这里 δ 为给定正数;但于区间 $(0, +\infty)$ 不一致收敛.

证 先证明所论含参量反常积分于区间 $[\delta, +\infty)$ 一致收敛. 由于参量 $x \geq \delta$,当 $u > 0$ 时,

$$0 \leqslant \sup_{x \in [\delta, +\infty)} \int_u^{+\infty} x e^{-xy} \mathrm{d}y = \sup_{x \in [\delta, +\infty)} e^{-xu} = e^{-\delta u} \to 0 \quad (u \to +\infty),$$

即定理 17.6 的条件得到满足,因而所论含参量反常积分于区间$[\delta, +\infty)$一致收敛.

再证明所论含参量反常积分于区间$(0, +\infty)$不一致收敛. 对于任意给定的正数 u,由于

$$\int_u^{+\infty} x e^{-xy} \mathrm{d}y = e^{-xu} \text{ 并且 } \lim_{x \to 0^+} e^{-xu} = 1, \text{就有}$$

$$\sup_{x \in (0, +\infty)} \left| \int_u^{+\infty} x e^{-xy} \mathrm{d}y \right| = 1.$$

故由定理 17.6 知,所论含参量反常积分于区间$(0, +\infty)$不一致收敛. □

为叙述方便,若含参量反常积分于区间 I 的任何闭子区间$[a, b] \subset I$ 上一致收敛,则称该含参量反常积分在 I 上**内闭一致收敛**. 例 17.6 表明含参量反常积分$\int_0^{+\infty} x e^{-xy} \mathrm{d}y$ 在$(0, +\infty)$ 上内闭一致收敛.

17.2.2 含参量反常积分一致收敛的判别准则

在讨论含参量反常积分一致收敛性时,如果函数 $\Phi(x)$ 容易求出,则通常可用定义或定理 17.6 去考虑. 但当函数 $\Phi(x)$ 不容易求出或求不出时(很多时候,这是常态),我们就需要其他方法.

首先,根据反常积分的柯西收敛准则,我们立即有如下含参量反常积分一致收敛的柯西准则.

定理 17.7(一致收敛的柯西准则) 含参量反常积分(17.10)在区间 I 上一致收敛的充要条件为:对任何给定的$\varepsilon > 0$,存在正数 $U > c$,使得当 $u, v > U$ 时,对任何 $x \in I$ 都有

$$\left| \int_u^v f(x, y) \mathrm{d}y \right| < \varepsilon. \tag{17.13}$$

□

例 17.7 证明:含参量反常积分

$$\int_1^{+\infty} \frac{\sin(xy)}{y} \mathrm{d}y$$

在$[0, +\infty)$上不一致收敛,但在任何区间$[\delta, +\infty)(\delta > 0)$上一致收敛.

证 先证明在$[0, +\infty)$上不一致收敛. 假设一致收敛,则由柯西准则,对任何给定的$\varepsilon > 0$,存在正数 $U > 1$,使得当 $u, v > U$ 时,对任何 $x \in [0, +\infty)$ 都有

$$\left| \int_u^v \frac{\sin(xy)}{y} \mathrm{d}y \right| < \varepsilon.$$

现在,利用 $u, v > U$ 的任意性和 $x \in [0, +\infty)$ 的任意性,选择 u, v 和 x 来得到矛盾:取$v = \frac{\pi}{2} u, x = \frac{1}{u}$,则当 $u > U$ 时有

$$\varepsilon > \left| \int_u^{\frac{\pi}{2} u} \frac{\sin \frac{y}{u}}{y} \mathrm{d}y \right| = \left| \int_1^{\frac{\pi}{2}} \frac{\sin t}{t} \mathrm{d}t \right| \geqslant \frac{2}{\pi} \int_1^{\frac{\pi}{2}} \sin t \mathrm{d}t = \frac{2\cos 1}{\pi} > 0.$$

这就与 ε 为任何正数矛盾.

再证明在任何区间 $[\delta,+\infty)(\delta>0)$ 上一致收敛. 设 ε 为任一给定的正数. 由于反常积分 $\int_1^{+\infty}\dfrac{\sin t}{t}\mathrm{d}t$ 收敛,故由柯西准则,存在正数 $X>1$,使得当 $A,B>X$ 时有 $\left|\int_A^B\dfrac{\sin t}{t}\mathrm{d}t\right|<\varepsilon$. 现在取正数 $U=\dfrac{X}{\delta}$,则当 $u,v>U$ 时,对任何 $x\in[\delta,+\infty)$ 都有 $ux,vx>X$,从而有

$$\left|\int_u^v\frac{\sin(xy)}{y}\mathrm{d}y\right|=\left|\int_{ux}^{vx}\frac{\sin t}{t}\mathrm{d}t\right|<\varepsilon.$$

根据柯西准则(定理 17.7),这就证明了含参量积分在区间 $[\delta,+\infty)$ 上一致收敛. □

在实际应用中,还有以下常用判别准则.

定理 17.8(比较判别法) 设函数 $f(x,y)$ 和 $g(x,y)$ 满足

$$|f(x,y)|\leqslant g(x,y),(x,y)\in I\times[c,+\infty).$$

若含参量反常积分 $\int_c^{+\infty}g(x,y)\mathrm{d}y$ 在区间 I 上一致收敛,则含参量反常积分 $\int_c^{+\infty}f(x,y)\mathrm{d}y$ 在区间 I 上也一致收敛.

证 由柯西准则(定理 17.7)即得. □

定理 17.9(维尔斯特拉斯判别法,亦称 M 判别法) 设函数 $f(x,y)$ 和 $g(y)$ 满足

$$|f(x,y)|\leqslant g(y),(x,y)\in I\times[c,+\infty).$$

若反常积分 $\int_c^{+\infty}g(y)\mathrm{d}y$ 收敛,则含参量反常积分 $\int_c^{+\infty}f(x,y)\mathrm{d}y$ 在区间 I 上一致收敛.

证 这是定理 17.8 的推论. □

例 17.8 证明含参量反常积分

$$\int_0^{+\infty}\frac{\sin(xy)}{1+x^2}\mathrm{d}x$$

在区间 $(-\infty,+\infty)$ 上一致收敛.

证 注意,这里 y 为参量. 对任意 $y\in(-\infty,+\infty)$,有

$$\left|\frac{\sin(xy)}{1+x^2}\right|\leqslant\frac{1}{1+x^2},$$

并且反常积分 $\int_0^{+\infty}\dfrac{1}{1+x^2}\mathrm{d}x$ 收敛,因此由 M 判别法知所论含参量反常积分在区间 $(-\infty,+\infty)$ 上一致收敛. □

当用于比较的函数 $g(x,y)$ 或 $g(y)$ 难于找到或找不到时,我们就需要其他判别准则. 我们不加证明地叙述如下两定理.

定理 17.10(阿贝尔判别法) 若函数 $f(x,y)$ 和 $g(x,y)$ 满足:

(1) 含参量反常积分 $\int_c^{+\infty}f(x,y)\mathrm{d}y$ 在区间 I 上一致收敛;

(2) 对给定的 $x\in I$,函数 $g(x,y)$ 关于 $y\in[c,+\infty)$ 单调;

(3) 函数 $g(x,y)$ 于 $I\times[c,+\infty)$ 有界,

则含参量反常积分 $\int_c^{+\infty}f(x,y)g(x,y)\mathrm{d}y$ 在区间 I 上一致收敛. □

定理 17.11(狄利克雷判别法)　若函数 $f(x,y)$ 和 $g(x,y)$ 满足:

(1) 含参量正常积分 $\int_c^u f(x,y)\mathrm{d}y$ 作为 $(x,u)\in I\times[c,+\infty)$ 的函数有界:存在正数 M 使得对任何 $(x,u)\in I\times[c,+\infty)$ 有 $\left|\int_c^u f(x,y)\mathrm{d}y\right|\leqslant M$;

(2) 对给定的 $x\in I$,函数 $g(x,y)$ 关于 $y\in[c,+\infty)$ 单调;

(3) 当 $y\rightarrow+\infty$ 时,函数 $g(x,y)$ 关于 $x\in I$ 有一致极限 0:对任何正数 ε,存在正数 Y 使得当 $y>Y$ 时对任何 $x\in I$ 有 $|g(x,y)|<\varepsilon$,

则含参量反常积分 $\int_c^{+\infty} f(x,y)g(x,y)\mathrm{d}y$ 在区间 I 上一致收敛.　　　　　□

例 17.9　证明含参量反常积分

$$\int_0^{+\infty} \mathrm{e}^{-xy}\,\frac{\sin y}{y}\mathrm{d}y$$

在区间 $[0,+\infty)$ 上一致收敛.

证　应用阿贝尔判别法.逐条验证条件:

(1) 反常积分 $\int_0^{+\infty}\frac{\sin y}{y}\mathrm{d}y$ 收敛(可看作关于参量 x 在 $[0,+\infty)$ 一致收敛).

(2) 函数 e^{-xy} 对每个给定的 $x\in[0,+\infty)$ 关于 $y\in[0,+\infty)$ 单调.

(3) 函数 e^{-xy} 于区域 $[0,+\infty)\times[0,+\infty)$ 有界:$0<\mathrm{e}^{-xy}\leqslant 1$.

故由阿贝尔判别法知所论含参量反常积分在区间 $[0,+\infty)$ 上一致收敛.　　　　　□

17.2.3　一致收敛含参量反常积分的性质

定理 17.12(连续性定理)　设函数 $f(x,y)$ 在区域 $I\times[c,+\infty)$ 上连续.若含参量反常积分

$$\Phi(x)=\int_c^{+\infty} f(x,y)\mathrm{d}y$$

在区间 I 上(内闭)一致收敛,则 $\Phi(x)$ 在区间 I 上连续.

证　任意取定一点 $x_0\in I$.我们要证明 $\Phi(x)$ 在 x_0 处连续.为此,设 ε 为任一给定的正数.由于含参量反常积分一致收敛,存在正数 $U>c$,使得对任何 $x\in I$ 都有

$$\left|\int_c^U f(x,y)\mathrm{d}y-\Phi(x)\right|<\varepsilon.$$

从而也有

$$\left|\int_c^U f(x_0,y)\mathrm{d}y-\Phi(x_0)\right|<\varepsilon.$$

由含参量正常积分连续性定理(定理 17.1)知 $\int_c^U f(x,y)\mathrm{d}y$ 在 x_0 处连续,因此存在正数 δ,使得当 $x\in(x_0-\delta,x_0+\delta)\bigcap I$ 时

$$\left|\int_c^U f(x,y)\mathrm{d}y-\int_c^U f(x_0,y)\mathrm{d}y\right|<\varepsilon.$$

于是就有

$$| \Phi(x) - \Phi(x_0) |$$

$$= \left| \left[\Phi(x) - \int_c^U f(x,y)\mathrm{d}y \right] + \left[\int_c^U f(x,y)\mathrm{d}y - \int_c^U f(x_0,y)\mathrm{d}y \right] + \right.$$

$$\left. \left[\int_c^U f(x_0,y)\mathrm{d}y - \Phi(x_0) \right] \right| < 3\varepsilon.$$

这就证明了 $\Phi(x)$ 在 x_0 处连续. □

定理 17.12 表明,在一致收敛的条件下,极限运算与积分运算可以交换. 对任何 $x_0 \in I$ 有

$$\lim_{x \to x_0} \int_c^{+\infty} f(x,y)\mathrm{d}y = \int_c^{+\infty} f(x_0,y)\mathrm{d}y = \int_c^{+\infty} \lim_{x \to x_0} f(x,y)\mathrm{d}y. \tag{17.14}$$

定理 17.13(可微性定理) 设函数 $f(x,y)$ 及偏导函数 $f_x(x,y)$ 在区域 $I \times [c, +\infty)$ 上连续. 若含参量反常积分

$$\Phi(x) = \int_c^{+\infty} f(x,y)\mathrm{d}y \tag{17.15}$$

在区间 I 上收敛,含参量反常积分

$$\Psi(x) = \int_c^{+\infty} f_x(x,y)\mathrm{d}y \tag{17.16}$$

在区间 I 上(内闭)一致收敛,则函数 $\Phi(x)$ 在区间 I 上可导,并且

$$\Phi'(x) = \Psi(x) = \int_c^{+\infty} f_x(x,y)\mathrm{d}y. \tag{17.17}$$

证 我们将证明对任何点 $x_0, x \in I$,有

$$\Phi(x) - \Phi(x_0) = \int_{x_0}^x \Psi(t)\mathrm{d}t. \tag{17.18}$$

由此即知函数 $\Phi(x)$ 在区间 I 上可导,并且满足式(17.17).

为此,设 ε 为任一给定的正数. 由于含参量反常积分(17.16)在区间 I 上一致收敛,存在正数 $U > c$,使得当 $u > U$ 时对任何 $x \in I$ 都有

$$\left| \int_c^u f_x(x,y)\mathrm{d}y - \Psi(x) \right| < \varepsilon.$$

另外,由连续性定理(定理 17.12)知函数 $\Psi(x)$ 在区间 I 上连续. 于是有

$$\left| \int_{x_0}^x \mathrm{d}t \int_c^u f_x(t,y)\mathrm{d}y - \int_{x_0}^x \Psi(t)\mathrm{d}t \right| = \left| \int_{x_0}^x \left[\int_c^u f_x(t,y)\mathrm{d}y - \Psi(t) \right]\mathrm{d}t \right|$$

$$\leqslant \varepsilon | x - x_0 |. \tag{17.19}$$

由含参量正常积分的积分次序交换定理(定理 17.5),

$$\int_{x_0}^x \mathrm{d}t \int_c^u f_x(t,y)\mathrm{d}y = \int_c^u \mathrm{d}y \int_{x_0}^x f_x(t,y)\mathrm{d}t$$

$$= \int_c^u [f(x,y) - f(x_0,y)]\mathrm{d}y$$

$$= \int_c^u f(x,y)\mathrm{d}y - \int_c^u f(x_0,y)\mathrm{d}y,$$

因此，由式(17.19)得

$$\left| \left[\int_c^u f(x,y)\mathrm{d}y - \int_c^u f(x_0,y)\mathrm{d}y \right] - \int_{x_0}^x \Psi(t)\mathrm{d}t \right| \leqslant \varepsilon \mid x-x_0 \mid. \qquad (17.20)$$

由于含参量反常积分(17.15)收敛，在式(17.20)中令 $u \to +\infty$ 就有

$$\left| \left[\Phi(x) - \Phi(x_0) \right] - \int_{x_0}^x \Psi(t)\mathrm{d}t \right| \leqslant \varepsilon \mid x-x_0 \mid. \qquad (17.21)$$

由于 ε 为任意给定的正数，上式左端等于 0，从而式(17.18)成立. 于是由函数 $\Psi(x)$ 的连续性知

$$\lim_{x \to x_0} \frac{\Phi(x) - \Phi(x_0)}{x-x_0} = \lim_{x \to x_0} \frac{1}{x-x_0} \int_{x_0}^x \Psi(t)\mathrm{d}t = \Psi(x_0).$$

这就证明了式(17.17).　　　　□

注　等式(17.17)可写成

$$\frac{\mathrm{d}}{\mathrm{d}x} \int_c^{+\infty} f(x,y)\mathrm{d}y = \int_c^{+\infty} \frac{\partial}{\partial x} f(x,y)\mathrm{d}y, \qquad (17.22)$$

即求导运算和求积运算可交换.

定理 17.14(积分次序交换定理)　设 $f(x,y)$ 在区域 $[a,b] \times [c,+\infty)$ 上连续. 若含参量反常积分

$$\Phi(x) = \int_c^{+\infty} f(x,y)\mathrm{d}y$$

在区间 $[a,b]$ 上一致收敛，则 $\Phi(x)$ 在区间 $[a,b]$ 上可积，并且

$$\int_a^b \mathrm{d}x \int_c^{+\infty} f(x,y)\mathrm{d}y = \int_c^{+\infty} \mathrm{d}y \int_a^b f(x,y)\mathrm{d}x. \qquad (17.23)$$

证　由定理 17.12 知函数 $\Phi(x)$ 在区间 $[a,b]$ 上连续，因而可积. 为证明等式(17.23)，令

$$H(u) = \int_a^u \Phi(x)\mathrm{d}x, L(u) = \int_c^{+\infty} g(u,y)\mathrm{d}y, g(u,y) = \int_a^u f(x,y)\mathrm{d}x$$

则由 $\Phi(x)$ 连续知 $H(u)$ 可导并且 $H'(u) = \Phi(u)$；由可微性定理(定理 17.13)知 $L(u)$ 也可导，并且

$$L'(u) = \int_c^{+\infty} g_u(u,y)\mathrm{d}y = \int_c^{+\infty} f(u,y)\mathrm{d}y = \Phi(u).$$

于是 $H'(u) = L'(u)$，从而存在常数 C 使得 $H(u) = L(u) + C$. 令 $u=a$，得 $C = H(a) - L(a) = 0$. 于是 $H(u) = L(u)$. 再令 $u=b$ 即得所要证明的等式(17.23).　　　　□

例 17.10　计算反常积分

$$\int_0^{+\infty} \frac{\sin x}{x}\mathrm{d}x.$$

解　考虑含参量反常积分

$$\Phi(p) = \int_0^{+\infty} \mathrm{e}^{-px} \frac{\sin x}{x}\mathrm{d}x, p \in [0,+\infty).$$

根据阿贝尔判别法(或例 17.9),该反常积分在 $[0,+\infty)$ 上一致收敛,故 $\Phi(p)$ 在 $[0,+\infty)$ 上连续. 于是所求反常积分

$$\int_0^{+\infty} \frac{\sin x}{x} dx = \Phi(0) = \lim_{p \to 0^+} \Phi(p). \tag{17.24}$$

现在固定 $p \in (0,+\infty)$,我们转而计算 $\Phi(p)$.

由于 $\dfrac{\sin x}{x} = \displaystyle\int_0^1 \cos(xy) dy$,

$$\Phi(p) = \int_0^{+\infty} e^{-px} \left[\int_0^1 \cos(xy) dy \right] dx$$
$$= \int_0^{+\infty} dx \int_0^1 e^{-px} \cos(xy) dy. \tag{17.25}$$

上式右端积分运算次序可交换. 事实上,由于 $|e^{-px} \cos(xy)| \leqslant e^{-px}$ 并且反常积分 $\displaystyle\int_0^{+\infty} e^{-px} dx$ 收敛,由 M 判别法知含参量反常积分 $\displaystyle\int_0^{+\infty} e^{-px} \cos(xy) dx$ 关于 $y \in [0,1]$ 一致收敛. 注意到被积函数的连续性,因此由定理 17.14 知式(17.25)右端积分次序可交换,从而有

$$\Phi(p) = \int_0^1 dy \int_0^{+\infty} e^{-px} \cos(xy) dx = \int_0^1 \frac{p}{p^2 + y^2} dy = \arctan \frac{1}{p}.$$

于是由式(17.24)知

$$\int_0^{+\infty} \frac{\sin x}{x} dx = \lim_{p \to 0^+} \arctan \frac{1}{p} = \frac{\pi}{2}. \qquad \square$$

例 17.11 计算

$$I = \int_0^{+\infty} \frac{\cos ax - \cos bx}{x^2} dx \quad (b > a > 0).$$

解 利用交换积分次序的方法. 因为

$$\frac{\cos ax - \cos bx}{x} = \int_a^b \sin(xy) dy,$$

所以所求积分

$$I = \int_0^{+\infty} dx \int_a^b \frac{\sin(xy)}{x} dy.$$

由例 17.7 知含参量反常积分 $\displaystyle\int_0^{+\infty} \frac{\sin(xy)}{x} dx$ 关于 $y \in [a,b]$ 一致收敛. 于是按定理 17.14 可交换积分次序而得

$$I = \int_a^b dy \int_0^{+\infty} \frac{\sin(xy)}{x} dx.$$

由于 $\displaystyle\int_0^{+\infty} \frac{\sin(xy)}{x} dx = \int_0^{+\infty} \frac{\sin t}{t} dt = \frac{\pi}{2}$,

$$I = \int_a^b \frac{\pi}{2} dy = \frac{\pi}{2}(b - a). \qquad \square$$

在本章末尾,我们简略地给出含参量无界函数反常积分或者含参量瑕积分的概念.

设函数 $f(x,y)$ 在区域 $I\times[c,d)$ 有定义,其中 $I\subset\mathbf{R}$. 若对任意给定的参量 $x\in I$,积分

$$\int_c^d f(x,y)\mathrm{d}y \tag{17.26}$$

至少有一个是以 d 为瑕点的瑕积分,并且积分(17.26)或为正常积分或为收敛的瑕积分,则积分(17.26)的值由 $x\in I$ 唯一确定而可记为

$$\Phi(x)=\int_c^d f(x,y)\mathrm{d}y, x\in I. \tag{17.27}$$

称式(17.27)右端为函数 $f(x,y)$ 在区域 $I\times[c,d)$ 上的**含参量 x 的无界函数反常积分或含参量 x 的瑕积分**,也简称**含参量反常积分或含参量瑕积分**,其确定了一个定义在 I 上的函数.

同样,为要讨论含参量瑕积分(17.27)的连续性、可微性与可积性等基本性质,需要引入一致收敛的概念. 读者可仿照无穷限含参量反常积分的做法建立相应的结论. 这是很好的一个习题,建议读者自己完成.

当然,还可定义既有瑕点又是无穷限的含参量反常积分. 例如,我们在第 9 章例 9.17 中讨论的积分

$$\Gamma(\alpha)=\int_0^{+\infty}x^{\alpha-1}\mathrm{e}^{-x}\mathrm{d}x, \alpha\in(0,+\infty)$$

就是一个这样的积分,其确定的函数通常称为**伽马**函数.

更进一步地,还可定义含两个或多个参量的反常积分. 例如,我们在第 9 章例 9.16 中讨论的积分

$$B(p,q)=\int_0^1 x^{p-1}(1-x)^{q-1}\mathrm{d}x, (p,q)\in(0,+\infty)\times(0,+\infty)$$

就是**双参量瑕积分**,其确定的函数通常称为**贝塔**函数.

伽马函数和贝塔函数在应用中经常碰到,因此是两个非常重要的特殊函数. 两者都具有很好的性质:在定义域范围内连续可微. 两者之间还成立如下的关系:

$$B(p,q)=\frac{\Gamma(p)\Gamma(q)}{\Gamma(p+q)}.$$

关于伽马函数和贝塔函数的性质的证明,读者可阅读相关参考书籍或自己试着给出证明.

习题 17.2

1. 证明下列含参量反常积分在指定区间上一致收敛:

(1) $\displaystyle\int_1^{+\infty}\frac{y^2-x^2}{(x^2+y^2)^2}\mathrm{d}y, x\in(-\infty,+\infty)$;

(2) $\displaystyle\int_0^{+\infty}\frac{\mathrm{e}^{-xy}\cos(xy)}{x^2+y^2}\mathrm{d}y, x\in[a,+\infty), (a>0)$;

(3) $\displaystyle\int_1^{+\infty} y^x e^{-y} dy, x \in [a,b]$.

2. 证明函数

$$\Psi(y) = \int_1^{+\infty} x^{-y} \cos x \, dx$$

在 $(0, +\infty)$ 上连续.

3. 计算如下反常积分:

(1) $\displaystyle\int_0^{+\infty} \frac{e^{-ax} - e^{-bx}}{x} dx \quad (b > a > 0)$;

(2) $\displaystyle\int_0^{+\infty} \frac{\arctan(bx) - \arctan(ax)}{x} dx \quad (b > a > 0)$.

4. 设 $\varphi(x) = \displaystyle\int_2^5 x^{-y} dy, x > 0$. 试验证条件并计算 $\displaystyle\int_1^{+\infty} \varphi(x) dx$.

5. 应用 $\displaystyle\int_0^{+\infty} \frac{dx}{x^2 + a} = \frac{\pi}{2\sqrt{a}} \quad (a > 0)$, 计算积分

$$\int_0^{+\infty} \frac{dx}{(x^2 + a)^{n+1}} \quad (n \in \mathbf{N}).$$

第十八章　重积分

定积分的引入解决了平面曲边梯形的面积问题和变密度细长棍的质量问题. 本章所述的重积分, 可用于解决空间曲顶柱体的体积问题以及变密度平面薄板和空间立体的质量问题.

§18.1　二重积分的概念与性质

18.1.1　平面图形的面积

我们知道直柱体体积等于底面面积与高的乘积. 这里底面自然是一个平面图形, 因此需要考虑一般平面图形的面积问题. 尽管我们已经知道可用定积分去计算曲边梯形等平面图形的面积. 但是, 一般的平面图形比较复杂, 我们需要对其面积给出准确的定义.

给定有界平面图形 $D \subset \mathbf{R}^2$, 即有闭矩形区域 $R = [a,b] \times [c,d]$ 使得 $D \subseteq R$. 现在用平行于 y 轴的直线 $x = x_i$ 和平行于 x 轴的直线 $y = y_j$ 组成的直线网 T 分割图形 D, 这里

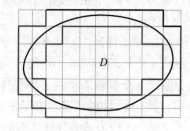

$$a = x_0 < x_1 < \cdots < x_n = b,$$
$$c = y_0 < y_1 < \cdots < y_m = d,$$

如图 18.1 所示. 直线网网眼为小闭矩形

图 18.1

$$R_{ij} = [x_{i-1}, x_i] \times [y_{j-1}, y_j].$$

它们可分为三类: (1) R_{ij} 含于 D 的内部 $\mathrm{int}(D)$; (2) R_{ij} 含于 D 的外部; (3) R_{ij} 含有 D 的边界点. 记第一类小矩形面积之和为 $s_D(T)$, 第一类和第三类小矩形面积之和为 $S_D(T)$. 显然,

$$0 \leqslant s_D(T) \leqslant S_D(T) \leqslant S_R = (b-a)(d-c).$$

于是数集 $\{s_D(T) \mid T\ \text{为直线网}\}$ 和 $\{S_D(T) \mid T\ \text{为直线网}\}$ 有界. 按照确界定理, 这两数集都有上下确界. 记

$$s_D = \sup\{s_D(T) \mid T\ \text{为直线网}\},\quad S_D = \inf\{S_D(T) \mid T\ \text{为直线网}\},$$

则有

$$0 \leqslant s_D \leqslant S_D. \tag{18.1}$$

如果 $s_D = S_D$, 则称平面图形 D **可求面积**, 并且称 $s_D = S_D$ 的值为图形 D 的 **面积**.

尽管通常的图形在直观上似乎都是可求面积的, 但确实存在不可求面积的图形, 例如,

由单位正方形 $[0,1] \times [0,1]$ 内全体有理点组成的图形按上述定义就是不可求面积的. 事实上, 对这个图形 D, $s_D=0$ 但 $S_D=1$.

按照定义, 平面图形 D 的面积为 0 当且仅当对任何正数 ε, 平面图形 D 可被有限个面积总和不超过 ε 的小矩形覆盖.

为了方便, 以下称面积为 0 的平面图形为零面积图形. 可以证明, 平面图形 D 可求面积的充要条件是其边界 ∂D 零面积, 以及闭区间上连续函数的图像曲线零面积. 因此, 若有界闭区域的边界是分段光滑曲线, 那么它是可求面积的. 在后面的内容中, 除非特别说明, 否则都假设涉及的有界平面闭区域是可求面积的.

18.1.2 二重积分的概念

我们知道直柱体或平顶柱体体积等于底面面积与高的乘积. 现在考虑**曲顶柱体**的体积. 设曲顶柱体以 xOy 平面上有界闭域 D 为底, 以曲面 $z=f(x,y)$, $(x,y) \in D$ 为顶. 如图 18.2 所示.

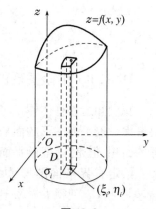

图 18.2

当函数 $f(x,y)=c$ 是常数时, 顶曲面 $z=c$ 是与底面平行的平面, 因而是直柱体. 故其体积 $V=cS_D$, 其中 S_D 为区域 D 的面积.

当函数 $f(x,y)$ 不是常数时, 顶曲面弯曲导致顶曲面上每个点处的高不一定相同. 此时, 我们采用处理曲边梯形面积的办法来考虑.

首先, 将闭区域 D 用 xOy 平面上平行于坐标轴的直线网分割成 n 个可求面积的小块闭区域 $\sigma_1, \sigma_2, \cdots, \sigma_n$, 则曲顶柱体就被分割成 n 个细长条状的曲顶柱体. 这种细条状曲顶柱体可近似地看成直柱体而求得近似体积: 对以 σ_i 为底的细条状曲顶柱体, 先在 σ_i 上任意**标记**一点 $\Xi_i(\xi_i, \eta_i)$, 以该点处曲顶柱体的高 $f(\xi_i, \eta_i)$ 作为近似直柱体的高, 就得细条状的曲顶柱体的体积近似值 $f(\Xi_i)\Delta\sigma_i = f(\xi_i, \eta_i)\Delta\sigma_i$, 其中 $\Delta\sigma_i$ 为 σ_i 的面积. 由此得到原曲顶柱体的体积近似值

$$\sum_{i=1}^{n} f(\Xi_i)\,\Delta\sigma_i = \sum_{i=1}^{n} f(\xi_i, \eta_i)\,\Delta\sigma_i. \tag{18.2}$$

和式 (18.2) 与定积分的积分和十分相像. 直观上, 当直线网越来越细密时, 上述和式表示的近似值就越来越接近准确值. 用数学语言来说, 就是当 $\max\{d(\sigma_i)\,|\,i=1,2,\cdots,n\} \to 0$ 时, 上述和式的极限就是我们要求的曲顶柱体体积的准确值. 这里 $d(\sigma_i)$ 表示 σ_i 的直径.

这个过程与求曲边梯形的面积过程是一样的: **分割、求和、取极限**. 如果我们把 D 看作平面薄板, 而将 $f(\Xi_i)=f(\xi_i, \eta_i)$ 看作点 $\Xi_i(\xi_i, \eta_i) \in D$ 处的密度, 则和式 (18.2) 就是变密度平面薄板质量的近似值. 同样, 分割越来越细密时, 和式就越来越接近薄板质量的准确值.

因此, 可与定积分相仿地给出如下的定义.

定义 18.1 设 D 是 xOy 平面上有界闭区域. 可求面积的有限个小闭区域集

$$T=\{\sigma_1, \sigma_2, \cdots, \sigma_n\}$$

称为 D 的一个**分割**, 如果 (1) 这些小区域中任何两个都没有公共内点; (2) $\bigcup_{i=1}^{n}\sigma_i=D$. 各小

区域直径的最大值,记为 $\|T\|=\max\{d(\sigma_i)\,|\,i=1,2,\cdots,n\}$,叫作这个分割的**模**.

在 D 的分割 $T=\{\sigma_1,\sigma_2,\cdots,\sigma_n\}$ 的各小区域上任取点 $\Xi_i(\xi_i,\eta_i)\in\sigma_i$ 作为**标记**,得 D 的带有标记的分割 (T,Ξ).

设函数 $f(x,y)$ 在区域 D 上有定义,则对 D 的任一带有标记的分割 (T,Ξ),和式(18.2)称为函数 $f(x,y)$ 在区域 D 上属于分割 T 的一个**积分和**.

如果有一个确定的实数 J 满足:对任何正数 ε,都存在正数 δ,使得对 D 的任一分割 T,只要它的模 $\|T\|<\delta$,函数 $f(x,y)$ 在区域 D 上属于分割 T 的任何一个积分和式(18.2)都满足

$$\left|\sum_{i=1}^{n}f(\xi_i,\eta_i)\,\Delta\sigma_i-J\right|<\varepsilon,\tag{18.3}$$

则称函数 $f(x,y)$ 在区域 D 上**可积**,数 J 称为函数 $f(x,y)$ 在区域 D 上的**二重积分**,记作

$$J=\iint_D f(x,y)\mathrm{d}\sigma,\tag{18.4}$$

其中,函数 $f(x,y)$ 称为二重积分的**被积函数**,x,y 为**积分变量**,D 为**积分区域**,$\mathrm{d}\sigma$ 为**面积微元**. □

与一元函数定积分一样,二重积分也是积分和的极限:

$$\iint_D f(x,y)\mathrm{d}\sigma=\lim_{\|T\|\to 0}\sum_{i=1}^{n}f(\xi_i,\eta_i)\,\Delta\sigma_i.\tag{18.5}$$

因此当函数 $f(x,y)$ 在区域 D 上可积时,可选择特殊的分割来计算. 在直角坐标系下,最常用的分割由平行于坐标轴的直线网来完成. 此时分割所得的每个网眼小矩形的面积 $\Delta\sigma=\Delta x\Delta y$,即面积微元 $\mathrm{d}\sigma=\mathrm{d}x\mathrm{d}y$,也因此常把二重积分记为

$$\iint_D f(x,y)\mathrm{d}x\mathrm{d}y.\tag{18.6}$$

根据定义,常值函数可积,即对任何常数 c,

$$\iint_D c\,\mathrm{d}x\mathrm{d}y=cS_D.$$

特别地,

$$\iint_D \mathrm{d}x\mathrm{d}y=S_D.$$

由定义,以 xOy 平面上有界闭域 D 为底,以曲面 $z=f(x,y)\geqslant 0,(x,y)\in D$ 为顶的曲顶柱体的体积就是二重积分(18.4). 这就是二重积分的几何意义. 同样,xOy 平面上有界闭域 D 为无厚度薄板,若其上各点处密度为 $f(x,y)\geqslant 0,(x,y)\in D$,则其质量就是二重积分(18.4). 这是二重积分的一种物理意义.

18.1.3 二元函数可积的条件

与定积分一样,我们需要讨论二元函数可积的条件以及可积时如何计算二重积分的问题. 计算问题在下一节中讨论,这里先对可积条件作简要分析.

首先,与一元函数可积的必要条件相类似地可以得到二元函数可积的必要条件:**若函数**

$f(x,y)$在有界闭区域 D 上可积,则该函数在 D 上有界.

为给出充分条件,对有界闭域 D 上的有界函数 $f(x,y)$ 和 D 的任一分割 $T=\{\sigma_1,\sigma_2,\cdots,\sigma_n\}$,记

$$M_i=\sup f(\sigma_i),\quad m_i=\inf f(\sigma_i),$$

则称和式

$$S(T)=\sum_{i=1}^{n}M_i\,\Delta\sigma_i,\quad s(T)=\sum_{i=1}^{n}m_i\,\Delta\sigma_i$$

分别为函数 $f(x,y)$ 在区域 D 上属于分割 T 的达布**上和**与**下和**.

与一元函数定积分相类似,通过对上和与下和的分析,可得如下二元函数在有界闭区域上可积的充要条件.

定理 18.1 函数 $f(x,y)$ 在有界闭区域 D 上可积的充要条件是

$$\lim_{\|T\|\to 0}S(T)=\lim_{\|T\|\to 0}s(T)\left[=\iint_D f(x,y)\mathrm{d}x\mathrm{d}y\right]. \qquad \square$$

定理 18.2 函数 $f(x,y)$ 在有界闭区域 D 上可积的充要条件是:对任何正数 ε,存在区域 D 的分割 T,使得 $S(T)-s(T)<\varepsilon$. $\qquad \square$

若记

$$\omega_i=M_i-m_i=\sup f(\sigma_i)-\inf f(\sigma_i),$$

称为函数 $f(x,y)$ 在小区域 σ_i 上的**振幅**,则可将定理 18.2 叙述为定理 18.3.

定理 18.3 函数 $f(x,y)$ 在有界闭区域 D 上可积的充要条件是:对任何正数 ε,存在区域 D 的分割 T,使得

$$\sum_{i=1}^{n}\omega_i\,\Delta\sigma_i<\varepsilon. \qquad \square$$

利用定理 18.2 或定理 18.3,可以证明有界闭区域 D 上的连续函数,或不连续点集零面积的有界函数是可积的.

18.1.4 二重积分的性质

二重积分与定积分的定义方式形式上是一致的,因此它们具有非常相似的性质. 以下性质请读者参照一元函数定积分的情形自行加以证明.

性质 1(线性性质) 设函数 $f(x,y)$ 与 $g(x,y)$ 在有界闭区域 D 上可积,则对任意常数 α,β,函数 $\alpha f(x,y)+\beta g(x,y)$ 在 D 上也可积,并且

$$\iint_D[\alpha f(x,y)+\beta g(x,y)]\mathrm{d}\sigma=\alpha\iint_D f(x,y)\mathrm{d}\sigma+\beta\iint_D g(x,y)\mathrm{d}\sigma. \qquad \square$$

注 在性质 1 的条件下,两函数的乘积 $f(x,y)g(x,y)$ 在有界闭区域 D 上也可积.

性质 2(区域可加性) 设有界闭区域 D_1,D_2 没有公共内点,且函数 $f(x,y)$ 在 D_1,D_2 上都可积,则函数 $f(x,y)$ 在 $D_1\cup D_2$ 上也可积,并且

$$\iint_{D_1\cup D_2}f(x,y)\mathrm{d}\sigma=\iint_{D_1}f(x,y)\mathrm{d}\sigma+\iint_{D_2}f(x,y)\mathrm{d}\sigma. \qquad \square$$

性质 3(保序性质)　设函数 $f(x,y)$ 与 $g(x,y)$ 在有界闭区域 D 上可积,且 $f(x,y)\leqslant$ $g(x,y),(x,y)\in D$,则

$$\iint_D f(x,y)\mathrm{d}\sigma \leqslant \iint_D g(x,y)\mathrm{d}\sigma. \qquad\qquad \Box$$

性质 4(绝对可积性)　设函数 $f(x,y)$ 在有界闭区域 D 上可积,则 $|f(x,y)|$ 在有界闭区域 D 上也可积,并且

$$\left|\iint_D f(x,y)\mathrm{d}\sigma\right| \leqslant \iint_D |f(x,y)|\mathrm{d}\sigma. \qquad\qquad \Box$$

性质 5(中值定理)　设函数 $f(x,y)$ 在有界闭区域 D 上连续,则存在点 $\Xi(\xi,\eta)\in D$ 使得

$$\iint_D f(x,y)\mathrm{d}\sigma = f(\xi,\eta)S_D.$$

这里,S_D 是区域 D 的面积.　　　　　　　　　　　　　　　　　　　　　　　$\Box$

注　可以证明性质 5 中的点 $\Xi(\xi,\eta)\in D$ 可在 D 的内部找到. 另外,称

$$\frac{1}{S_D}\iint_D f(x,y)\mathrm{d}\sigma$$

为函数 $f(x,y)$ 在有界闭区域 D 上的平均值.

习题 18.1

1. 证明二重积分中值定理(性质 5).

2. 设函数 $f(x,y)$ 在有界闭区域 D 上非负、连续、不恒为 0. 证明

$$\iint_D f(x,y)\mathrm{d}\sigma > 0.$$

3. 设函数 $f(x,y)$ 在有界闭区域 D 上连续,并且函数 $f(x,y)$ 在任何闭子区域 $\Omega\subseteq D$ 上的二重积分为 0. 证明在 D 上 $f(x,y)\equiv 0$.

4. 设区域 $D=\{x,y\,|\,|x|+|y|\leqslant 10\}$,证明

$$\frac{100}{51}\leqslant \iint_D \frac{\mathrm{d}\sigma}{100+\cos^2 x+\sin^2 y}\leqslant 2.$$

5. 设区域 $D=\{x,y\,|\,(x-2)^2+(y-1)^2\leqslant 2\}$,比较如下两积分的大小:

$$\iint_D (x+y)^2\mathrm{d}\sigma \text{ 与} \iint_D (x+y)^3\mathrm{d}\sigma.$$

6. 证明若函数 $f(x,y)$ 在有界闭区域 D 上可积,则该函数在 D 上有界.

§18.2 二重积分的计算

18.2.1 矩形区域上二重积分的计算

根据二重积分的几何意义,二重积分 $\iint_D f(x,y)\mathrm{d}\sigma$ 是以 xOy 平面上有界闭域 D 为底,以曲面 $z=f(x,y)\geqslant0$,$(x,y)\in D$ 为顶的曲顶柱体的体积.

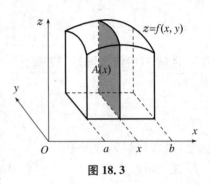

图 18.3

现在设 $D=[a,b]\times[c,d]$ 是一矩形域,曲顶曲面连续. 此时曲顶柱体图形如图 18.3 所示. 我们采用切片法来计算该曲顶柱体的体积. 用过点 $(x,0,0)$ $(a\leqslant x\leqslant b)$ 且与 yOz 平面平行的平面去切这个曲顶柱体,则所得截面是一曲边梯形,如图 18.3 所示. 因为曲边连续,其面积可用定积分表示为

$$A(x)=\int_c^d f(x,y)\mathrm{d}y.$$

根据含参量正常积分的性质,$A(x)$ 连续. 于是,再按照定积分中已知截面面积求体积的方法,可知曲顶柱体体积为

$$V=\int_a^b A(x)\mathrm{d}x=\int_a^b\Big[\int_c^d f(x,y)\mathrm{d}y\Big]\mathrm{d}x=\int_a^b\mathrm{d}x\int_c^d f(x,y)\mathrm{d}y.$$

上述分析实际上证明了如下定理.

定理 18.4 设函数 $f(x,y)$ 在闭矩形区域 $D=[a,b]\times[c,d]$ 上连续,则

$$\iint_{[a,b]\times[c,d]}f(x,y)\mathrm{d}\sigma=\int_a^b\mathrm{d}x\int_c^d f(x,y)\mathrm{d}y=\int_c^d\mathrm{d}y\int_a^b f(x,y)\mathrm{d}x. \tag{18.7}$$

□

定理 18.4 告诉我们可化二重积分为累次积分去计算二重积分. 由于很多时候的二重积分其被积函数具有不连续点,我们需要将定理 18.4 推广到一般的可积函数.

定理 18.5 设函数 $f(x,y)$ 在闭矩形区域 $D=[a,b]\times[c,d]$ 上可积,并且有含参量正常积分

$$A(x)=\int_c^d f(x,y)\mathrm{d}y,x\in[a,b],$$

则函数 $A(x)$ 在区间 $[a,b]$ 上可积,并且

$$\iint_{[a,b]\times[c,d]}f(x,y)\mathrm{d}\sigma=\int_a^b A(x)\mathrm{d}x=\int_a^b\mathrm{d}x\int_c^d f(x,y)\mathrm{d}y. \tag{18.8}$$

证 按照定积分的定义,我们需要证明:函数 $A(x)$ 在区间 $[a,b]$ 上属于分割

$$T:a=x_0<x_1<\cdots<x_n=b,$$

任何积分和都满足

$$\lim_{\|T\| \to 0} \sum_{i=1}^{n} A(\xi_i) \Delta x_i = \iint_{[a,b] \times [c,d]} f(x,y) \mathrm{d}\sigma. \tag{18.9}$$

为此,对区间$[c,d]$也作分割

$$L: c = y_0 < y_1 < \cdots < y_m = d.$$

于是直线网 $x = x_i$ 和 $y = y_j$ 将矩形区域 $D = [a,b] \times$ $[c,d]$ 分割成了 mn 个小矩形域: $T \times L = \{\Delta_{ij} = [x_{i-1}, x_i] \times [y_{j-1}, y_j]\}$. 如图 18.4 所示.

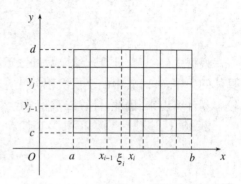

图 18.4

函数 $f(x,y)$ 在闭矩形区域 $D = [a,b] \times$ $[c,d]$ 上可积,因而有界,故可记

$$M_{ij} = \sup f(\Delta_{ij}), m_{ij} = \inf f(\Delta_{ij}).$$

于是,

$$m_{ij} \Delta y_j \leqslant \int_{y_{j-1}}^{y_j} f(\xi_i, y) \mathrm{d}y \leqslant M_{ij} \Delta y_j,$$

从而

$$A(\xi_i) = \int_c^d f(\xi_i, y) \mathrm{d}y = \sum_{j=1}^{m} \int_{y_{j-1}}^{y_j} f(\xi_i, y) \mathrm{d}y$$

满足

$$\sum_{j=1}^{m} m_{ij} \Delta y_j \leqslant A(\xi_i) \leqslant \sum_{j=1}^{m} M_{ij} \Delta y_j.$$

进而

$$\sum_{i=1}^{n} A(\xi_i) \Delta x_i \geqslant \sum_{i=1}^{n} \left(\sum_{j=1}^{m} m_{ij} \Delta y_j \right) \Delta x_i = \sum_{i,j} m_{ij} \Delta \sigma_{ij} = s(T \times L),$$

$$\sum_{i=1}^{n} A(\xi_i) \Delta x_i \leqslant \sum_{i=1}^{n} \left(\sum_{j=1}^{m} M_{ij} \Delta y_j \right) \Delta x_i = \sum_{i,j} M_{ij} \Delta \sigma_{ij} = S(T \times L),$$

其中$\Delta \sigma_{ij} = \Delta x_i \Delta y_j$是小矩形域$\Delta_{ij} = [x_{i-1}, x_i] \times [y_{j-1}, y_j]$的面积. 即有

$$s(T \times L) \leqslant \sum_{i=1}^{n} A(\xi_i) \Delta x_i \leqslant S(T \times L).$$

现在设分割 L 满足 $\|L\| \leqslant \|T\|$,则易见 $\|T \times L\| \leqslant 2\|T\|$. 于是当 $\|T\| \to 0$ 时必有 $\|T \times L\| \to 0$. 由于函数 $f(x,y)$ 在闭矩形区域 $D = [a,b] \times [c,d]$ 上可积,由定理 18.1,

$$\lim_{\|T\| \to 0} S(T \times L) = \lim_{\|T\| \to 0} s(T \times L) = \iint_{[a,b] \times [c,d]} f(x,y) \mathrm{d}x \mathrm{d}y.$$

于是由迫敛性,即得(18.9). □

根据定理 18.5,同样有如下结果.

定理 18.6 设函数 $f(x,y)$ 在闭矩形区域 $D = [a,b] \times [c,d]$ 上可积,并且有含参量正常积分

$$B(y) = \int_a^b f(x,y)\mathrm{d}x, y \in [c,d],$$

则函数 $B(y)$ 在区间 $[c,d]$ 上可积,并且

$$\iint_{[a,b]\times[c,d]} f(x,y)\mathrm{d}\sigma = \int_c^d B(y)\mathrm{d}y = \int_c^d \mathrm{d}y \int_a^b f(x,y)\mathrm{d}x. \tag{18.10}$$

□

根据式(18.7),计算连续函数的二重积分时,可用两个累次积分中的任何一个. 然而在具体问题中,有时其中一个累次积分计算不出来或计算过程相对较复杂,而另外一个则相对较容易计算出来. 因此,计算二重积分时需要选取合适的积分次序.

例 18.1 设 $D=[0,1]\times[0,1]$ 计算二重积分

$$\iint_D y\sin(xy)\mathrm{d}x\mathrm{d}y.$$

解 由于被积函数是连续函数,由公式(18.7)得

$$\iint_D y\sin(xy)\mathrm{d}x\mathrm{d}y = \int_0^1 \mathrm{d}y \int_0^1 y\sin(xy)\mathrm{d}x = \int_0^1 \mathrm{d}y \int_0^1 \left[-\cos(xy)\right]_x' \mathrm{d}x$$

$$= \int_0^1 \left[-\cos(xy)\right]\Big|_{x=0}^{x=1} \mathrm{d}y = \int_0^1 (1-\cos y)\mathrm{d}y$$

$$= (y-\sin y)\Big|_0^1 = 1-\sin 1.$$

□

18.2.2 一般区域上二重积分的计算

上面的定理 18.4—18.6 解决了矩形区域上二重积分的计算问题. 现在来考虑一般的闭区域. 此时利用积分关于区域的可加性通常分解区域为如下两类闭区域,再各自计算积分. 这两类闭区域是 **x 型区域**

$$D = \{(x,y) \mid c(x) \leqslant y \leqslant d(x), a \leqslant x \leqslant b\} \tag{18.11}$$

和 **y 型区域**

$$D = \{(x,y) \mid a(y) \leqslant x \leqslant b(y), c \leqslant y \leqslant d\}. \tag{18.12}$$

从图形上看,这两类区域是将矩形区域的一组对边换成曲线所得到.

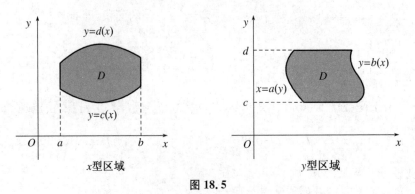

图 18.5

定理 18.7 设函数 $f(x,y)$ 在 x 型区域 D 上连续,并且边界函数 $c(x),d(x)$ 在区间 $[a,b]$ 上连续,则

$$\iint_D f(x,y)\mathrm{d}x\mathrm{d}y = \int_a^b \mathrm{d}x \int_{c(x)}^{d(x)} f(x,y)\mathrm{d}y. \tag{18.13}$$

证明 由于边界函数 $c(x),d(x)$ 在区间 $[a,b]$ 上连续,存在矩形区域

$$R=[a,b]\times[L,M]\supset D.$$

作函数

$$F(x,y)=\begin{cases} f(x,y), & (x,y)\in D, \\ 0, & (x,y)\in R\backslash D, \end{cases}$$

则函数 $F(x,y)$ 在矩形区域 $R=[a,b]\times[L,M]$ 上可能的不连续点位于连续曲线 $y=c(x)$ 和 $y=d(x)$ 上,因此函数 $F(x,y)$ 在矩形区域 R 上的不连续点零面积并且有界,从而可积. 于是由积分关于区域的可加性和定理 18.5 就有

$$\iint_D f(x,y)\mathrm{d}x\mathrm{d}y = \iint_{[a,b]\times[L,M]} F(x,y)\mathrm{d}x\mathrm{d}y$$

$$= \int_a^b \mathrm{d}x \int_L^M F(x,y)\mathrm{d}y = \int_a^b \mathrm{d}x \int_{c(x)}^{d(x)} f(x,y)\mathrm{d}y. \qquad \square$$

定理 18.8 设函数 $f(x,y)$ 在 y 型区域 D 上连续,并且边界函数 $a(y),b(y)$ 在区间 $[c,d]$ 上连续,则

$$\iint_D f(x,y)\mathrm{d}x\mathrm{d}y = \int_c^d \mathrm{d}y \int_{a(y)}^{b(y)} f(x,y)\mathrm{d}x. \tag{18.14}$$

$\square$

例 18.2 计算 $\iint_D xy\mathrm{d}x\mathrm{d}y$,其中 D 是由直线 $y=1,y=x$ 及 $x=2$ 所围成的有界闭区域.

解 区域 D 既是 x 型也是 y 型区域,如图 18.6 所示. 作为 x 型区域,$D=\{(x,y)\,|\,1\leqslant y\leqslant x,1\leqslant x\leqslant 2\}$,从而

$$\iint_D xy\mathrm{d}x\mathrm{d}y = \int_1^2 \mathrm{d}x \int_1^x xy\mathrm{d}y = \int_1^2 \left(\frac{1}{2}xy^2\,\Big|_{y=1}^{y=x}\right)\mathrm{d}x = \int_1^2 \frac{x^3-x}{2}\mathrm{d}x = \frac{9}{8}.$$

将 D 看成 y 型区域,则 $D=\{(x,y)\,|\,y\leqslant x\leqslant 2,1\leqslant y\leqslant 2\}$,从而

$$\iint_D xy\mathrm{d}x\mathrm{d}y = \int_1^2 \mathrm{d}y \int_y^2 xy\mathrm{d}x = \int_1^2 \left(\frac{1}{2}x^2 y\,\Big|_{x=y}^{x=2}\right)\mathrm{d}y = \int_1^2 \frac{4y-y^3}{2}\mathrm{d}y = \frac{9}{8}. \qquad \square$$

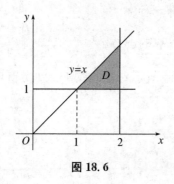

图 18.6

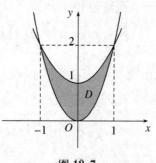

图 18.7

例 18.3 计算 $\iint_D (x+2y)\mathrm{d}x\mathrm{d}y$，其中积分区域 D 由曲线 $y=2x^2$ 和 $y=x^2+1$ 围成.

解 如图 18.7 所示，两曲线 $y=2x^2$ 和 $y=x^2+1$ 的交点为 $(-1,2)$ 和 $(1,2)$. 作为 x 型区域，$D=\{(x,y)\mid 2x^2\leqslant y\leqslant x^2+1,-1\leqslant x\leqslant 1\}$. 于是

$$\iint_D (x+2y)\mathrm{d}x\mathrm{d}y = \int_{-1}^{1}\mathrm{d}x\int_{2x^2}^{x^2+1}(x+2y)\mathrm{d}y$$

$$= \int_{-1}^{1}(xy+y^2)\Big|_{y=2x^2}^{y=x^2+1}\mathrm{d}x$$

$$= \int_{-1}^{1}\{[x(x^2+1)+(x^2+1)^2]-(2x^3+4x^4)\}\mathrm{d}x$$

$$= \frac{32}{15}.$$

例 18.4 设区域 D 由直线 $y=1,y=x$ 及 y 轴围成，计算二重积分

$$I=\iint_D \mathrm{e}^{y^2}\mathrm{d}x\mathrm{d}y.$$

解 如图 18.8 所示，此例中的区域 D 既是 x 型也是 y 型区域. 将 D 看成是 y 型：$D=\{(x,y)\mid 0\leqslant x\leqslant y,0\leqslant y\leqslant 1\}$，则按照公式 (18.14)

$$I=\int_0^1\mathrm{d}y\int_0^y \mathrm{e}^{y^2}\mathrm{d}x=\int_0^1 y\mathrm{e}^{y^2}\mathrm{d}y=\frac{1}{2}\mathrm{e}^{y^2}\Big|_0^1=\frac{\mathrm{e}-1}{2}.$$

注 本例中，若将 D 看成是 x 型：$D=\{(x,y)\mid x\leqslant y\leqslant 1,0\leqslant x\leqslant 1\}$，则按照公式 (18.13)，$I=\int_0^1\mathrm{d}x\int_x^1 \mathrm{e}^{y^2}\mathrm{d}y$. 函数 e^{y^2} 关于 y 的原函数无法求出，因此无法由此计算积分 I.

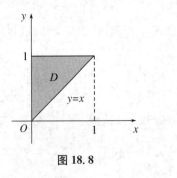

图 18.8

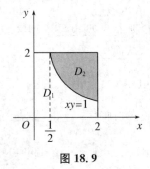

图 18.9

例 18.5 计算二重积分

$$I=\iint_{[0,2]\times[0,2]}\max\{xy,1\}\mathrm{d}x\mathrm{d}y.$$

解 如图 18.9 所示，矩形积分区域 $D=[0,2]\times[0,2]$ 被曲线 $xy=1$ 分割成两块：

$$D_1=\{(x,y)\mid xy\leqslant 1,(x,y)\in D\}$$

$$=\left[0,\frac{1}{2}\right]\times[0,2]\bigcup\left\{(x,y)\mid 0\leqslant y\leqslant\frac{1}{x},\frac{1}{2}\leqslant x\leqslant 2\right\},$$

$$D_2=\{(x,y)\mid xy\geqslant 1,(x,y)\in D\}=\left\{(x,y)\mid\frac{1}{x}\leqslant y\leqslant 2,\frac{1}{2}\leqslant x\leqslant 2\right\}.$$

于是所求积分

$$I = \iint_{D_1} \mathrm{d}x\mathrm{d}y + \iint_{D_2} xy\,\mathrm{d}x\mathrm{d}y.$$

对上式右端两个积分分别计算得

$$\iint_{D_1} \mathrm{d}x\mathrm{d}y = \iint_{\left[0,\frac{1}{2}\right]\times[0,2]} \mathrm{d}x\mathrm{d}y + \iint_{\left\{(x,y)\mid 0\leqslant y\leqslant\frac{1}{x},\,\frac{1}{2}\leqslant x\leqslant 2\right\}} \mathrm{d}x\mathrm{d}y$$

$$= 1 + \int_{\frac{1}{2}}^{2} \mathrm{d}x \int_{0}^{\frac{1}{x}} \mathrm{d}y = 1 + 2\ln 2,$$

$$\iint_{D_2} xy\,\mathrm{d}x\mathrm{d}y = \int_{\frac{1}{2}}^{2} \mathrm{d}x \int_{\frac{1}{x}}^{2} xy\,\mathrm{d}y = \frac{15}{4} - \ln 2.$$

因此,所求积分值 $I = \dfrac{19}{4} + \ln 2.$　□

例 18.6　计算累次积分

$$I = \int_{0}^{1} \mathrm{d}x \int_{x}^{\sqrt{x}} \frac{\sin y}{y}\mathrm{d}y.$$

分析　由于 $\dfrac{\sin y}{y}$ 关于 y 的原函数求不出,不能按给定的顺序计算所述累次积分. 由于对连续函数,累次积分可化为重积分,再通过重积分将所要计算的累次积分的积分次序改变,转而得到一个可计算的新的累次积分. 由此完成原累次积分的计算.

解　如图 18.10 所示,题中累次积分的区域为

$$D = \{(x,y) \mid x \leqslant y \leqslant \sqrt{x}, 0 \leqslant x \leqslant 1\}$$

由于函数 $\dfrac{\sin y}{y}$ 在区域 D 上连续,

$$I = \int_{0}^{1} \mathrm{d}x \int_{x}^{\sqrt{x}} \frac{\sin y}{y}\mathrm{d}y = \iint_{D} \frac{\sin y}{y}\mathrm{d}x\mathrm{d}y.$$

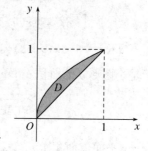

图 18.10

区域 D 的前述表示是将其看作 x 型区域所得. 现在将其看作 y 型区域,则可表示为 $D = \{(x,y) \mid y^2 \leqslant x \leqslant y, 0 \leqslant y \leqslant 1\}$. 因此按照重积分与累次积分的关系有

$$I = \iint_{D} \frac{\sin y}{y}\mathrm{d}x\mathrm{d}y = \int_{0}^{1} \mathrm{d}y \int_{y^2}^{y} \frac{\sin y}{y}\mathrm{d}x$$

$$= \int_{0}^{1} (1 - y)\sin y\,\mathrm{d}y = 1 - \sin 1.$$　□

18.2.3　二重积分的变量变换公式

计算一元函数定积分时,换元法是最常用的方法之一,其依据是如下的换元公式:若连续可导函数 $x = x(t)$ 当变量 t 从 α 变化到 β 时严格单调地从 a 变化到 b,则

$$\int_{a}^{b} f(x)\mathrm{d}x = \int_{\alpha}^{\beta} f(x(t))x'(t)\mathrm{d}t.$$

对于二重积分,也有类似的变量变换公式. 通过变量代换,可以简化积分区域或者被积

函数而使得一些二重积分变得容易计算.

定理 18.9 设函数 $x(u,v),y(u,v)$ 在 uv 平面上由分段光滑闭曲线围成的有界闭区域 Ω 上连续可微,使得变换

$$T:\begin{cases} x=x(u,v) \\ y=y(u,v) \end{cases}$$

将 Ω 一一地映成 xy 平面上的闭区域 D,并且雅可比行列式

$$J(u,v)=\frac{\partial(x,y)}{\partial(u,v)}\neq 0,(u,v)\in\Omega,$$

则对闭区域 D 上可积的二元函数 $f(x,y)$,函数 $f(x(u,v),y(u,v))|J(u,v)|$ 在闭区域 Ω 上也可积,并且

$$\iint_D f(x,y)\mathrm{d}x\mathrm{d}y=\iint_\Omega f(x(u,v),y(u,v))\mid J(u,v)\mid\mathrm{d}u\mathrm{d}v. \tag{18.15}$$

概证 变换 T 将 uv 平面上的小矩形

$$[u,u+\Delta u]\times[v,v+\Delta v]$$

变换成 xy 平面上的小图形 σ. 我们需要考察其面积. 首先,小图形 σ 近似地为一平行四边形,四个顶点分别为

$$A(x(u,v),y(u,v))=(x,y),$$
$$B(x(u+\Delta u,v),y(u+\Delta u,v))\approx(x+x_u\Delta u,y+y_u\Delta u),$$
$$C(x(u,v+\Delta v),y(u,v+\Delta v))\approx(x+x_v\Delta v,y+y_v\Delta v),$$
$$D(x(u+\Delta u,v+\Delta v),y(u+\Delta u,v+\Delta v))\approx(x+x_u\Delta u+x_v\Delta v,y+y_u\Delta u+y_v\Delta v).$$

于是小图形 σ 的面积

$$\Delta\sigma\approx|\overrightarrow{AB}\times\overrightarrow{AC}|=\begin{Vmatrix} x_u\Delta u & y_u\Delta u \\ x_v\Delta v & y_v\Delta v \end{Vmatrix}=|J(u,v)||\Delta u\Delta v|,$$

即 xy 平面上面积微元 $\mathrm{d}\sigma_{xy}=|J(u,v)|\mathrm{d}\sigma_{uv}$,进而成立公式(18.15). □

例 18.7 计算二重积分

$$\iint_D \mathrm{e}^{\frac{x-y}{x+y}}\mathrm{d}x\mathrm{d}y,$$

其中区域 D 由坐标轴和直线 $x+y=1$ 所围成,如图 18.11 所示.

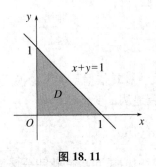

图 18.11

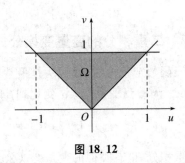

图 18.12

分析　此题积分区域较规则,但被积函数较复杂.此时作变量变换简化被积函数.

解　令 $u=x-y,v=x+y$,即作变换

$$T:\begin{cases} x=\dfrac{1}{2}(u+v) \\ y=-\dfrac{1}{2}(u-v) \end{cases},$$

则变换 T 将 uv 平面上区域 $\Omega=T^{-1}(D)$ 一一地映为 xy 平面上的区域 D. 由于区域 D 由坐标轴和直线 $x+y=1$ 所围成,$\Omega=T^{-1}(D)$ 由直线 $u+v=0,u-v=0$ 和 $v=1$ 围成,如图 18.12 所示,即

$$\Omega=\{(u,v)\mid -v\leqslant u\leqslant v,0\leqslant v\leqslant 1\}.$$

又变换 T 的雅可比行列式

$$J(u,v)=\begin{vmatrix} \dfrac{1}{2} & \dfrac{1}{2} \\ -\dfrac{1}{2} & \dfrac{1}{2} \end{vmatrix}=\dfrac{1}{2}\neq 0,$$

由公式(18.15),

$$\iint_D e^{\frac{x-y}{x+y}}\mathrm{d}x\mathrm{d}y=\dfrac{1}{2}\iint_\Omega e^{\frac{u}{v}}\mathrm{d}u\mathrm{d}v=\dfrac{1}{2}\int_0^1 \mathrm{d}v\int_{-v}^v e^{\frac{u}{v}}\mathrm{d}u=\dfrac{\mathrm{e}-\mathrm{e}^{-1}}{4}. \qquad \square$$

例 18.8　计算由两条抛物线 $y^2=mx,y^2=nx$ 和两条直线 $y=\alpha x,y=\beta x$ 所围成的区域 D 的面积,这里 $n>m>0,\beta>\alpha>0$ 为常数.

分析　所求面积为 $\iint_D \mathrm{d}x\mathrm{d}y$. 因此被积函数很简单,但积分区域较复杂.如图 18.13 所示.此时作变量变换简化积分区域.

解　令 $u=\dfrac{y^2}{x},v=\dfrac{y}{x}$,即作变换

$$T:\begin{cases} x=\dfrac{u}{v^2} \\ y=\dfrac{u}{v} \end{cases}.$$

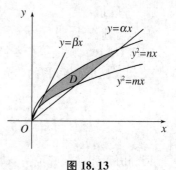

图 18.13

则变换 T 将 uv 平面上区域 $\Omega=T^{-1}(D)$ 一一地映为 xy 平面上的区域 D. 由于区域 D 由抛物线 $y^2=mx,y^2=nx$ 和直线 $y=\alpha x,y=\beta x$ 所围成,$\Omega=T^{-1}(D)$ 由直线 $u=m,u=n$ 和 $v=\alpha,v=\beta$ 围成,即 $\Omega=T^{-1}(D)$ 为矩形区域 $\Omega=[m,n]\times[\alpha,\beta]$. 又变换 T 的雅可比行列式

$$J(u,v)=\begin{vmatrix} \dfrac{1}{v^2} & -\dfrac{2u}{v^3} \\ \dfrac{1}{v} & -\dfrac{u}{v^2} \end{vmatrix}=\dfrac{u}{v^4}\neq 0,(u,v)\in\Omega,$$

由公式(18.15),所求图形面积为

$$\iint_D \mathrm{d}x\mathrm{d}y = \iint_{[m,n]\times[\alpha,\beta]} \frac{u}{v^4}\mathrm{d}u\mathrm{d}v = \int_m^n \mathrm{d}u \int_\alpha^\beta \frac{u}{v^4}\mathrm{d}v = \frac{1}{6}(n^2-m^2)(\alpha^{-3}-\beta^{-3}).$$ □

例 18.9 设平面有界闭区域 D 关于 y 轴对称，并且二元函数 $f(x,y)$ 在区域 D 上可积. 如果 $f(x,y)$ 是关于 x 的奇函数，即满足 $f(-x,y)=-f(x,y)$，证明 $f(x,y)$ 在区域 D 上的二重积分为 0.

证 这是定理 18.9 的直接推论. 当然也可以用重积分定义直接证明. □

在重积分的计算中，适当地应用与对称性相关的例 18.9 和习题 18.2.10—18.2.11，经常可以起到意想不到的简化作用. 例如，由例 18.9 立知积分

$$\iint_{\frac{1}{2}\leqslant x^2+y^2\leqslant 1} \frac{x+y}{x^2+y^2}\mathrm{d}x\mathrm{d}y = \iint_{\frac{1}{2}\leqslant x^2+y^2\leqslant 1} \frac{x}{x^2+y^2}\mathrm{d}x\mathrm{d}y + \iint_{\frac{1}{2}\leqslant x^2+y^2\leqslant 1} \frac{y}{x^2+y^2}\mathrm{d}x\mathrm{d}y = 0.$$

18.2.4 用极坐标计算二重积分

在二重积分的积分变换定理中，较强的条件"变换的一一性"和"雅可比行列式不为 0"限制了应用的范围. 例如常用的极坐标变换就不满足这些条件. 事实上，极坐标变换

$$T: \begin{cases} x=r\cos\theta \\ y=r\sin\theta \end{cases}, 0\leqslant r<+\infty, 0\leqslant\theta\leqslant 2\pi(或 -\pi\leqslant\theta\leqslant\pi). \tag{18.16}$$

将 $r\theta$ 平面的矩形区域 $[0,R]\times[0,2\pi]$ 变换为 xy 平面上的闭圆域 $\bar{\Delta}(O;R)=\{(x,y)\mid x^2+y^2\leqslant R^2\}$，但变换不是一一的：$\theta$ 轴 $r=0$ 上的点都变为 xy 平面上的原点 $O(0,0)$，以及直线 $\theta=0$（r 轴）上点 $(r,0)$ 和直线 $\theta=2\pi$ 上的点 $(r,2\pi)$ 对应着 xy 平面上相同的点 $(r,0)$. 另外，极坐标变换的雅可比行列式

$$J(r,\theta) = \begin{vmatrix} \cos\theta & -r\sin\theta \\ \sin\theta & r\cos\theta \end{vmatrix} = r$$

在 θ 轴 $r=0$ 上为 0.

但是，我们将证明，积分变换公式 (18.15) 对极坐标变换仍然成立.

定理 18.10 设极坐标变换 (18.16) 将 $r\theta$ 平面上有界闭区域 Ω 映为 xy 平面上闭区域 D，则对闭区域 D 上可积的二元函数 $f(x,y)$，函数 $f(r\cos\theta,r\sin\theta)r$ 在闭区域 Ω 上也可积，并且

$$\iint_D f(x,y)\mathrm{d}x\mathrm{d}y = \iint_\Omega f(r\cos\theta,r\sin\theta)r\mathrm{d}r\mathrm{d}\theta. \tag{18.17}$$

证 由于闭区域 Ω 有界，故可设 $\Omega\subseteq[0,R]\times[0,2\pi]$，从而像区域 D 满足 $D\subseteq\bar{\Delta}(O;R)$. 现在将 $r\theta$ 平面上破坏极坐标变换一一性和使雅可比行列式取 0 的点切去：对任意给定的充分小正数 ε，记

$$\Omega_\varepsilon = \Omega\cap([\varepsilon,R]\times[0,2\pi-\varepsilon]), \quad D_\varepsilon=T(\Omega_\varepsilon),$$

则 $D_\varepsilon=A_\varepsilon\cap D$，其中 A_ε 为圆环 $\{(x,y)\mid\varepsilon^2\leqslant x^2+y^2\leqslant R^2\}$ 中除去圆心角为 ε 的扇形后所得区域. 如图 18.14 所示.

此时，极坐标变换 (18.16) 将 Ω_ε 一一地变换为 D_ε，并且雅可比行列式在 Ω_ε 上不取 0. 于是，根据定理 18.9 就有

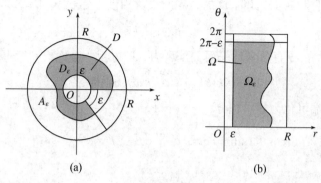

图 18.14

$$\iint_{D_\varepsilon} f(x,y)\mathrm{d}x\mathrm{d}y = \iint_{\Omega_\varepsilon} f(r\cos\theta, r\sin\theta)r\mathrm{d}r\mathrm{d}\theta.$$

由于函数 $f(x,y)$ 可积,其有界:$|f(x,y)|\leqslant M$. 于是

$$\left|\iint_D f(x,y)\mathrm{d}x\mathrm{d}y - \iint_{D_\varepsilon} f(x,y)\mathrm{d}x\mathrm{d}y\right| \leqslant M\iint_{D\setminus D_\varepsilon}\mathrm{d}x\mathrm{d}y \leqslant M(\pi\varepsilon^2 + \varepsilon R^2),$$

$$\left|\iint_\Omega f(r\cos\theta, r\sin\theta)r\mathrm{d}r\mathrm{d}\theta - \iint_{\Omega_\varepsilon} f(r\cos\theta, r\sin\theta)r\mathrm{d}r\mathrm{d}\theta\right|$$

$$\leqslant M\iint_{\Omega\setminus\Omega_\varepsilon} r\mathrm{d}r\mathrm{d}\theta = M(\pi\varepsilon^2 + \varepsilon R^2),$$

从而得

$$\left|\iint_D f(x,y)\mathrm{d}x\mathrm{d}y - \iint_\Omega f(r\cos\theta, r\sin\theta)r\mathrm{d}r\mathrm{d}\theta\right| \leqslant 2M(\pi\varepsilon^2 + \varepsilon R^2).$$

由 ε 的任意性,令 $\varepsilon\to 0$ 即得公式(18.17). □

为应用公式(18.17)计算重积分,需要考虑如何将式(18.17)右端重积分化为累次积分. 按照闭区域 D 与原点 $O(0,0)$ 的位置关系讨论如下.

(1) 原点 $O(0,0)$ 是闭区域 D 的内点,如图 18.15 所示.

这种区域的代表性例子是圆域 $\overline{\Delta}(O;R)$,其极坐标表示在 $r\theta$ 直角坐标平面上表现为矩形区域

$$\Omega = \{(r,\theta)\,|\,0\leqslant r\leqslant R, 0\leqslant\theta\leqslant 2\pi\} = [0,R]\times[0,2\pi].$$

在一般情形,闭区域 D 的边界曲线可用极坐标表示为

$$r = r(\theta), 0\leqslant\theta\leqslant 2\pi,$$

因而其极坐标表示在 $r\theta$ 直角坐标平面上表现为 θ 型区域

$$\Omega = \{(r,\theta)\,|\,0\leqslant r\leqslant r(\theta), 0\leqslant\theta\leqslant 2\pi\}.$$

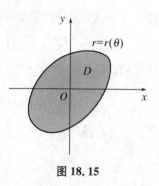

图 18.15

从而式(18.17)右端可化为累次积分:

$$\iint_\Omega f(r\cos\theta, r\sin\theta)r\mathrm{d}r\mathrm{d}\theta = \int_0^{2\pi}\mathrm{d}\theta\int_0^{r(\theta)} f(r\cos\theta, r\sin\theta)r\mathrm{d}r. \tag{18.18}$$

(2) 原点 $O(0,0)$ 是闭区域 D 的边界点,如图 18.16 所示. 这种图形的一个例子是双纽

线所围区域,见上册图 8.17.此时 D 的边界曲线可用极坐标表示为

$$r=r(\theta),\alpha\leqslant\theta\leqslant\beta,$$

因而其极坐标表示在 $r\theta$ 直角坐标平面上呈现为 θ 型区域

$$\Omega=\{(r,\theta)\,|\,0\leqslant r\leqslant r(\theta),\alpha\leqslant\theta\leqslant\beta\}.$$

从而式(18.17)右端可化为累次积分:

$$\iint_{\Omega}f(r\cos\theta,r\sin\theta)r\mathrm{d}r\mathrm{d}\theta=\int_{\alpha}^{\beta}\mathrm{d}\theta\int_{0}^{r(\theta)}f(r\cos\theta,r\sin\theta)r\mathrm{d}r. \qquad (18.19)$$

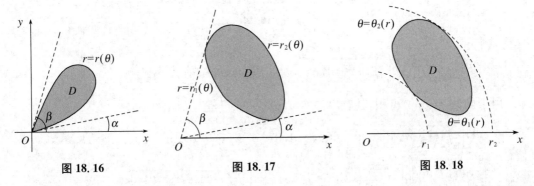

图 18.16   图 18.17   图 18.18

(3) 原点 $O(0,0)$ 是闭区域 D 的外点,此时如图 18.17 与图 18.18 所示,通常出现两种情形:每条自原点出发的射线与 D 的边界至多交于两点,如图 18.17 所示,或者以原点为圆心的圆周与 D 的边界至多交于两点,如图 18.18 所示.

前一情形,区域 D 的极坐标表示在 $r\theta$ 直角坐标平面上呈现为 θ 型区域

$$\Omega=\{(r,\theta)\,|\,r_{1}(\theta)\leqslant r\leqslant r_{2}(\theta),\alpha\leqslant\theta\leqslant\beta\}.$$

此时,式(18.17)右端可化为累次积分:

$$\iint_{\Omega}f(r\cos\theta,r\sin\theta)r\mathrm{d}r\mathrm{d}\theta=\int_{\alpha}^{\beta}\mathrm{d}\theta\int_{r_{1}(\theta)}^{r_{2}(\theta)}f(r\cos\theta,r\sin\theta)r\mathrm{d}r. \qquad (18.20)$$

后一情形,区域 D 的极坐标表示在 $r\theta$ 直角坐标平面上呈现为 r 型区域

$$\Omega=\{(r,\theta)\,|\,\theta_{1}(r)\leqslant\theta\leqslant\theta_{2}(r),r_{1}\leqslant r\leqslant r_{2}\}.$$

此时,式(18.17)右端可化为累次积分:

$$\iint_{\Omega}f(r\cos\theta,r\sin\theta)r\mathrm{d}r\mathrm{d}\theta=\int_{r_{1}}^{r_{2}}r\mathrm{d}r\int_{\theta_{1}(r)}^{\theta_{2}(r)}f(r\cos\theta,r\sin\theta)\mathrm{d}\theta. \qquad (18.21)$$

例 18.10 计算二重积分

$$I(R)=\iint_{x^{2}+y^{2}\leqslant R^{2}}\mathrm{e}^{-(x^{2}+y^{2})}\mathrm{d}x\mathrm{d}y,(0<R<+\infty).$$

由此证明概率积分

$$\int_{0}^{+\infty}\mathrm{e}^{-x^{2}}\mathrm{d}x=\frac{\sqrt{\pi}}{2}.$$

解 积分区域闭圆域 $\bar{\Delta}(O;R)$ 的极坐标表示在 $r\theta$ 直角坐标平面上表现为矩形区域 $\Omega=$

$[0,R]\times[0,2\pi]$，因此由定理 18.10 和式(18.18)，

$$I(R) = \iint_{[0,R]\times[0,2\pi]} \mathrm{e}^{-r^2} r\mathrm{d}r\mathrm{d}\theta = \int_0^{2\pi}\mathrm{d}\theta\int_0^R\mathrm{e}^{-r^2}r\mathrm{d}r = \pi(1-\mathrm{e}^{-R^2}).$$

如图 18.19 所示，我们有 $\bar{\Delta}(O;R)\subset[-R,R]\times[-R,R]\subset\bar{\Delta}(O;\sqrt{2}R)$，并且

$$\iint_{[-R,R]\times[-R,R]} \mathrm{e}^{-(x^2+y^2)}\mathrm{d}x\mathrm{d}y = \int_{-R}^R\mathrm{d}x\int_{-R}^R\mathrm{e}^{-(x^2+y^2)}\mathrm{d}y = \left(\int_{-R}^R\mathrm{e}^{-x^2}\mathrm{d}x\right)^2,$$

因此，

$$\pi(1-\mathrm{e}^{-R^2}) = I(R) \leqslant \left(\int_{-R}^R\mathrm{e}^{-x^2}\mathrm{d}x\right)^2 \leqslant I(\sqrt{2}R) = \pi(1-\mathrm{e}^{-2R^2}),$$

从而，

$$\sqrt{\pi(1-\mathrm{e}^{-R^2})} \leqslant \int_{-R}^R\mathrm{e}^{-x^2}\mathrm{d}x \leqslant \sqrt{\pi(1-\mathrm{e}^{-2R^2})}.$$

令 $R\to+\infty$，即得

$$\int_{-\infty}^{+\infty}\mathrm{e}^{-x^2}\mathrm{d}x = \sqrt{\pi}.$$

由此即得 $\int_0^{+\infty}\mathrm{e}^{-x^2}\mathrm{d}x = \dfrac{\sqrt{\pi}}{2}.$　　　　　　　□

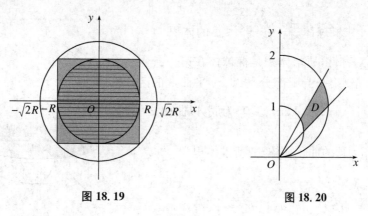

图 18.19　　　　　　　　　　图 18.20

例 18.11　计算二重积分

$$I = \iint_D \sqrt{x^2+y^2}\,\mathrm{d}x\mathrm{d}y,$$

其中 D 是由圆周 $x^2+y^2=y$，$x^2+y^2=2y$ 和直线 $y=x$，$y=\sqrt{3}x$ 所围成的有界闭区域.

解　区域 D 如图 18.20 所示. 在极坐标下，两个圆的极坐标方程分别为

$$r=\sin\theta, r=2\sin\theta;$$

两直线的极坐标方程分别为

$$\theta=\frac{\pi}{4},\quad \theta=\frac{\pi}{3}.$$

由此可知，区域 D 的极坐标表示在 $r\theta$ 直角坐标平面上表现为 θ 型区域

$$\Omega = \left\{ (r,\theta) \,\middle|\, \sin\theta \leqslant r \leqslant 2\sin\theta, \frac{\pi}{4} \leqslant \theta \leqslant \frac{\pi}{3} \right\}.$$

于是,由定理 18.10 和式(18.20),

$$I = \iint_{\Omega} r^2 \mathrm{d}r\mathrm{d}\theta = \int_{\frac{\pi}{4}}^{\frac{\pi}{3}} \mathrm{d}\theta \int_{\sin\theta}^{2\sin\theta} r^2 \mathrm{d}r = \frac{70\sqrt{7}-77}{72}. \qquad \Box$$

注 一般来说,如果二重积分的被积函数含有表达式 x^2+y^2,或者积分区域是圆域或圆域的一部分,就可以考虑用极坐标变换来计算.

极坐标变换可推广为广义极坐标变换:

$$T: \begin{cases} x = x_0 + ar\cos\theta \\ y = y_0 + br\sin\theta \end{cases}, 0 \leqslant r < +\infty, 0 \leqslant \theta \leqslant 2\pi \,(\text{或} -\pi \leqslant \theta \leqslant \pi), \qquad (18.22)$$

其中 (x_0,y_0) 是一定点,a,b 是正常数.广义极坐标变换的雅可比行列式

$$J(r,\theta) = \begin{vmatrix} a\cos\theta & -ra\sin\theta \\ b\sin\theta & rb\cos\theta \end{vmatrix} = abr.$$

对广义极坐标变换,也有与定理 18.10 相类似的定理.特别地,若 xOy 平面上的有界闭区域 D 在此变换下对应 $r\theta$ 直角坐标平面上的区域 Ω,则

$$\iint_D f(x,y)\mathrm{d}x\mathrm{d}y = ab\iint_{\Omega} f(x_0+ar\cos\theta, y_0+br\sin\theta) r\mathrm{d}r\mathrm{d}\theta. \qquad (18.23)$$

例 18.12 求椭球体 $\dfrac{x^2}{a^2}+\dfrac{y^2}{b^2}+\dfrac{z^2}{c^2} \leqslant 1$ 的体积.

解 根据对称性,所求体积是椭球体在第一卦限部分体积的 8 倍.第一卦限部分是以 xy 平面上的区域 $D = \left\{ (x,y) \,\middle|\, \dfrac{x^2}{a^2}+\dfrac{y^2}{b^2} \leqslant 1, x,y \geqslant 0 \right\}$ 为底,以曲面 $z = c\sqrt{1-\dfrac{x^2}{a^2}-\dfrac{y^2}{b^2}}$ 为顶的曲顶柱体,故所求体积为

$$V = 8\iint_D c\sqrt{1-\frac{x^2}{a^2}-\frac{y^2}{b^2}}\,\mathrm{d}x\mathrm{d}y.$$

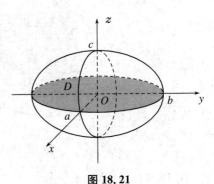

图 18.21

现在,利用广义极坐标变换 $\begin{cases} x = ar\cos\theta \\ y = br\sin\theta \end{cases}$,则区域

D 在此变换下对应 $r\theta$ 直角坐标平面上的矩形区域 $\Omega = [0,1] \times [0,\frac{\pi}{2}]$.于是椭球体体积为

$$V = 8abc\iint_{[0,1]\times[0,\frac{\pi}{2}]} \sqrt{1-r^2}\,r\mathrm{d}r\mathrm{d}\theta = \frac{4}{3}\pi abc. \qquad \Box$$

由例 18.12 可知半径为 R 的球体体积为 $\dfrac{4}{3}\pi R^3$.

在这一小节末尾,我们不做进一步讨论,指出对二重积分同样可以定义并讨论反常二重积分:无界区域上二重积分和无界函数二重积分,也可讨论含参量正常和反常二重积分.

习题 18.2

1. 计算下列二重积分:

(1) $\iint_D (x^2 + y^2)\mathrm{d}x\mathrm{d}y, D = \{(x,y) \mid |x| \leqslant 1, |y| \leqslant 1\}$.

(2) $\iint_D (3x + 2y)\mathrm{d}x\mathrm{d}y$, 闭区域 D 由两坐标轴与直线 $x + y = 1$ 围成.

(3) $\iint_D (x + y)\mathrm{d}x\mathrm{d}y$, 闭区域 D 由 $y = x, y = \dfrac{1}{x}$ 及 $y = 2$ 围成.

(4) $\iint_D (x^2 + y^2)\mathrm{d}x\mathrm{d}y$, 闭区域 D 由 $y = x, y = x + 1, y = 1, y = 3$ 围成.

(5) $\iint_D \mathrm{e}^{y^2}\mathrm{d}x\mathrm{d}y$, 闭区域 D 是以点 $A(0,0), B(1,1), C(0,1)$ 为顶点的三角形.

(6) $\iint_D \dfrac{\sin x}{x}\mathrm{d}x\mathrm{d}y$, 闭区域 D 由 $y = 2x, x = 2y$ 及 $x = 2$ 围成.

2. 设函数 $f(x)$ 于闭区间 $[a,b]$ 可积,证明函数 $f(x)f(y)$ 于闭矩形区域 $[a,b] \times [a,b]$ 也可积,并且

$$\iint_{[a,b] \times [a,b]} f(x)f(y)\mathrm{d}x\mathrm{d}y = \left[\int_a^b f(x)\mathrm{d}x\right]^2.$$

3. 求由坐标平面及 $x + y = 1, z = x + y + 1$ 所围立体的体积.

4. 设函数 $f(x,y)$ 在下列各累次积分相应区域内连续,改变下列累次积分的积分顺序:

(1) $\displaystyle\int_0^1 \mathrm{d}y \int_y^{\sqrt{y}} f(x,y)\mathrm{d}x$;   (2) $\displaystyle\int_1^e \mathrm{d}x \int_0^{\ln x} f(x,y)\mathrm{d}y$;

(3) $\displaystyle\int_0^1 \mathrm{d}y \int_y^{2-y} f(x,y)\mathrm{d}x$;   (4) $\displaystyle\int_{-1}^1 \mathrm{d}x \int_{1-\sqrt{1-x^2}}^{1+\sqrt{1-x^2}} f(x,y)\mathrm{d}y$;

(5) $\displaystyle\int_0^1 \mathrm{d}y \int_0^{2y} f(x,y)\mathrm{d}x + \int_1^3 \mathrm{d}y \int_0^{3-y} f(x,y)\mathrm{d}x$.

5. 利用极坐标计算下列二重积分:

(1) $\iint_{x^2+y^2 \leqslant \pi} \sin(x^2 + y^2)\mathrm{d}x\mathrm{d}y$;

(2) $\iint_{x^2+y^2 \leqslant R^2} \sqrt{R^2 - x^2 - y^2}\,\mathrm{d}x\mathrm{d}y$;

(3) $\iint_D \arctan\dfrac{y}{x}\mathrm{d}x\mathrm{d}y, D$ 为由 $y = \sqrt{1-x^2}$ 与 x 轴围成的上半圆域被直线 $y = x$ 分割成的两个闭区域之一.

6. 计算累次积分

$$\int_{-2}^2 \mathrm{d}x \int_0^{\sqrt{4-x^2}} \sqrt{x^2 + y^2}\,\mathrm{d}y.$$

7. 作适当的变换,计算下列二重积分:

(1) $\iint_D (x+y)\sin(x-y)\mathrm{d}x\mathrm{d}y, D = \{(x,y) \mid 0 \leqslant x \pm y \leqslant \pi\}$;

(2) $\iint_D \dfrac{(x+y)^2}{1+(x-y)^2}\mathrm{d}x\mathrm{d}y, D=\{(x,y)\mid \mid x\mid+\mid y\mid\leqslant 1\}$;

(3) $\iint_{x^2+y^2\leqslant x+y}(x+y)\mathrm{d}x\mathrm{d}y$;

(4) $\iint_D \mathrm{e}^{\frac{y}{x+y}}\mathrm{d}x\mathrm{d}y, D=\{(x,y)\mid x\geqslant 0,y\geqslant 0,x+y\leqslant 1\}$;

(5) $\iint_{\frac{x^2}{a^2}+\frac{y^2}{b^2}\leqslant 1}\left(\dfrac{x^2}{a^2}+\dfrac{y^2}{b^2}\right)\mathrm{d}x\mathrm{d}y$;

(6) $\iint_D y^2\mathrm{d}x\mathrm{d}y, D$ 是由 $3y=x,y=3x$ 和 $xy=1,xy=3$ 所围成的位于第一象限内的有界闭区域.

8. 求由曲面 $z^2=\dfrac{x^2}{4}+\dfrac{y^2}{9}$ 与 $2z=\dfrac{x^2}{4}+\dfrac{y^2}{9}$ 所围成的立体的体积.

9. 设函数 $f(x)$ 于闭区间 $[-1,1]$ 可积,证明函数 $f(x+y)$ 于闭菱形区域 $D=\{(x,y)\mid \mid x\mid+\mid y\mid\leqslant 1\}$ 也可积,并且

$$\iint_D f(x+y)\mathrm{d}x\mathrm{d}y=\int_{-1}^{1}f(x)\mathrm{d}x.$$

10. 设平面有界闭区域 D 关于原点对称,并且二元函数 $f(x,y)$ 在区域 D 上可积. 如果 $f(x,y)$ 满足 $f(-x,-y)=-f(x,y)$,证明 $f(x,y)$ 在区域 D 上的二重积分为 0.

11. 设平面有界闭区域 D 关于直线 $y=x$ 对称,并且二元函数 $f(x,y)$ 在区域 D 上可积,则

$$\iint_D f(x,y)\mathrm{d}x\mathrm{d}y=\iint_D f(y,x)\mathrm{d}x\mathrm{d}y.$$

§18.3 三重积分

18.3.1 三重积分的定义

二重积分的一个物理意义是平面薄板的质量,现在来考虑如何求一个空间立体 V 的质量. 当立体的密度均匀时,立体质量等于密度与体积的乘积. 于是,我们要考虑一般立体体积是否存在,以及如何确定该体积的问题.

这个问题的解决方法与平面图形的面积问题的解决方法类似. 用平行于三个坐标面的平面切割有界立体 $V\subset\mathbf{R}^3$,形成立体 V 的一个分割 T. 所得到的小立方体分为三类. 第一类含于 V 内部;第二类含于 V 外部;剩下的则为第三类,含有 V 的边界点. 记所有第一类小立方体体积之和为 $\upsilon(T)$,所有第一类与第三类小立方体体积之和为 $\Upsilon(T)$. 容易看到

$$0\leqslant\upsilon(T)\leqslant\Upsilon(T)$$

有界,因此数集 $\{\upsilon_D(T)\mid T\}$ 和 $\{\Upsilon_D(T)\mid T\}$ 有界. 按照确界定理,这两数集都有上下确界. 记

$$\upsilon_D=\sup\{\upsilon_D(T)\mid T\},\quad \Upsilon_D=\inf\{\Upsilon_D(T)\mid T\},$$

则有

$$0 \leqslant v_D \leqslant \Upsilon_D. \tag{18.24}$$

如果 $v_D = \Upsilon_D$，则称空间立体 **V 可求体积**，并且称 $v_D = \Upsilon_D$ 的值为立体 V 的**体积**，通常也记为 V.

按照定义，有界立体 V 的体积为 0 当且仅当对任何正数 ε，有界立体 V 可被有限个体积总和不超过 ε 的小立方体覆盖. 通常称体积为 0 的立体**零体积**. 可以证明，有界立体 V 可求体积的充要条件是其边界 ∂V 零体积，以及有界闭域上二元连续可微函数的图形（曲面）零体积. 因此，若空间有界闭域的边界是分片光滑曲面，那么它是可求体积的. 在后面的内容中，除非特别说明，我们约定以下所涉及的有界立体总是可求体积的.

现在仿照平面薄板质量的求法，来考虑如何求密度不均匀分布的立体质量问题. 先将立体 V 分割成有限个可求体积的小块 $V_1, V_2, \cdots, V_n$，在每个小块上任意**标记**一点 $\Xi_i(\xi_i, \eta_i, \zeta_i) \in V_i$. 设每小块 V_i 的体积为 ΔV_i，标记点处的密度为 $\rho(\Xi_i) = \rho(\xi_i, \eta_i, \zeta_i)$，则和式

$$\sum_{i=1}^{n} \rho(\Xi_i) \Delta V_i = \sum_{i=1}^{n} \rho(\xi_i, \eta_i, \zeta_i) \Delta V_i$$

表示立体 V 质量的近似值. 直观地，当分割越来越细，即 $\max\{d(V_i)\} \to 0$ 时，上述近似值的极限就是立体 V 的质量. 这种类型的极限就是下面要定义的三重积分.

定义 18.2　设 V 是空间 $\mathbf{R}^3$ 中上有界闭区域. 可求体积的有限个小闭区域集

$$T = \{V_1, V_2, \cdots, V_n\}$$

称为 V 的一个**分割**，如果（1）这些小区域中任何两个都没有公共内点；（2）$\bigcup_{i=1}^{n} V_i = V$.

各小区域直径的最大值，记为 $\|T\| = \max\{d(V_i) \mid i = 1, 2, \cdots, n\}$，叫作这个分割的**模**.

在分割 $T = \{V_1, V_2, \cdots, V_n\}$ 的各小区域上任取一点 $\Xi_i(\xi_i, \eta_i, \zeta_i) \in V_i$ 作为**标记**，得 V 的带有标记的分割 (T, Ξ).

设函数 $f(x, y, z)$ 在区域 V 上有定义，则对 V 的任一带有标记的分割 (T, Ξ)，和式

$$\sum_{i=1}^{n} f(\xi_i, \eta_i, \zeta_i) \Delta V_i \tag{18.25}$$

称为函数 $f(x, y, z)$ 在区域 V 上属于分割 T 的一个**积分和**.

如果有一个确定的实数 J 满足：对任何正数 ε，都存在正数 δ，使得对 V 的任一分割 T，只要它的模 $\|T\| < \delta$，函数 $f(x, y, z)$ 在区域 V 上属于分割 T 的任何一个积分和 (18.25) 都满足

$$\left| \sum_{i=1}^{n} f(\xi_i, \eta_i, \zeta_i) \Delta V_i - J \right| < \varepsilon, \tag{18.26}$$

则称函数 $f(x, y, z)$ 在区域 V 上**可积**，数 J 称为函数 $f(x, y, z)$ 在区域 V 上的**三重积分**，记作

$$J = \iiint_V f(x, y, z) \mathrm{d}V, \tag{18.27}$$

其中函数 $f(x, y, z)$ 称为三重积分的被积函数，x, y, z 为**积分变量**，V 为**积分区域**，$\mathrm{d}V$ 为**体积微元**.　　　　　　□

按定义,三重积分也是积分和的极限:

$$\iiint_V f(x,y,z)\mathrm{d}V = \lim_{\|T\|\to 0}\sum_{i=1}^n f(\xi_i,\eta_i,\zeta_i)\,\Delta V_i. \tag{18.28}$$

因此当函数 $f(x,y,z)$ 在区域 V 上可积时,可选择特殊的分割来计算. 在直角坐标系下,最常用的分割由平行于坐标平面的平面网来完成. 此时分割所得的每个网眼小方体的体积 $\Delta V=\Delta x\Delta y\Delta z$,即体积微元 $\mathrm{d}V=\mathrm{d}x\mathrm{d}y\mathrm{d}z$,也因此常把三重积分记为

$$\iiint_V f(x,y,z)\mathrm{d}x\mathrm{d}y\mathrm{d}z. \tag{18.29}$$

根据定义,常值函数在区域 V 上可积,即对任何常数 c,

$$\iiint_V c\,\mathrm{d}x\mathrm{d}y\mathrm{d}z = cV.$$

特别地,

$$\iiint_V \mathrm{d}x\mathrm{d}y\mathrm{d}z = V. \tag{18.30}$$

由定义,密度函数为 $\rho(x,y,z)$ 的空间立体 V 的质量就是三重积分

$$\iiint_V \rho(x,y,z)\mathrm{d}V = \iiint_V \rho(x,y,z)\mathrm{d}x\mathrm{d}y\mathrm{d}z.$$

对于三重积分的可积性条件和可积函数类,都可与二重积分作类似的讨论而得到相仿的如下结论:

(1) 有界闭区域上可积函数有界;

(2) 有界闭区域上的连续函数必可积;

(3) 有界闭区域上不连续点集零体积的有界函数可积.

18.3.2 三重积分化为累次积分

与二重积分类似,三重积分亦转化为累次积分进行计算.

定理 18.11 设函数 $f(x,y,z)$ 在长方体 $V=[a,b]\times[c,d]\times[e,h]$ 上可积,并且含参量正常积分

$$g(x,y) = \int_e^h f(x,y,z)\mathrm{d}z, (x,y)\in D=[a,b]\times[c,d]$$

存在,则二元函数 $g(x,y)$ 在 $D=[a,b]\times[c,d]$ 上也可积,并且

$$\iiint_V f(x,y,z)\mathrm{d}V = \iint_D g(x,y)\mathrm{d}x\mathrm{d}y = \iint_D \mathrm{d}x\mathrm{d}y\int_e^h f(x,y,z)\mathrm{d}z. \tag{18.31}$$

证明 与二重积分类似,详略. □

定理 18.12 设函数 $f(x,y,z)$ 在长方体 $V=[a,b]\times[c,d]\times[e,h]$ 上可积,并且含参量正常积分

$$\varphi(z) = \iint_{[a,b]\times[c,d]} f(x,y,z)\mathrm{d}x\mathrm{d}y, z\in[e,h]$$

存在,则一元函数 $\varphi(z)$ 在区间 $[e,h]$ 上也可积,并且

$$\iiint_V f(x,y,z)\mathrm{d}V = \int_e^h \varphi(z)\mathrm{d}z = \int_e^h \mathrm{d}z \iint_{[a,b]\times[c,d]} f(x,y,z)\mathrm{d}x\mathrm{d}y. \tag{18.32}$$

□

定理 18.13 设函数 $f(x,y,z)$ 在可求体积的有界连续几何体

$$V = \{(x,y,z) \mid z_1(x,y) \leqslant z \leqslant z_2(x,y), (x,y) \in D\} (\text{称为 } xy \text{ 型区域})$$

上可积,如图 18.22 所示,其中 D 是 V 在 xOy 平面上的投影区域,并且含参量正常积分

$$g(x,y) = \int_{z_1(x,y)}^{z_2(x,y)} f(x,y,z)\mathrm{d}z, (x,y) \in D$$

存在,则二元函数 $g(x,y)$ 在 D 上也可积,并且

$$\iiint_V f(x,y,z)\mathrm{d}V = \iint_D g(x,y)\mathrm{d}x\mathrm{d}y = \iint_D \mathrm{d}x\mathrm{d}y \int_{z_1(x,y)}^{z_2(x,y)} f(x,y,z)\mathrm{d}z. \tag{18.33}$$

□

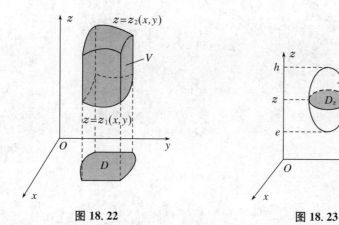

图 18.22　　　　　　　　图 18.23

当 V 是 yz 型和 zx 型区域时有类似的结果.

定理 18.14 设函数 $f(x,y,z)$ 在可求体积的有界连续几何体

$$V = \{(x,y,z) \mid (x,y) \in D_z, z \in [e,h]\} (\text{称为 } z \text{ 型区域})$$

上可积,如图 18.23 所示,其中 D_z 是 V 在平面 $z=z$ 上的横截断面在 xOy 平面上的投影区域,并且含参量正常积分

$$\varphi(z) = \iint_{D_z} f(x,y,z)\mathrm{d}x\mathrm{d}y, z \in [e,h]$$

存在,则一元函数 $\varphi(z)$ 在区间 $[e,h]$ 上也可积,并且

$$\iiint_V f(x,y,z)\mathrm{d}V = \int_e^h \varphi(z)\mathrm{d}z = \int_e^h \mathrm{d}z \iint_{D_z} f(x,y,z)\mathrm{d}x\mathrm{d}y. \tag{18.34}$$

□

当 V 是 x 型和 y 型区域时有类似的结果.

例 18.13 计算

$$\iiint_V \frac{\mathrm{d}x\mathrm{d}y\mathrm{d}z}{x^2+y^2},$$

其中 V 由平面 $x=1, x=2, z=0, y=x$ 和 $z=y$ 所围成.

  解 如图 18.24 所示, V 可看成是 xy 型区域: 其在 xOy 平面上的投影区域为

$$D = \{(x,y) \mid 0 \leqslant y \leqslant x, 1 \leqslant x \leqslant 2\},$$

并且在给定的点 $(x,y) \in D$ 处, $0 \leqslant z \leqslant y$, 即

$$V = \{(x,y,z) \mid 0 \leqslant z \leqslant y, (x,y) \in D\}.$$

于是所求积分

$$\iiint_V \frac{\mathrm{d}x\mathrm{d}y\mathrm{d}z}{x^2+y^2} = \iint_D \mathrm{d}x\mathrm{d}y \int_0^y \frac{\mathrm{d}z}{x^2+y^2} = \iint_D \frac{y}{x^2+y^2}\mathrm{d}x\mathrm{d}y = \frac{1}{2}\ln 2. \qquad \square$$

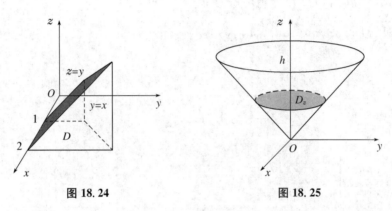

图 18.24   图 18.25

  例 18.14 计算

$$\iiint_V z^2 \mathrm{d}x\mathrm{d}y\mathrm{d}z,$$

其中 V 由锥面 $z = c\sqrt{x^2+y^2}$ 与平面 $z=h$ 围成, 这里 c, h 都是正常数.

  解 如图 18.25 所示, 可将 V 可看成是 z 型区域: 其在平面 $z=z$ 上的横截断面在 xOy 平面上的投影区域为

$$D_z = \{(x,y) \mid c\sqrt{x^2+y^2} \leqslant z\},$$

因此, $V = \{(x,y,z) \mid (x,y) \in D_z, z \in [0,h]\}$. 于是所求积分

$$\iiint_V z^2 \mathrm{d}x\mathrm{d}y\mathrm{d}z = \int_0^h \mathrm{d}z \iint_{D_z} z^2 \mathrm{d}x\mathrm{d}y = \int_0^h \frac{\pi}{c^2} z^4 \mathrm{d}z = \frac{\pi h^5}{5c^2}. \qquad \square$$

18.3.3 三重积分的变量变换公式

  与二重积分类似, 三重积分也有相应的变量变换公式. 设连续可微变换

$$T: \begin{cases} x = x(u,v,w) \\ y = y(u,v,w), \\ z = z(u,v,w) \end{cases}$$

将 uvw 空间的有界闭区域 Ω 一一地映到 xyz 空间的有界闭区域 V, 并且雅可比行列式

$$J(u,v,w) = \frac{\partial(x,y,z)}{\partial(u,v,w)} \neq 0, \quad (u,v,w) \in \Omega,$$

则对闭区域 V 上可积的三元函数 $f(x,y,z)$,关于 u,v,w 的三元函数 $f(x(u,v,w),y(u,v,w),z(u,v,w))|J(u,v,w)|$ 在闭区域 Ω 上也可积,并且

$$\iiint_V f(x,y,z)\mathrm{d}x\mathrm{d}y\mathrm{d}z$$

$$=\iiint_\Omega f(x(u,v,w),y(u,v,w),z(u,v,w))\mid J(u,v,w)\mid \mathrm{d}u\mathrm{d}v\mathrm{d}w. \tag{18.35}$$

根据公式(18.35)或者直接用定义,对三重积分,同样有与二重积分的例 18.9 和习题 18.2.10—18.2.11 相类似的结论.适当地应用,可以简化计算.

在具体计算三重积分时,常用的变量变换有柱面坐标变换和球面坐标变换.依次介绍如下.

(1) **柱面坐标变换**

$$T:\begin{cases}x=r\cos\theta\\y=r\sin\theta\quad(0\leqslant r<+\infty,0\leqslant\theta\leqslant2\pi,-\infty<z<+\infty),\\z=z\end{cases}$$

如图 18.26 所示,其中 θ 的范围也可为 $-\pi\leqslant\theta\leqslant\pi$.柱面坐标变换的雅可比行列式

$$J(r,\theta,z)=\begin{vmatrix}\cos\theta & -r\sin\theta & 0\\ \sin\theta & r\cos\theta & 0\\ 0 & 0 & 1\end{vmatrix}=r.$$

尽管柱面坐标变换不是一一的,并且 $J(r,\theta,z)$ 可取 0 值,但可以与定理 18.10 相仿地证明公式(18.35)仍然成立,即有

$$\iiint_V f(x,y,z)\mathrm{d}x\mathrm{d}y\mathrm{d}z=\iiint_\Omega f(r\cos\theta,r\sin\theta,z)r\mathrm{d}r\mathrm{d}\theta\mathrm{d}z. \tag{18.36}$$

由于柱坐标变换中,z 坐标不变,其通常适合于 xy 型区域

$$V=\{(x,y,z)\mid z_1(x,y)\leqslant z\leqslant z_2(x,y),(x,y)\in D\}.$$

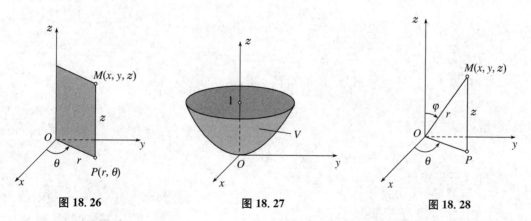

图 18.26　　　　　　　　　图 18.27　　　　　　　　　图 18.28

例 18.15　计算三重积分

$$\iiint_V(x^2+y^2+z^2)\mathrm{d}x\mathrm{d}y\mathrm{d}z,$$

其中积分区域 V 由曲面 $x^2+y^2=z$ 和平面 $z=1$ 所围成,如图 18.27 所示.

解 区域 V 的柱面坐标表示在 $r\theta z$ 空间上表现为区域

$$\Omega = \{(r,\theta,z) \mid r^2 \leqslant z \leqslant 1, 0 \leqslant r \leqslant 1, 0 \leqslant \theta \leqslant 2\pi\},$$

因此由柱面坐标变换公式(18.36)知,所求积分

$$\iiint_V (x^2+y^2+z^2)\mathrm{d}x\mathrm{d}y\mathrm{d}z = \iiint_\Omega (r^2+z^2) r\mathrm{d}r\mathrm{d}\theta\mathrm{d}z$$

$$= \iint_{[0,1]\times[0,2\pi]} \mathrm{d}r\mathrm{d}\theta \int_{r^2}^1 (r^2+z^2) r\mathrm{d}z = \frac{5}{12}\pi. \qquad \square$$

(2) 球面坐标变换

$$T: \begin{cases} x = r\sin\varphi\cos\theta \\ y = r\sin\varphi\sin\theta \quad (0 \leqslant r < +\infty, 0 \leqslant \varphi \leqslant \pi, 0 \leqslant \theta \leqslant 2\pi), \\ z = r\cos\varphi \end{cases}$$

如图 18.28 所示,其中 θ 的范围也可为 $-\pi \leqslant \theta \leqslant \pi$. 球面坐标变换的雅可比行列式

$$J(r,\varphi,\theta) = \begin{vmatrix} \sin\varphi\cos\theta & r\cos\varphi\cos\theta & -r\sin\varphi\sin\theta \\ \sin\varphi\sin\theta & r\cos\varphi\sin\theta & r\sin\varphi\cos\theta \\ \cos\varphi & -r\sin\varphi & 0 \end{vmatrix} = r^2\sin\varphi.$$

球面坐标变换也不是一一的,并且 $J(r,\varphi,\theta)$ 也可取 0 值,但同样可以与定理 18.10 相仿地证明公式(18.35)仍然成立,即有

$$\iiint_V f(x,y,z)\mathrm{d}x\mathrm{d}y\mathrm{d}z = \iiint_\Omega f(r\sin\varphi\cos\theta, r\sin\varphi\sin\theta, r\cos\varphi) r^2\sin\varphi\mathrm{d}r\mathrm{d}\varphi\mathrm{d}\theta. \quad (18.37)$$

例 18.16 计算三重积分

$$\iiint_{x^2+y^2+z^2 \leqslant 1} (x+y^2+z^3)\mathrm{d}x\mathrm{d}y\mathrm{d}z.$$

解 记区域 $V=\{(x,y,z) \mid x^2+y^2+z^2 \leqslant 1\}$. 根据对称性,我们可知

$$\iiint_V x\mathrm{d}x\mathrm{d}y\mathrm{d}z = 0, \iiint_V z^3\mathrm{d}x\mathrm{d}y\mathrm{d}z = 0.$$

于是,所求积分

$$\iiint_V (x+y^2+z^3)\mathrm{d}x\mathrm{d}y\mathrm{d}z = \iiint_V y^2\mathrm{d}x\mathrm{d}y\mathrm{d}z.$$

仍然根据对称性有

$$\iiint_V y^2\mathrm{d}x\mathrm{d}y\mathrm{d}z = \iiint_V z^2\mathrm{d}x\mathrm{d}y\mathrm{d}z = \iiint_V x^2\mathrm{d}x\mathrm{d}y\mathrm{d}z$$

$$= \frac{1}{3}\iiint_V (x^2+y^2+z^2)\mathrm{d}x\mathrm{d}y\mathrm{d}z.$$

由于区域 $V=\{(x,y,z) \mid x^2+y^2+z^2 \leqslant 1\}$ 的球面坐标表示在 $r\varphi\theta$ 直角坐标空间上表现为长方体区域

$$\Omega = \{(r,\varphi,\theta) \mid 0 \leqslant r \leqslant 1, 0 \leqslant \varphi \leqslant \pi, 0 \leqslant \theta \leqslant 2\pi\} = [0,1] \times [0,\pi] \times [0,2\pi],$$

由球面坐标变换公式(18.37)知,

$$\iiint_V (x^2+y^2+z^2)\mathrm{d}x\mathrm{d}y\mathrm{d}z = \iiint_\Omega r^4 \sin\varphi \mathrm{d}r\mathrm{d}\varphi\mathrm{d}\theta$$

$$= \int_0^1 \mathrm{d}r \int_0^\pi \mathrm{d}\varphi \int_0^{2\pi} r^4 \sin\varphi \mathrm{d}\theta = \frac{4\pi}{5}.$$

从而所求积分

$$\iiint_V (x+y^2+z^3)\mathrm{d}x\mathrm{d}y\mathrm{d}z = \frac{4\pi}{15}. \qquad \square$$

(3) 广义柱面坐标变换与球面坐标变换

在计算三重积分时,常用的坐标变换还有广义柱面坐标变换

$$T: \begin{cases} x = x_0 + ar\cos\theta \\ y = y_0 + br\sin\theta \\ z = z \end{cases} \quad (0 \leqslant r < +\infty, 0 \leqslant \theta \leqslant 2\pi, -\infty < z < +\infty)$$

和广义球面坐标变换

$$T: \begin{cases} x = x_0 + ar\sin\varphi\cos\theta \\ y = y_0 + br\sin\varphi\sin\theta \\ z = z_0 + cr\cos\varphi \end{cases} \quad (0 \leqslant r < +\infty, 0 \leqslant \varphi \leqslant \pi, 0 \leqslant \theta \leqslant 2\pi).$$

相应的变量变换公式仍然成立.

例 18.17 求曲面 $\left(\dfrac{x^2}{a^2}+\dfrac{y^2}{b^2}+\dfrac{z^2}{c^2}\right)^2 = x$ 所围成有界闭域的体积.

解 所围立体

$$V = \left\{ (x,y,z) \,\middle|\, \left(\frac{x^2}{a^2}+\frac{y^2}{b^2}+\frac{z^2}{c^2}\right)^2 \leqslant x \right\}$$

在广义球面坐标变换

$$T: \begin{cases} x = ar\sin\varphi\cos\theta \\ y = br\sin\varphi\sin\theta \\ z = cr\cos\varphi \end{cases} \quad (0 \leqslant r < +\infty, 0 \leqslant \varphi \leqslant \pi, -\pi \leqslant \theta \leqslant \pi)$$

下表现为 $r\varphi\theta$ 直角坐标空间的区域

$$\Omega = \left\{ (r,\varphi,\theta) \,\middle|\, 0 \leqslant r^3 \leqslant a\sin\varphi\cos\theta, 0 \leqslant \varphi \leqslant \pi, -\frac{\pi}{2} \leqslant \theta \leqslant \frac{\pi}{2} \right\}.$$

由于上述广义球面坐标变换的雅可比行列式 $J(r,\varphi,\theta) = abcr^2\sin\varphi$,所求体积为

$$V = \iiint_V \mathrm{d}x\mathrm{d}y\mathrm{d}z = abc \iiint_\Omega r^2\sin\varphi \mathrm{d}r\mathrm{d}\varphi\mathrm{d}\theta$$

$$= abc \iint_{[0,\pi]\times\left[-\frac{\pi}{2},\frac{\pi}{2}\right]} \mathrm{d}\varphi\mathrm{d}\theta \int_0^{(a\sin\varphi\cos\theta)^{\frac{1}{3}}} r^2\sin\varphi \mathrm{d}r$$

$$= \frac{1}{3}\pi a^2 bc. \qquad \square$$

最后,我们指出,对三重积分同样可以定义并讨论反常三重积分:无界区域上三重积分和有界区域上无界函数三重积分,也可讨论含参量正常和反常三重积分.

更进一步地,可定义并讨论一般的 n 重积分,反常 n 重积分及相应的含参量积分.

习题 18.3

1. 求 $\iiint\limits_{[0,1]\times[-1,1]\times[0,2]}(1+x)\mathrm{d}x\mathrm{d}y\mathrm{d}z$.

2. 求 $\iiint\limits_{V}y\mathrm{d}x\mathrm{d}y\mathrm{d}z$,其中 V 是平面 $x+y+z=1$ 和三个坐标平面围成的四面体.

3. 求 $\iiint\limits_{V}z\mathrm{d}x\mathrm{d}y\mathrm{d}z$,其中 V 由曲面 $z=x^2+y^2$ 和平面 $z=4$ 围成.

4. 求 $\iiint\limits_{V}(x^2+y^2)\mathrm{d}x\mathrm{d}y\mathrm{d}z$,其中 V 由曲面 $z=\sqrt{x^2+y^2}$ 和平面 $z=h$ 围成,这里常数 $h>0$.

5. 求 $\iiint\limits_{x^2+y^2+z^2\leqslant a^2,z\geqslant 0}z\mathrm{d}x\mathrm{d}y\mathrm{d}z$.

6. 求 $\iiint\limits_{x^2+y^2+z^2\leqslant z}\sqrt{x^2+y^2+z^2}\mathrm{d}x\mathrm{d}y\mathrm{d}z$.

7. 求球面 $x^2+y^2+z^2=a^2$ 与圆柱面 $x^2+y^2=ax(a>0)$ 所围立体的体积.

8. 设一物体所占空间为曲面 $25(x^2+y^2)=4z^2$ 与平面 $z=5$ 所围成的有界闭区域. 已知其上每一点处的密度为 $\rho(x,y)=x^2+y^2$,求该物体的质量.

9. 求 $\iiint\limits_{V}[x^2-(y-z)^2]\mathrm{d}x\mathrm{d}y\mathrm{d}z$,其中闭区域

$$V=\{(x,y,z)\,|\,0\leqslant x+y-z\leqslant 1,0\leqslant x-y+z\leqslant 1,0\leqslant -x+y+z\leqslant 1\}.$$

10. 设一元函数 $f(u)$ 在闭区间 $[-1,1]$ 上连续,证明

$$\iiint\limits_{x^2+y^2+z^2\leqslant 1}f(z)\mathrm{d}x\mathrm{d}y\mathrm{d}z=\pi\int_{-1}^{1}f(u)(1-u^2)\mathrm{d}u.$$

11. 设有界闭区域 V 关于 z 轴对称,并且函数 $f(x,y,z)$ 在区域 V 上可积. 如果 $f(x,y,z)$ 满足 $f(-x,-y,z)=-f(x,y,z)$,证明 $f(x,y,z)$ 在区域 V 上的三重积分为 0.

12. 设有界闭区域 V 关于 xy 平面对称,并且函数 $f(x,y,z)$ 在区域 V 上可积. 如果 $f(x,y,z)$ 满足 $f(x,y,-z)=-f(x,y,z)$,证明 $f(x,y,z)$ 在区域 V 上的三重积分为 0.

第十九章　曲线积分

我们知道,定积分有两个重要的物理背景就是确定变密度细长直棍的质量和变力沿水平直线拉动物体位移时所做的功.本章引入的曲线积分,可用于求解细长曲线形构件的质量问题和变力沿曲线拉动物体位移时所做功的问题.

§19.1　第一型曲线积分

19.1.1　第一型曲线积分的概念与性质

生活中有很多细长曲线形构件.同一构件,如果材质是均匀分布的,则容易知道质量等于构件的线密度(单位长度的质量)与构件长度的乘积.因此需要考虑曲线的长度是否有以及如何求的问题.对平面光滑曲线,作为定积分的应用,我们已经知道其长度用定积分表示.但对一般的曲线的长度,我们需要严格的定义.

设 $\Gamma = \widehat{AB}$ 是一条不封闭并且不自交的平面或空间连续闭曲线段,如图 19.1 所示,这里"封闭""自交"可直观理解,而连续闭曲线段是指包括两端点的连续曲线段.在 $\Gamma = \widehat{AB}$ 上依次从始点 A 到终点 B 插入分点:

$$A = M_0, M_1, M_2, \cdots, M_n = B,$$

形成曲线 $\Gamma = \widehat{AB}$ 的一个**分割**

$$T = \{ \widehat{M_0 M_1}, \widehat{M_1 M_2}, \cdots, \widehat{M_{n-1} M_n} \}.$$

将分点依次用直线段连接得一**内接折线**,长度为

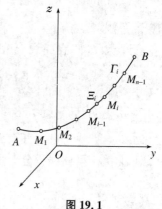

图 19.1

$$s(T) = \sum_{i=1}^{n} d(M_{i-1}, M_i).$$

如果分割的**模** $\|T\| = \max\{d(M_{i-1}, M_i) \mid i = 1, 2, \cdots, n\} \to 0$ 时,内接折线长度存在有限极限

$$\lim_{\|T\| \to 0} s(T) = s, \tag{19.1}$$

则称曲线 $\Gamma = \widehat{AB}$ 可求长,并且长度为 s.

对封闭曲线或仅有限次自交的闭曲线,可通过将曲线剪断化为有限条不封闭并且不自交的曲线的办法来定义可求长和长度.

需要注意,不是所有连续闭曲线都是可求长的,但可以证明平面和空间中分段光滑闭曲线都是可求长的.

以下,除非特别说明,否则所涉及的平面或空间曲线都是可求长的连续闭曲线.

有了长度概念,就有办法解决材质均匀分布的细长曲线形构件质量问题. 现在考虑非均匀分布的细长曲线形构件质量问题,此时构件的线密度在不同部位通常是不同的. 为计算这种构件的质量,我们采用分割办法,将构件 $\Gamma=\widehat{AB}$ 分割成可求长的若干小段

$$T=\{\widehat{M_0M_1}, \widehat{M_1M_2}, \cdots, \widehat{M_{n-1}M_n}\}$$

如图 19.1 所示. 在每一小段 $\widehat{M_{i-1}M_i}$ 上任意标记一点 Ξ_i,设该点处的线密度为 $\rho(\Xi_i)$. 于是,小段 $\widehat{M_{i-1}M_i}$ 质量近似为 $\rho(\Xi_i)\Delta s_i$,这里 Δs_i 为小段 $\widehat{M_{i-1}M_i}$ 的长度. 由此即得整个曲线形构件质量近似地为

$$\sum_{i=1}^n \rho(\Xi_i)\Delta s_i.$$

当曲线被分割得越来越细时,上述和式就越来越接近细长曲线形构件的质量. 因此,这种细长曲线形构件的质量与细长直棍的质量一样,可通过"分割、近似求和、取极限"三步来得到. 将其抽象化,就得如下的第一型曲线积分之定义.

定义 19.1 设 Γ 为一条可求长连续闭曲线,则可求长的有限条连续闭曲线小段的集合

$$T=\{\gamma_1,\gamma_2,\cdots,\gamma_n\}$$

称为曲线 Γ 的一个**分割**,如果(1)任意两条小曲线段除始终点外没有其他公共点;(2)$\bigcup_{i=1}^n \gamma_i=\Gamma$. 所有小曲线段长度 Δs_i 的最大值,记为 $\|T\|=\max\{\Delta s_i \mid i=1,2,\cdots,n\}$,叫作这个分割的**模**.

在 Γ 的分割 $T=\{\gamma_1,\gamma_2,\cdots,\gamma_n\}$ 的每个小曲线段上任取点 $\Xi_i\in\gamma_i$ 作为**标记**,得 Γ 的带有标记的分割 (T,Ξ).

设函数 $f(P)$ 在曲线 Γ 上有定义,则对 Γ 的任一带有标记的分割 (T,Ξ),和式

$$\sum_{i=1}^n f(\Xi_i)\Delta s_i \tag{19.2}$$

称为函数 $f(P)$ 在曲线 Γ 上属于分割 T 的一个**第一型曲线积分和**.

如果当 $\|T\|\to 0$ 时,任何属于分割 T 的积分和有相同极限,则称该极限为函数 $f(P)$ 沿曲线 Γ 的**第一型曲线积分**,并记作

$$\int_\Gamma f(P)\mathrm{d}s, \tag{19.3}$$

其中函数 $f(P)$ 称为**被积函数**,Γ 为**积分曲线**,即

$$\lim_{\|T\|\to 0}\sum_{i=1}^n f(\Xi_i)\Delta s_i = \int_\Gamma f(P)\mathrm{d}s. \tag{19.4}$$

若 $\Gamma\subset\mathbf{R}^2$ 为平面曲线,此时函数 $f(P)$ 为二元函数 $f(x,y)$,因此平面曲线 Γ 上的第一型曲线积分可表示为

$$\int_\Gamma f(x,y)\mathrm{d}s.$$

若 $\Gamma\subset\mathbf{R}^3$ 为空间曲线,此时函数 $f(P)$ 为三元函数 $f(x,y,z)$,因此空间曲线 Γ 上的第一型曲线积分可表示为

$$\int_\Gamma f(x,y,z)\mathrm{d}s.$$

根据定义,我们有

$$\int_\Gamma \mathrm{d}s = s_\Gamma. \tag{19.5}$$

与定积分类似,第一型曲线积分存在的必要条件为**被积函数在积分曲线上有界**.另外,亦同样可以建立第一型曲线积分存在的充分必要条件,并可证明**连续函数在可求长连续闭曲线上的第一型曲线积分存在**.

第一型曲线积分具有与定积分非常类似的性质.读者可自行证明以下性质.

性质 1(线性性质) 设函数 $f(P),g(P)$ 沿曲线 Γ 都有第一型曲线积分,则对任何常数 α,β,函数 $\alpha f(P)+\beta g(P)$ 沿曲线 Γ 也有第一型曲线积分,并且

$$\int_\Gamma \big[\alpha f(P)+\beta g(P)\big]\mathrm{d}s = \alpha \int_\Gamma f(P)\mathrm{d}s + \beta \int_\Gamma g(P)\mathrm{d}s. \tag{19.6}$$

性质 2(路径可加性) 若曲线 Γ 由 $\Gamma_1,\Gamma_2,\cdots,\Gamma_k$ 首尾连接而成,则

$$\int_\Gamma f(P)\mathrm{d}s = \sum_{i=1}^{k} \int_{\Gamma_i} f(P)\mathrm{d}s. \tag{19.7}$$

性质 3(比较性质) 设函数 $f(P),g(P)$ 沿曲线 Γ 都有第一型曲线积分,并且在曲线 Γ 上满足 $f(P)\leqslant g(P)$,则

$$\int_\Gamma f(P)\mathrm{d}s \leqslant \int_\Gamma g(P)\mathrm{d}s. \tag{19.8}$$

性质 4 设函数 $f(P)$ 沿曲线 Γ 有第一型曲线积分,则函数 $|f(P)|$ 沿曲线 Γ 也有第一型曲线积分,并且

$$\left| \int_\Gamma f(P)\mathrm{d}s \right| \leqslant \int_\Gamma |f(P)|\mathrm{d}s. \tag{19.9}$$

性质 5(中值定理) 设函数 $f(P)$ 沿曲线 Γ 连续,则存在点 $\Theta \in \Gamma$ 使得

$$\frac{1}{s_\Gamma} \int_\Gamma f(P)\mathrm{d}s = f(\Theta). \tag{19.10}$$

性质 6(第一型曲线积分几何意义) 若函数 $f(x,y)$ 沿 xy 平面上曲线 Γ 非负连续,则第一型曲线积分 $\int_\Gamma f(x,y)\mathrm{d}s$ 表示以曲线 Γ 为准线,母线平行于 z 轴的柱面片

$$\Sigma = \{(x,y,z) \mid 0 \leqslant z \leqslant f(x,y),(x,y)\in\Gamma\}$$

的面积.如图 19.2 所示.

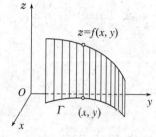

图 19.2

19.1.2 第一型曲线积分的计算

在平面直角坐标系下,弧长微分

$$\mathrm{d}s = \sqrt{(\mathrm{d}x)^2 + (\mathrm{d}y)^2}.$$

现在设 Γ 是一条平面光滑曲线,方程为 $y = h(x), x \in [a, b]$. 此时,

$$\mathrm{d}s = \sqrt{(\mathrm{d}x)^2 + [h'(x)\mathrm{d}x]^2} = \sqrt{1 + [h'(x)]^2}\,\mathrm{d}x.$$

由此,二元函数 $f(x, y)$ 沿平面光滑曲线 $\Gamma: y = h(x), x \in [a, b]$ 的第一类曲线积分有如下计算公式:

$$\int_\Gamma f(x, y)\mathrm{d}s = \int_a^b f(x, h(x)) \sqrt{1 + [h'(x)]^2}\,\mathrm{d}x. \tag{19.11}$$

若光滑曲线 Γ 可参数化:

$$\begin{cases} x = \varphi(t) \\ y = \psi(t) \end{cases}, t \in [\alpha, \beta],$$

则

$$\int_\Gamma f(x, y)\mathrm{d}s = \int_\alpha^\beta f(\varphi(t), \psi(t)) \sqrt{[\varphi'(t)]^2 + [\psi'(t)]^2}\,\mathrm{d}t. \tag{19.12}$$

当曲线 Γ 是空间光滑曲线

$$\begin{cases} x = \varphi(t) \\ y = \psi(t), t \in [\alpha, \beta], \\ z = \omega(t) \end{cases}$$

三元函数 $f(x, y, z)$ 沿曲线 Γ 的第一类曲线积分有如下计算公式:

$$\int_\Gamma f(x, y, z)\mathrm{d}s$$
$$= \int_\alpha^\beta f(\varphi(t), \psi(t), \omega(t)) \sqrt{[\varphi'(t)]^2 + [\psi'(t)]^2 + [\omega'(t)]^2}\,\mathrm{d}t. \tag{19.13}$$

例 19.1 设曲线 Γ 为上半圆周 $x^2 + y^2 = a^2, y \geqslant 0$,其中常数 $a > 0$. 求第一型曲线积分 $\int_\Gamma (x + y)\mathrm{d}s$.

分析 例中曲线可用方程 $y = \sqrt{a^2 - x^2}, x \in [-a, a]$ 表示,也可用参数方程 $x = a\cos t$, $y = a\sin t, t \in [0, \pi]$ 表示,因此可按照公式(19.11)和公式(19.12)来计算.

解 曲线 Γ 可用方程 $y = \sqrt{a^2 - x^2}, x \in [-a, a]$ 表示,因此

$$\int_\Gamma (x + y)\mathrm{d}s = \int_{-a}^a (x + \sqrt{a^2 - x^2}) \sqrt{1 + \left(\frac{-x}{\sqrt{a^2 - x^2}}\right)^2}\,\mathrm{d}x$$

$$= a\int_{-a}^a \left(\frac{x}{\sqrt{a^2 - x^2}} + 1\right)\mathrm{d}x = 2a^2. \qquad \square$$

例 19.1 另解 曲线 Γ 可用参数方程 $x = a\cos t, y = a\sin t, t \in [0, \pi]$ 表示,因此

$$\int_{\Gamma}(x+y)\mathrm{d}s = \int_{0}^{\pi}(a\cos t + a\sin t)\sqrt{(-a\sin t)^2 + (a\cos t)^2}\,\mathrm{d}t$$

$$= a^2\int_{0}^{\pi}(\cos t + \sin t)\mathrm{d}t = 2a^2.\qquad\Box$$

例 19.2 设 Γ 是抛物线 $y^2 = 2x$ 上从点 $O(0,0)$ 到 $A(2,2)$ 的一段,求第一型曲线积分 $\int_{\Gamma}y\mathrm{d}s$.

解 曲线 Γ 可用参数方程 $x = \dfrac{1}{2}t^2, y = t, t\in[0,2]$ 表示,因此

$$\int_{\Gamma}y\mathrm{d}s = \int_{0}^{2}t\sqrt{t^2+1}\,\mathrm{d}t = \frac{1}{3}(t^2+1)^{\frac{3}{2}}\Big|_{t=0}^{t=2} = \frac{5\sqrt{5}-1}{3}.\qquad\Box$$

从以上两例可看出,计算第一型曲线积分的关键是将曲线参数化表示. 一般而言,这是一件不容易的事情. 因此,在具体计算第一型曲线积分时,我们要注意被积函数与积分曲线方程之间的关系,还要注意积分关于各变量的对称性. 再看一例.

例 19.3 计算第一型曲线积分 $\int_{\Gamma}(x+y)\mathrm{d}s$,其中曲线 Γ 为球面 $x^2+y^2+z^2=4$ 和平面 $x+y+z=1$ 的交线.

解 积分曲线中,x,y,z 处于同等地位,具有轮换对称性,因此

$$\int_{\Gamma}(x+y)\mathrm{d}s = \int_{\Gamma}(y+z)\mathrm{d}s = \int_{\Gamma}(z+x)\mathrm{d}s,$$

从而

$$\int_{\Gamma}(x+y)\mathrm{d}s = \frac{1}{3}\int_{\Gamma}[(x+y)+(y+z)+(z+x)]\mathrm{d}s$$

$$= \frac{2}{3}\int_{\Gamma}(x+y+z)\mathrm{d}s$$

$$= \frac{2}{3}\int_{\Gamma}\mathrm{d}s = \frac{2}{3}s_{\Gamma}.$$

上式中倒数第二个等号是因为被积函数 $x+y+z$ 在积分曲线上恒等于 1.

现在再计算曲线 Γ 的长度 s_{Γ}. 曲线 Γ 是球面与平面的交线,因此必为圆周. 球面球心 $O(0,0,0)$ 到平面 $x+y+z=1$ 的距离为 $\dfrac{1}{\sqrt{3}}$,因此交线圆周 Γ 的半径为 $\sqrt{4-\left(\dfrac{1}{\sqrt{3}}\right)^2} = \sqrt{\dfrac{11}{3}}$,从而其周长 $s_{\Gamma} = 2\pi\sqrt{\dfrac{11}{3}}$. 于是所求积分

$$\int_{\Gamma}(x+y)\mathrm{d}s = \frac{4\sqrt{33}}{9}\pi.\qquad\Box$$

习题 19.1

1. 求下列第一型曲线积分:

(1) $\int_{\Gamma}(x+y)\mathrm{d}s$,其中 Γ 为连接两点 $(0,1)$ 与 $(1,0)$ 的直线段.

(2) $\int_{\Gamma}(x+\sqrt{y})\mathrm{d}s$,其中 Γ 为由 $y=x^2$ 和 $y=x$ 所围成的有界闭区域的边界曲线.

(3) $\int_{\Gamma}|y|\mathrm{d}s$,其中 Γ 为单位圆周 $x^2+y^2=1$.

(4) $\int_{\Gamma}y^2\mathrm{d}s$,其中 Γ 为摆线 $\begin{cases}x=a(t-\sin t)\\y=a(1-\cos t)\end{cases}(0\leqslant t\leqslant 2\pi)$ 的一拱.

(5) $\int_{\Gamma}\dfrac{\mathrm{d}s}{x^2+y^2+z^2}$,其中 Γ 为螺旋线 $\begin{cases}x=3\cos t\\y=3\sin t\\z=4t\end{cases}(0\leqslant t\leqslant 2\pi)$ 的一段.

2. 计算 $\int_{\Gamma}\sqrt{2y^2+z^2}\mathrm{d}s$,其中 Γ 为球面 $x^2+y^2+z^2=a^2$ 与平面 $y=x$ 的交线.

3. 计算 $\int_{\Gamma}\mathrm{e}^{\sqrt{x^2+y^2}}\mathrm{d}s$,其中曲线 Γ 为圆周 $x^2+y^2=a^2$ 与直线 $y=x$ 及 x 轴在第一象限中所围图形的边界曲线.

4. 求圆柱面 $x^2+y^2-4y=0$ 介于平面 $z=0$ 和 $3y-z+1=0$ 之间部分的面积.

§19.2 第二型曲线积分

19.2.1 第二型曲线积分的概念

现在我们来考虑变力沿曲线拉动物体位移时所做功的问题. 为简便起见,先设曲线是平面曲线. 如图 19.3 所示,设变力

$$\vec{F}(x,y)=\{P(x,y),Q(x,y)\}$$

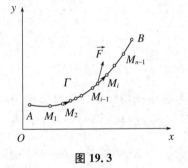

图 19.3

将质点沿平面曲线 $\Gamma:\overset{\frown}{AB}$ 从始点 A 移动到终点 B. 我们要确定力 $\vec{F}$ 所做的功 W.

首先,我们知道,若 $\vec{F}=\{P,Q\}$ 是恒力,即不变,而路径是有向直线段 $\overrightarrow{AB}=\{\alpha,\beta\}$,则所做功为

$$W=\vec{F}\cdot\overrightarrow{AB}=P\alpha+Q\beta. \tag{19.14}$$

现在对 $\vec{F}(x,y)=\{P(x,y),Q(x,y)\}$ 是变力并且路径是曲线段 $\Gamma:\overset{\frown}{AB}$ 的情形,我们通过分割曲线段来给出所求功的一个近似值. 如图 19.3 所示,首先将点 A 到点 B 的有向曲线段 $\Gamma:\overset{\frown}{AB}$ 依次分割成若干有向小曲线段

$$T=\{\overset{\frown}{M_0M_1},\overset{\frown}{M_1M_2},\cdots,\overset{\frown}{M_{n-1}M_n}\}, \tag{19.15}$$

这里 $M_0=A$,$M_n=B$. 然后,在每个有向小曲线段 $\overset{\frown}{M_{i-1}M_i}$ 上任意标记一点 $\Xi_i(\xi_i,\eta_i)\in\overset{\frown}{M_{i-1}M_i}$. 现在将有向小曲线段 $\overset{\frown}{M_{i-1}M_i}$ 近似看作有向直线段 $\overrightarrow{M_{i-1}M_i}$,将有向小曲线段 $\overset{\frown}{M_{i-1}M_i}$ 上的力也近似看作恒力 $\vec{F}(\Xi_i)$,则有向小曲线段 $\overset{\frown}{M_{i-1}M_i}$ 上力 $\vec{F}$ 所做功近似地为 $\vec{F}(\Xi_i)\cdot\overrightarrow{M_{i-1}M_i}$,从而得到力 $\vec{F}$ 所做功的整体近似值为

$$W \approx \sum_{i=1}^{n} \vec{F}(\Xi_i) \cdot \overrightarrow{M_{i-1}M_i}. \tag{19.16}$$

设分点坐标为 $M_i(x_i,y_i)$,则 $\overrightarrow{M_{i-1}M_i} = \{x_i - x_{i-1}, y_i - y_{i-1}\} = \{\Delta x_i, \Delta y_i\}$,从而

$$W \approx \sum_{i=1}^{n} [P(\xi_i, \eta_i)\Delta x_i + Q(\xi_i, \eta_i)\Delta y_i]. \tag{19.17}$$

上式右端和式与积分和类似,当分割越来越细密时,即各小曲线段长度最大值

$$\|T\| = \max\{\Delta s_i \mid i = 1, 2, \cdots, n\} \quad (称为分割 T 的模)$$

趋于 0 时,该和式的极限就应该是所要求的功.

我们看到,这个过程仍然是通过"分割、近似求和、取极限"三步来得到. 将上述过程抽象化,就可得如下第二型曲线积分的定义.

设两函数 $P(x,y)$,$Q(x,y)$ 在平面有向可求长曲线 $\Gamma: \overset{\frown}{AB}$ 上有定义. 如果对曲线 Γ 任意作如上所述的分割(19.15)后所得和式(19.17)当 $\|T\| \to 0$ 时有与标记点选取无关的极限,则称这种极限为函数 $P(x,y)$,$Q(x,y)$ 沿有向曲线 Γ 的**第二型曲线积分**,记为

$$\int_\Gamma P(x,y)\mathrm{d}x + Q(x,y)\mathrm{d}y \quad 或 \quad \int_{\overset{\frown}{AB}} P(x,y)\mathrm{d}x + Q(x,y)\mathrm{d}y. \tag{19.18}$$

即

$$\int_\Gamma P(x,y)\mathrm{d}x + Q(x,y)\mathrm{d}y = \lim_{\|T\| \to 0} \sum_{i=1}^{n} [P(\xi_i, \eta_i)\Delta x_i + Q(\xi_i, \eta_i)\Delta y_i].$$

第二型曲线积分常简写为

$$\int_\Gamma P\mathrm{d}x + Q\mathrm{d}y \quad 或 \quad \int_{\overset{\frown}{AB}} P\mathrm{d}x + Q\mathrm{d}y. \tag{19.19}$$

特别地,当 Γ 是有向封闭曲线时,记为

$$\oint_\Gamma P\mathrm{d}x + Q\mathrm{d}y. \tag{19.20}$$

若记 $\vec{F} = \{P, Q\}$,$\mathrm{d}\vec{s} = \{\mathrm{d}x, \mathrm{d}y\}$,则可将积分(19.19)写成如下形式:

$$\int_\Gamma \vec{F} \cdot \mathrm{d}\vec{s}.$$

被积表达式的向量内积形式,使得第二型曲线积分具有广泛的物理应用.

类似地,可定义函数 $P(x,y,z)$,$Q(x,y,z)$,$R(x,y,z)$ 沿有向空间曲线 Γ 上的第二型曲线积分

$$\int_\Gamma P(x,y,z)\mathrm{d}x + Q(x,y,z)\mathrm{d}y + R(x,y,z)\mathrm{d}z,$$

其同样可简写成

$$\int_\Gamma P\mathrm{d}x + Q\mathrm{d}y + R\mathrm{d}z.$$

对封闭曲线,同样在积分号的中间位置加小圆圈表示.

特别需要注意的是,第二型曲线积分中积分曲线具有方向. 对方向出始点 A 到终点 B 的曲线 $\Gamma: \overset{\frown}{AB}$,常将方向相反的曲线,即以 B 为始点以 A 为终点的曲线 $\overset{\frown}{BA}$ 记为 $\Gamma^-: \overset{\frown}{BA}$. 根

据积分和的表达式，沿 Γ 和沿 Γ^- 的积分和正好形成相反数，因此，

$$\int_{\Gamma^-} P\mathrm{d}x + Q\mathrm{d}y = -\int_{\Gamma} P\mathrm{d}x + Q\mathrm{d}y. \tag{19.21}$$

与第一型曲线积分类似，第二型曲线积分存在的必要条件为被积函数在积分曲线上有**界**. 另外，亦同样可以建立第二型曲线积分存在的充分必要条件，并可证明**连续函数在可求长连续有向闭曲线上的第二型曲线积分存在**.

与第一型曲线积分类似，第二型曲线积分具有关于被积函数的线性性质以及关于积分曲线的可加性等运算性质.

19.2.2 第二型曲线积分的计算

与第一型曲线积分一样，第二型曲线积分同样可化为定积分来计算.

定理 19.1 设平面上有向光滑曲线

$$\Gamma: \begin{cases} x=\varphi(t) \\ y=\psi(t) \end{cases}, t:\alpha\to\beta,$$

以参数 α 对应点为始点，以参数 β 对应点为终点. 又函数 $P(x,y)$，$Q(x,y)$ 在曲线 Γ 上连续，则

$$\int_{\Gamma} P(x,y)\mathrm{d}x + Q(x,y)\mathrm{d}y$$
$$= \int_{\alpha}^{\beta} [P(\varphi(t),\psi(t))\varphi'(t) + Q(\varphi(t),\psi(t))\psi'(t)]\mathrm{d}t. \tag{19.22}$$

特别地，当有向光滑曲线 Γ 为 $y=h(x)$，$x:a\to b$ 时，

$$\int_{\Gamma} P(x,y)\mathrm{d}x + Q(x,y)\mathrm{d}y = \int_{a}^{b} [P(x,h(x)) + Q(x,h(x))h'(x)]\mathrm{d}x. \tag{19.23}$$

对沿空间中有向光滑曲线的第二型曲线积分，有类似的公式.

例 19.4 计算 $\int_{\Gamma} y^2\mathrm{d}x + x^2\mathrm{d}y$，其中曲线 Γ 的始点
$A(R,0)$、终点 $B(0,-R)$，而路径分别为

(1) 直线段 AB；

(2) 上半圆周 $x^2+y^2=R^2$，$y\geqslant 0$.

解 如图 19.4 所示.

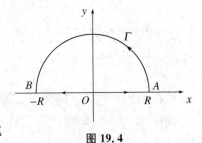

图 19.4

(1) 有向直线段 $\overrightarrow{AB}$ 的方程为 $y=0$，$x:R\to -R$，因此由公式 (19.23)，

$$\int_{\Gamma} y^2\mathrm{d}x + x^2\mathrm{d}y = \int_{R}^{-R} (0 + x^2 \cdot 0)\mathrm{d}x = 0.$$

(2) 有向上半圆周 $\overset{\frown}{AB}$ 的参数方程为 $\begin{cases} x=R\cos t \\ y=R\sin t \end{cases}$，$t:0\to\pi$，因此由公式 (19.22)，

$$\int_{\Gamma} y^2\mathrm{d}x + x^2\mathrm{d}y = \int_{0}^{\pi} [(R\sin t)^2(-R\sin t) + (R\cos t)^2(R\cos t)]\mathrm{d}t$$

$$= R^3 \int_{0}^{\pi} (-\sin^3 t + \cos^3 t)\mathrm{d}t = -\frac{4}{3}R^3.$$

例 19.5　计算 $\int_{\Gamma} 2xy\mathrm{d}x + x^2\mathrm{d}y$，其中曲线 Γ 的始点 $O(0,0)$、终点 $B(1,1)$，而路径分别为

（1）抛物线 $y=x^2$ 上弧段 $\overset{\frown}{OB}$；

（2）抛物线 $y=\sqrt{x}$ 上弧段 $\overset{\frown}{OB}$；

（3）直线段 $\overrightarrow{OB}$.

解　如图 19.5 所示.

（1）由于曲线 Γ 的方程为 $y=x^2$，$x:0\to1$，

$$\int_{\Gamma} 2xy\mathrm{d}x + x^2\mathrm{d}y = \int_0^1 (2x^3 + 2x^3)\mathrm{d}x = 1.$$

（2）由于曲线 Γ 的方程为 $y=\sqrt{x}$，$x:0\to1$，

$$\int_{\Gamma} 2xy\mathrm{d}x + x^2\mathrm{d}y = \int_0^1 \left(2x\sqrt{x} + \frac{1}{2}x\sqrt{x}\right)\mathrm{d}x = 1.$$

（3）由于直线段 $\Gamma: \overrightarrow{OB}$ 的方程为 $y=x$，$x:0\to1$，

$$\int_{\Gamma} 2xy\mathrm{d}x + x^2\mathrm{d}y = \int_0^1 (2x^2 + x^2)\mathrm{d}x = 1.$$

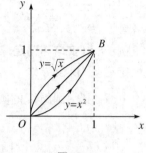

图 19.5

例 19.6　计算 $\oint_{\Gamma}(x+\sqrt{y})\mathrm{d}x$，其中积分曲线 Γ 是由抛物线 $y=x^2$ 和直线 $y=x$ 所围成的有界闭区域的边界曲线，方向逆时针.

解　如图 19.6 所示，封闭曲线 Γ 分段光滑，由 Γ_1,Γ_2 首尾衔接而成，其中，

$$\Gamma_1: y=x^2, x:0\to1,$$
$$\Gamma_2: y=x, x:1\to0.$$

由于

$$\int_{\Gamma_1}(x+\sqrt{y})\mathrm{d}x = \int_0^1(x+x)\mathrm{d}x = 1,$$

$$\int_{\Gamma_2}(x+\sqrt{y})\mathrm{d}x = \int_1^0(x+\sqrt{x})\mathrm{d}x = -\frac{7}{6},$$

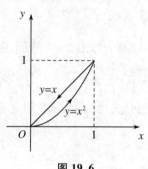

图 19.6

由关于积分曲线的可加性，得

$$\oint_{\Gamma}(x+\sqrt{y})\mathrm{d}x = \int_{\Gamma_1}(x+\sqrt{y})\mathrm{d}x + \int_{\Gamma_2}(x+\sqrt{y})\mathrm{d}x = -\frac{1}{6}.$$

例 19.7　计算曲线积分 $\int_{\Gamma} xy\mathrm{d}x + (x-y)\mathrm{d}y + x^2\mathrm{d}z$，其中积分曲线 Γ 为空间 $\mathbf{R}^3$ 中的螺

旋线 $\begin{cases} x=a\cos t \\ y=a\sin t \\ z=bt \end{cases}$ 上对应于参数 $t:0\to\pi$ 的一段.

解　积分曲线 Γ 是空间中的有向光滑曲线，因此所求积分

$$\int_{\Gamma} xy\mathrm{d}x + (x-y)\mathrm{d}y + x^2\mathrm{d}z$$

$$= \int_0^{\pi}\left[-a^3\cos t\sin^2 t + a^2(\cos t - \sin t)\cos t + a^2 b\cos^2 t\right]\mathrm{d}t$$

$$= \frac{\pi}{2}a^2(b+1).\qquad\qquad\qquad\qquad\square$$

例 19.8(安培环路定律) 恒定电流 I 通过一根直导线,在垂直于直导线的平面 Π 上产生恒定磁场 $\vec{B}$. 设导线与平面 Π 的交点为 O,求磁场 $\vec{B}$ 沿平面 Π 上的圆周 C 的环量 $\oint_C \vec{B}\cdot\mathrm{d}\vec{s}$,其中圆周 C 的圆心在点 O,半径为 a,方向逆时针.

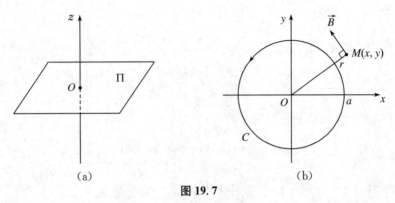

图 19.7

解 如图 19.7 所示,由物理学知,在任一点 $M(x,y)$ 处磁场 $\vec{B}(x,y)$ 的强度为 $\dfrac{2I}{r}$,其中 $r = |\overrightarrow{OM}| = \sqrt{x^2+y^2}$,磁场 $\vec{B}$ 的方向垂直于 $\overrightarrow{OM}$ 使得 $\overrightarrow{OM}$、$\vec{B}$ 与电流方向(即图 19.7(a)中 z 轴正向)满足右手法则. 因此容易得到与 $\vec{B}$ 同方向的单位向量 $\vec{B}_0(x,y) = \left\{-\dfrac{y}{r}, \dfrac{x}{r}\right\}$,从而

$$\vec{B}(x,y) = \left\{-\frac{2Iy}{r^2}, \frac{2Ix}{r^2}\right\} = \frac{2I}{r^2}\{-y, x\}.$$

所以环量

$$\oint_C \vec{B}\cdot\mathrm{d}\vec{s} = 2I\oint_C \frac{-y\mathrm{d}x + x\mathrm{d}y}{r^2}.$$

由于有向圆周 C 方程为 $\begin{cases} x = a\cos t \\ y = a\sin t \end{cases}$,$t:0\to 2\pi$,按照计算公式,立得

$$\oint_C \vec{B}\cdot\mathrm{d}\vec{s} = 4\pi I.\qquad\qquad\qquad\qquad\square$$

19.2.3 两类曲线积分之间的联系

尽管第一和第二型曲线积分的物理背景不同,形式也不同,但两者之间可以建立很有意义的联系.

将有向光滑曲线 Γ 以弧长为参数建立方程

$$\Gamma: \begin{cases} x = x(s) \\ y = y(s) \end{cases}, s:0\to l,$$

这里 l 为整条曲线的长度. 注意, 这里 Γ 的方向为弧长增加的方向. 设曲线上每一点处的切线方向指向弧长增加方向. 记切线方向 $\vec{t}$ 与 x 轴和 y 轴正向的夹角为 $\angle(\vec{t}, x)$ 和 $\angle(\vec{t}, y)$, 则切线 $\vec{t}$ 的方向余弦为

$$\cos\angle(\vec{t}, x) = \frac{\mathrm{d}x}{\mathrm{d}s}, \cos\angle(\vec{t}, y) = \frac{\mathrm{d}y}{\mathrm{d}s}.$$

于是,

$$\mathrm{d}\vec{s} = \{\mathrm{d}x, \mathrm{d}y\} = \{\cos\angle(\vec{t}, x), \cos\angle(\vec{t}, y)\}\mathrm{d}s,$$

由此按照公式 (19.22), 得

$$\int_{\Gamma} P(x, y)\mathrm{d}x + Q(x, y)\mathrm{d}y \text{(第二型)}$$

$$= \int_0^l [P(x(s), y(s))x'(s) + Q(x(s), y(s))y'(s)]\mathrm{d}s$$

$$= \int_0^l [P(x(s), y(s))\cos\angle(\vec{t}, x) + Q(x(s), y(s))\cos\angle(\vec{t}, y)]\mathrm{d}s$$

$$= \int_{\Gamma} [P(x, y)\cos\angle(\vec{t}, x) + Q(x, y)\cos\angle(\vec{t}, y)]\mathrm{d}s. \text{(第一型)}$$

对空间曲线, 也有类似的关系:

$$\int_{\Gamma} P(x, y, z)\mathrm{d}x + Q(x, y, z)\mathrm{d}y + R(x, y, z)\mathrm{d}z$$

$$= \int_{\Gamma} [P(x, y, z)\cos\angle(\vec{t}, x) + Q(x, y, z)\cos\angle(\vec{t}, y) + R(x, y, z)\cos\angle(\vec{t}, z)]\mathrm{d}s.$$

上式左右两端分别是第二型和第一型曲线积分.

习题 19.2

1. 求下列第二型曲线积分:

(1) $\displaystyle\int_{\Gamma} y\mathrm{d}x$, 其中曲线 Γ 是抛物线 $y^2 = x$ 上以 $A(1, 1)$ 为始点、以 $O(0, 0)$ 为终点的一段.

(2) $\displaystyle\oint_{\Gamma} (x + \sqrt{y})\mathrm{d}x$, 其中 Γ 为由两抛物线 $y^2 = x, y = x^2$ 所围有界闭区域边界曲线, 方向逆时针.

(3) $\displaystyle\int_{\Gamma} (x^2 + 2xy)\mathrm{d}y$, 其中 Γ 为上半椭圆 $\dfrac{x^2}{a^2} + \dfrac{y^2}{b^2} = 1, y \geqslant 0$, 逆时针方向.

(4) $\displaystyle\oint_C \dfrac{(x + y)\mathrm{d}x - (x - y)\mathrm{d}y}{x^2 + y^2}$, 其中 C 为圆周 $x^2 + y^2 = a^2$ (常数 $a > 0$), 方向逆时针.

(5) $\displaystyle\int_{\Gamma} x\mathrm{d}x + y\mathrm{d}y + (x + y + z - 1)\mathrm{d}z$, 其中 Γ 是以 $A(1, 1, 1)$ 为始点、以 $B(2, 3, 4)$ 为终点的直线段.

2. 一个质点受力 $\vec{F}(x, y) = \{2xy^2, 2x^2y\}$ 的作用, 沿曲线 $\Gamma: \begin{cases} x = t + 1 \\ y = t^2 \end{cases}$ 从点 $A(2, 1)$ 移动到点 $B(3, 4)$, 求力 $\vec{F}$ 在此过程中所做的功.

3. 计算 $\oint_{\Gamma} y^2 \mathrm{d}x + z^2 \mathrm{d}y + x^2 \mathrm{d}z$，其中积分曲线 Γ 为维维安尼曲线 $\begin{cases} x^2+y^2+z^2=1 \\ x^2+y^2=x \end{cases}$ 位于上半球面部分，从 x 轴正向看是逆时针方向.

§19.3 格林公式及曲线积分与路径无关性

19.3.1 格林公式

考虑由一条或若干条光滑平面曲线 Γ 围成的有界闭区域 D. 此时，既有闭区域 D 上的二重积分，也有 D 的边界封闭曲线 Γ 上的曲线积分. 两者之间的关系，是本节讨论的重点.

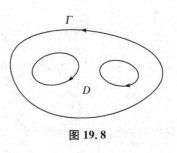

对平面有界闭区域 D 的边界曲线 Γ，我们规定 Γ 的正方向：当人沿着曲线 Γ 按此方向行走时，区域 D 总在人的左侧. 为了强调，有时将正方向的曲线记为 Γ^+，同时称与正方向相反方向为负方向，相应的曲线记为 Γ^-，如图 19.8 所示方向的曲线就是正方向曲线.

图 19.8

定理 19.2 设有界闭区域 D 的边界曲线 Γ 分段光滑，则对任何在闭区域 D 上连续可微的函数 $P(x,y)$，$Q(x,y)$，都有

$$\iint_D \left(\frac{\partial Q}{\partial x} - \frac{\partial P}{\partial y} \right) \mathrm{d}\sigma = \oint_{\Gamma^+} P \mathrm{d}x + Q \mathrm{d}y. \tag{19.24}$$

等式 (19.24) 称为**格林 (Green) 公式**.

证 按照区域 D 的复杂程度，由简到繁分三种情形.

情形 1 区域 D 既是 x 型也是 y 型区域，如图 19.9 所示. 此时区域 D 有两种表示方式：

$$D = \{(x,y) \mid \varphi_1(x) \leqslant y \leqslant \varphi_2(x), x \in [a,b]\},$$
$$D = \{(x,y) \mid \psi_1(y) \leqslant x \leqslant \psi_2(y), y \in [c,d]\}.$$

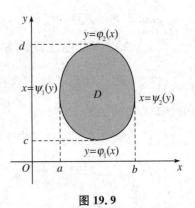

由于对 x 型区域 D，其边界曲线 Γ^+ 分成上、下两条，

$$\Gamma_{\mathrm{F}}: y = \varphi_1(x), x:a \to b; \Gamma_{\mathrm{L}}: y = \varphi_2(x), x:b \to a.$$

故按照第二型曲线积分计算公式 (19.23)，

图 19.9

$$
\begin{aligned}
\oint_{\Gamma^+} P \mathrm{d}x &= \int_{\Gamma_{\mathrm{F}}} P(x,y)\mathrm{d}x + \int_{\Gamma_{\mathrm{L}}} P(x,y)\mathrm{d}x \\
&= \int_a^b P(x,\varphi_1(x))\mathrm{d}x + \int_b^a P(x,\varphi_2(x))\mathrm{d}x \\
&= \int_a^b P(x,\varphi_1(x))\mathrm{d}x - \int_a^b P(x,\varphi_2(x))\mathrm{d}x.
\end{aligned}
$$

另一方面，按重积分计算公式 (18.13)，

$$\iint_D \frac{\partial P}{\partial y}\mathrm{d}\sigma = \int_a^b \mathrm{d}x \int_{\varphi_1(x)}^{\varphi_2(x)} \frac{\partial P}{\partial y}\mathrm{d}y = \int_a^b \left[P(x,\varphi_2(x)) - P(x,\varphi_1(x))\right]\mathrm{d}x.$$

于是得

$$\iint_D \frac{\partial P}{\partial y}\mathrm{d}\sigma = \oint_{\Gamma^+} P\mathrm{d}x. \tag{19.25}$$

同样,利用区域 D 是 y 型,可证明

$$\iint_D \frac{\partial Q}{\partial x}\mathrm{d}\sigma = \oint_{\Gamma^+} Q\mathrm{d}y. \tag{19.26}$$

以上两式相加即得情形 1 下的格林公式.

情形 2　区域 D 由一条按段光滑的封闭曲线围成. 此时可将区域 D 用光滑曲线分割成有限个既是 x 型又是 y 型的小区域. 然后对每个小区域应用情形 1 所得的格林公式,再相加即得.

例如,如图 19.10 所示的区域可分割成两个既是 x 型又是 y 型的小区域 D_1,D_2. 然后,对每个小区域应用情形 1 所得的格林公式,再相加即得

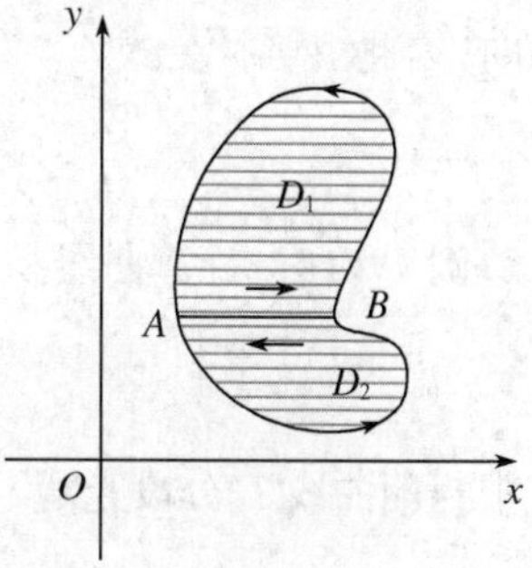

图 19.10

$$\begin{aligned}
\iint_D \left(\frac{\partial Q}{\partial x} - \frac{\partial P}{\partial y}\right)\mathrm{d}\sigma &= \iint_{D_1} \left(\frac{\partial Q}{\partial x} - \frac{\partial P}{\partial y}\right)\mathrm{d}\sigma + \iint_{D_2} \left(\frac{\partial Q}{\partial x} - \frac{\partial P}{\partial y}\right)\mathrm{d}\sigma \\
&= \oint_{\partial D_1^+} P\mathrm{d}x + Q\mathrm{d}y + \oint_{\partial D_2^+} P\mathrm{d}x + Q\mathrm{d}y \\
&= \left(\int_{\widehat{BA}} P\mathrm{d}x + Q\mathrm{d}y + \int_{\overrightarrow{AB}} P\mathrm{d}x + Q\mathrm{d}y\right) + \left(\int_{\overrightarrow{BA}} P\mathrm{d}x + Q\mathrm{d}y + \int_{\widehat{AB}} P\mathrm{d}x + Q\mathrm{d}y\right) \\
&= \int_{\widehat{BA}} P\mathrm{d}x + Q\mathrm{d}y + \int_{\widehat{AB}} P\mathrm{d}x + Q\mathrm{d}y \\
&= \oint_{\Gamma^+} P\mathrm{d}x + Q\mathrm{d}y.
\end{aligned}$$

情形 3　区域 D 由有限多条按段光滑的封闭曲线围成. 此时可将区域 D 用适当的直或曲线段切割成情形 2 的区域. 如图 19.11 所示的区域可用线段 AB 分割成情形 2 的区域 D^*,从而

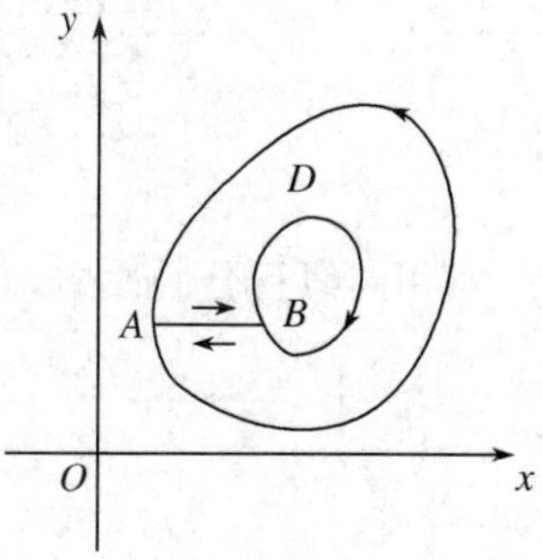

图 19.11

$$\begin{aligned}
\iint_D \left(\frac{\partial Q}{\partial x} - \frac{\partial P}{\partial y}\right)\mathrm{d}\sigma &= \iint_{D^*} \left(\frac{\partial Q}{\partial x} - \frac{\partial P}{\partial y}\right)\mathrm{d}\sigma \\
&= \oint_{\partial D^{*+}} P\mathrm{d}x + Q\mathrm{d}y.
\end{aligned}$$

因为 D^* 的边界与 D 的边界相比较,多出了一对方向相反的线段 $\overrightarrow{AB}$ 和 $\overrightarrow{BA}$,对应的第二型曲线积分之和为 0,所以

$$\oint_{\partial D^{*+}} P\mathrm{d}x + Q\mathrm{d}y = \oint_{\partial D^+} P\mathrm{d}x + Q\mathrm{d}y = \oint_{\Gamma^+} P\mathrm{d}x + Q\mathrm{d}y.$$

即一般情形下,格林公式仍然成立. ☐

为便于记忆,格林公式也可写成如下形式:

$$\iint_D \begin{vmatrix} \dfrac{\partial}{\partial x} & \dfrac{\partial}{\partial y} \\ P & Q \end{vmatrix} \mathrm{d}\sigma = \oint_{\Gamma^+} P\mathrm{d}x + Q\mathrm{d}y.$$

作为格林公式的推论,可得区域 D 的面积 S_D 的曲线积分表示:

$$S_D = \oint_{\Gamma^+} x\mathrm{d}y = \oint_{\Gamma^+} -y\mathrm{d}x = \frac{1}{2}\oint_{\Gamma^+} x\mathrm{d}y - y\mathrm{d}x.$$

例 19.9 计算曲线积分 $\oint_\Gamma x\mathrm{d}y$,其中曲线 Γ 为圆周 $x^2+y^2=1$,方向逆时针.

解 曲线 Γ 围成的区域是单位圆盘 $D=\{(x,y)\,|\,x^2+y^2\leqslant 1\}$,并且曲线 Γ 的方向是正方向. 因此由格林公式,

$$\oint_\Gamma x\mathrm{d}y = \iint_D \mathrm{d}\sigma = S_D = \pi. \qquad\qquad \square$$

例 19.10 计算曲线积分

$$\oint_\Gamma \frac{x\mathrm{d}y - y\mathrm{d}x}{x^2+y^2},$$

其中封闭曲线 Γ 分段光滑,不经过原点,围成一有界闭区域,方向为正方向.

解 设 Γ 所围区域为 D. 如果原点不在 D 内,则由于函数 $\dfrac{x}{x^2+y^2}$ 和 $\dfrac{-y}{x^2+y^2}$ 于区域 D 连续可微,我们可应用格林公式而得

$$\oint_\Gamma \frac{x\mathrm{d}y - y\mathrm{d}x}{x^2+y^2} = \iint_D \left[\frac{\partial}{\partial x}\left(\frac{x}{x^2+y^2}\right) - \frac{\partial}{\partial y}\left(\frac{-y}{x^2+y^2}\right)\right]\mathrm{d}\sigma = \iint_D 0\mathrm{d}\sigma = 0.$$

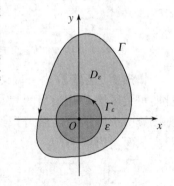

图 19.12

当原点在 D 内时,被积表达式在原点处不连续,故不能直接应用格林公式. 为了能够应用格林公式,用充分小的圆 $\Gamma_\varepsilon: x^2+y^2=\varepsilon^2$ 将原点挖去,如图 19.12 所示. 现在,在闭曲线 Γ 和顺时针方向的圆周 Γ_ε^- 所围成的区域 D_ε 上可用格林公式而有

$$\oint_{\Gamma+\Gamma_\varepsilon^-} \frac{x\mathrm{d}y - y\mathrm{d}x}{x^2+y^2} = 0.$$

利用曲线积分的性质,即得

$$\oint_\Gamma \frac{x\mathrm{d}y - y\mathrm{d}x}{x^2+y^2} + \oint_{\Gamma_\varepsilon^-} \frac{x\mathrm{d}y - y\mathrm{d}x}{x^2+y^2} = 0,$$

从而

$$\oint_\Gamma \frac{x\mathrm{d}y - y\mathrm{d}x}{x^2+y^2} = \oint_{\Gamma_\varepsilon^+} \frac{x\mathrm{d}y - y\mathrm{d}x}{x^2+y^2} = \frac{1}{\varepsilon^2}\oint_{\Gamma_\varepsilon^+} x\mathrm{d}y - y\mathrm{d}x = \frac{1}{\varepsilon^2}\cdot 2\pi\varepsilon^2 = 2\pi. \qquad \square$$

例 19.11 计算曲线积分

$$\int_\Gamma \mathrm{e}^x(\cos y\mathrm{d}x - \sin y\mathrm{d}y),$$

其中 Γ 是正弦曲线一段: $y=\sin x, x:0\to\pi$.

分析 所求曲线积分的积分曲线 Γ 已经清晰给出,因此直接的想法就是利用公式 (19.23)化为定积分计算. 然而此定积分似乎难于计算. 因此考虑用其他办法来计算原曲线积分. 在这些其他办法中,格林公式总是很好的选择之一. 由于所给积分曲线不是封闭的,为创造可以应用格林公式的条件,我们需要另外将积分曲线的始点终点用一条新的曲线连接起来,形成一条封闭曲线. 这样,原曲线积分就化为封闭曲线上的曲线积分和新曲线上的曲线积分之差. 前者,用格林公式去计算;后者,选择新曲线使计算尽量简单.

解 记点 $A(\pi,0)$. 添加直线段 OA. 在负向(顺时针方向)封闭曲线 $\Gamma\cup\overrightarrow{AO}$ 所围区域 D 上应用格林公式,得

$$\oint_{\Gamma\cup\overrightarrow{AO}} e^x(\cos y\,\mathrm{d}x - \sin y\,\mathrm{d}y) = -\iint_D \left[\frac{\partial}{\partial x}(-e^x\sin y) - \frac{\partial}{\partial y}(e^x\cos y)\right]\mathrm{d}\sigma$$
$$= 0,$$

因此,

$$\int_\Gamma e^x(\cos y\,\mathrm{d}x - \sin y\,\mathrm{d}y) = \int_{\overrightarrow{OA}} e^x(\cos y\,\mathrm{d}x - \sin y\,\mathrm{d}y)$$
$$= \int_0^\pi e^x\,\mathrm{d}x = e^\pi - 1. \qquad\qquad \square$$

19.3.2 曲线积分与路径的无关性

在计算第二型曲线积分时,有些例子,如例 19.5,呈现出一种非常有意思的现象:在被积表达式和始点、终点相同的情况下,从始点到终点的各种路径曲线上的第二型曲线积分值都相等. 换句话说,积分与路径没有关系. 当然大多数例子中,沿不同路径的积分值不同. 本小节所要考虑的,就是积分与路径无关所需的条件.

我们需要单连通区域的概念.

定义 19.2 如果平面区域 D 内的任一封闭曲线所围成的区域内只含有 D 中的点,则称平面区域 D 是**单连通**区域;否则称为**多连通**区域. $\qquad\square$

如下所示的区域中,图 19.13 所示是单连通的;而图 19.14 所示是多连通的.

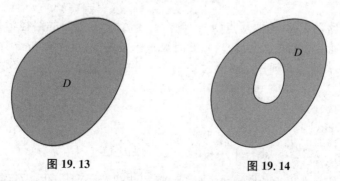

图 19.13 **图 19.14**

直观上,单连通区域是整块的"无洞"区域;而多连通区域则"有洞".

定理 19.3 设平面有界区域 D 单连通,则对任何在区域 D 上连续可微的函数 $P(x,y)$, $Q(x,y)$,以下四个命题等价:

(a)(曲线积分与路径无关性)对 D 内任何两点 A,B 以及任何两条以 A 为始点、B 为终

点的分段光滑曲线 $\Gamma_1, \Gamma_2 \subset D$ 有

$$\int_{\Gamma_1} P \mathrm{d}x + Q \mathrm{d}y = \int_{\Gamma_2} P \mathrm{d}x + Q \mathrm{d}y.$$

（b）（原函数存在性）存在于区域 D 连续可微的函数 $u(x, y)$，使得

$$\mathrm{d}u = P \mathrm{d}x + Q \mathrm{d}y.$$

此时，函数 $u(x, y)$ 称为 $P \mathrm{d}x + Q \mathrm{d}y$ 的一个**原函数**.

（c）区域 D 内恒有

$$\frac{\partial Q}{\partial x} = \frac{\partial P}{\partial y}.$$

（d）对 D 内任一分段光滑封闭曲线 $\Gamma \subset D$，

$$\int_{\Gamma} P \mathrm{d}x + Q \mathrm{d}y = 0.$$

证 （a）$\Rightarrow$（b）：由于（a）成立，曲线积分与路径无关，只与始点、终点有关，可将沿始点 A 到终点 B 的 D 中曲线的第二型曲线积分记为

$$\int_A^B P \mathrm{d}x + Q \mathrm{d}y.$$

这与定积分的形式相似. 取定一点 $(x_0, y_0) \in D$，考虑函数

$$u(x, y) = \int_{(x_0, y_0)}^{(x, y)} P(s, t) \mathrm{d}s + Q(s, t) \mathrm{d}t, (x, y) \in D.$$

在任何内点 $(x, y) \in D$ 处，存在邻域 $U \subset D$. 于是当 $(x + \Delta x, y + \Delta y) \in U$ 时有

$$\Delta u = u(x + \Delta x, y + \Delta y) - u(x, y)$$
$$= \int_{(x_0, y_0)}^{(x+\Delta x, y+\Delta y)} P(s, t) \mathrm{d}s + Q(s, t) \mathrm{d}t - \int_{(x_0, y_0)}^{(x, y)} P(s, t) \mathrm{d}s + Q(s, t) \mathrm{d}t.$$

由于曲线积分与路径无关，可让上式右端第一个积分的路径经过点 (x, y)，从而有

$$\Delta u = \int_{(x, y)}^{(x+\Delta x, y+\Delta y)} P(s, t) \mathrm{d}s + Q(s, t) \mathrm{d}t.$$

依然根据积分与路径无关，选取从点 (x, y) 到点 $(x + \Delta x, y + \Delta y)$ 的路径为折线：从点 (x, y) 沿水平横坐标 s 轴方向到点 $(x + \Delta x, y)$，此时纵坐标 y 不变，从而有 $\mathrm{d}t = 0$；再从点 $(x + \Delta x, y)$ 沿垂直纵坐标 t 轴方向到点 $(x + \Delta x, y + \Delta y)$，此时横坐标 $x + \Delta x$ 不变，从而有 $\mathrm{d}s = 0$. 于是

$$\Delta u = \int_{(x, y)}^{(x+\Delta x, y)} P(s, t) \mathrm{d}s + Q(s, t) \mathrm{d}t + \int_{(x+\Delta x, y)}^{(x+\Delta x, y+\Delta y)} P(s, t) \mathrm{d}s + Q(s, t) \mathrm{d}t$$
$$= \int_x^{x+\Delta x} P(s, y) \mathrm{d}s + \int_y^{y+\Delta y} Q(x + \Delta x, t) \mathrm{d}t$$
$$= P(x + \theta_1 \Delta x, y) \Delta x + Q(x + \Delta x, y + \theta_2 \Delta y) \Delta y \quad (0 < \theta_1, \theta_2 < 1).$$

上式最后一个等号，由积分中值定理得到. 再由函数 $P(x, y), Q(x, y)$ 的连续性就知

$$\Delta u = P(x, y) \Delta x + Q(x, y) \Delta y + o(\rho), \rho = \sqrt{\Delta x^2 + \Delta y^2}.$$

这就表明函数 $u(x, y)$ 在区域 D 内部可微，并且

$$\mathrm{d}u = P(x,y)\mathrm{d}x + Q(x,y)\mathrm{d}y.$$

由此，$u_x(x,y) = P(x,y)$，$u_y(x,y) = Q(x,y)$. 按条件，两偏导数连续，故函数 $u(x,y)$ 在区域 D 内部连续可微.

(b)$\Rightarrow$(c)：由(b)可知，

$$P(x,y) = u_x(x,y)，Q(x,y) = u_y(x,y).$$

由于函数 $P(x,y)$，$Q(x,y)$ 连续可微，

$$P_y(x,y) = u_{xy}(x,y)，Q_x(x,y) = u_{yx}(x,y)$$

都连续，进而由定理 15.11 知 $u_{xy}(x,y) = u_{yx}(x,y)$，即 $P_y = Q_x$.

(c)$\Rightarrow$(d)：直接根据格林公式即得.

(d)$\Rightarrow$(a)：由于曲线 $\Gamma_1 \bigcup \Gamma_2^-$ 是分段光滑封闭曲线，从而得

$$\int_{\Gamma_1} P\mathrm{d}x + Q\mathrm{d}y - \int_{\Gamma_2} P\mathrm{d}x + Q\mathrm{d}y = \oint_{\Gamma_1 \bigcup \Gamma_2^-} P\mathrm{d}x + Q\mathrm{d}y = 0. \qquad \square$$

注　例 19.10 表明，上述定理 19.3 中，区域 D 必须是单连通的.

根据定理 19.3 的证明，若 $P\mathrm{d}x + Q\mathrm{d}y$ 于区域 D 有连续可微原函数 $u(x,y)$，则对任何 $A, B \in D$，

$$\int_A^B P\mathrm{d}x + Q\mathrm{d}y = u(B) - u(A) = u\Big|_A^B.$$

例 19.12　证明 $(2x + \sin y)\mathrm{d}x + x\cos y\mathrm{d}y$ 于整个平面 $\mathbf{R}^2$ 具有原函数，并求积分 $\int_{(1,\pi)}^{(2,4\pi)} (2x + \sin y)\mathrm{d}x + x\cos y\mathrm{d}y$.

解　由于在整个平面 $\mathbf{R}^2$ 上有 $\dfrac{\partial}{\partial x}(x\cos y) = \cos y = \dfrac{\partial}{\partial y}(2x + \sin y)$，由定理 19.3 知 $(2x + \sin y)\mathrm{d}x + x\cos y\mathrm{d}y$ 于整个平面 $\mathbf{R}^2$ 具有原函数，其一为

$$u(x,y) = \int_{(0,0)}^{(x,y)} (2s + \sin t)\mathrm{d}s + s\cos t\mathrm{d}t.$$

积分与路径无关，从而可选取折线路径：$(0,0) \to (x,0) \to (x,y)$. 于是，

$$u(x,y) = \int_0^x 2s\mathrm{d}s + \int_0^y x\cos t\mathrm{d}t = x^2 + x\sin y.$$

因此，$(2x + \sin y)\mathrm{d}x + x\cos y\mathrm{d}y$ 的所有原函数为 $x^2 + x\sin y + C$. 特别地，由此可知

$$\int_{(1,\pi)}^{(2,4\pi)} (2x + \sin y)\mathrm{d}x + x\cos y\mathrm{d}y = u(2,4\pi) - u(1,\pi) = 3. \qquad \square$$

例 19.13　计算曲线积分

$$\int_\Gamma \frac{x\mathrm{d}x + y\mathrm{d}y}{\sqrt{x^2 + y^2}}$$

其中积分曲线 Γ 是沿抛物线 $y = x^2 - 1$ 从 $(-1,0)$ 到 $(1,0)$ 的一段.

解　由于

$$\frac{\partial}{\partial x}\left(\frac{y}{\sqrt{x^2 + y^2}}\right) = -\frac{xy}{\sqrt{(x^2 + y^2)^3}} = \frac{\partial}{\partial y}\left(\frac{x}{\sqrt{x^2 + y^2}}\right),$$

所求曲线积分在不包含原点的单连通区域内与路径无关. 于是可另外选取积分路径为下半圆周 $\Gamma_1:x^2+y^2=1,y\leqslant0$,方向从 $(-1,0)$ 到 $(1,0)$. 由于两条路径都不经过原点,并且所围区域也不包含原点,因此,

$$\int_\Gamma \frac{x\mathrm{d}x+y\mathrm{d}y}{\sqrt{x^2+y^2}} = \int_{\Gamma_1} \frac{x\mathrm{d}x+y\mathrm{d}y}{\sqrt{x^2+y^2}} = \int_{\Gamma_1} x\mathrm{d}x+y\mathrm{d}y = 0. \qquad \square$$

习题 19.3

1. 利用格林公式计算下列曲线积分:

(1) $\oint_\Gamma (2xy-x^2)\mathrm{d}x+(x+y^2)\mathrm{d}y$,其中 Γ 是两抛物线 $y^2=x,y=x^2$ 所围有界闭区域边界曲线,方向逆时针.

(2) $\oint_\Gamma (2x-y+4)\mathrm{d}x+(3x+5y-6)\mathrm{d}y$,其中 Γ 是顶点为 $(0,0)$,$(3,0)$ 和 $(3,2)$ 的三角形区域的正向边界曲线.

(3) $\oint_C xy^2\mathrm{d}y-x^2y\mathrm{d}x$,其中 C 为圆 $x^2+y^2=a^2(a>0)$,方向逆时针.

(4) $\oint_C \mathrm{e}^{y^2}\mathrm{d}x+x\mathrm{d}y$,其中 C 为椭圆 $4x^2+y^2=8$,方向逆时针.

2. 计算 $\oint_C \frac{y\mathrm{d}x-x\mathrm{d}y}{x^2+y^2}$,其中 C 为圆 $(x-1)^2+y^2=4$,方向逆时针.

3. 计算 $\oint_L \frac{x\mathrm{d}y-y\mathrm{d}x}{x^2+4y^2}$,其中 L 为曲线 $|x|+|y|=16$,方向逆时针.

4. 设函数 $f(u)$ 连续可微. 证明:对任意有向光滑封闭曲线 Γ,$\oint_\Gamma f(xy)(y\mathrm{d}x+x\mathrm{d}y) = 0$.

5. 证明 $(2xy-y^4+3)\mathrm{d}x+(x^2-4xy^3)\mathrm{d}y$ 于整个平面 $\mathbf{R}^2$ 具有原函数,并求积分 $\int_{(1,0)}^{(2,1)} (2xy-y^4+3)\mathrm{d}x+(x^2-4xy^3)\mathrm{d}y$.

6. 求曲线积分 $\int_L (2xy+\sin x)\mathrm{d}x+(x^2-y\mathrm{e}^y)\mathrm{d}y$,其中积分曲线 L 是抛物线 $y=x^2-2x$ 上从点 $(0,0)$ 到点 $(4,8)$ 的一段.

7. 计算曲线积分 $\int_L (2xy^3-y^2\cos x)\mathrm{d}x+(1-2y\sin x+3x^2y^2)\mathrm{d}y$,其中积分曲线 L 是抛物线 $2x=\pi y^2$ 上从点 $(0,0)$ 到点 $\left(\frac{\pi}{2},1\right)$ 的一段.

8. 验证下列全微分在整个 xy 平面内具有原函数,并且求出其所有原函数:

(1) $(x+2y)\mathrm{d}x+(2x+y)\mathrm{d}y$;

(2) $(x^2+2xy-y^2)\mathrm{d}x+(x^2-2xy-y^2)\mathrm{d}y$;

(3) $(2x\cos y+y^2\cos x)\mathrm{d}x+(2y\sin x-x^2\sin y)\mathrm{d}y$.

第二十章 曲面积分

本章中,我们将求解薄曲面形物件的质量问题和流体流经曲面的流量问题.解决这两个问题的关键工具就是曲面积分.

§20.1 第一型曲面积分

20.1.1 第一型曲面积分的概念与性质

首先对密度均匀分布的薄曲面形物件,其质量自然等于密度与物件面积的乘积.因此,需要考虑曲面的面积是否有以及如何确定的问题.与曲线长度不同,一般曲面面积的定义非常复杂,这里不做讨论.我们仅对光滑曲面的面积,采用微元法做一点说明.设光滑曲面方程为

$$\Sigma: z = z(x,y), (x,y) \in D.$$

其上任一点 (x,y,z) 处的曲面面积微元 dS(位于切平面上)在 xy 平面区域 D 上的投影是平面上点 (x,y) 处的面积微元为 $d\sigma$,因此,

$$d\sigma = dS \cdot \cos\gamma,$$

其中 γ 为切平面与 xy 平面的锐夹角.由于点 (x,y,z) 处的切平面法向量为 $\vec{n} = \pm(z_x(x,y), z_y(x,y), -1)$,因此,

$$\cos\gamma = \frac{1}{\sqrt{1 + [z_x(x,y)]^2 + [z_y(x,y)]^2}},$$

从而

$$dS = \sqrt{1 + [z_x(x,y)]^2 + [z_y(x,y)]^2} \, d\sigma. \tag{20.1}$$

于是,光滑曲面 $\Sigma: z = z(x,y), (x,y) \in D$ 的面积可用二重积分表示为

$$S_\Sigma = \iint_D \sqrt{1 + [z_x(x,y)]^2 + [z_y(x,y)]^2} \, d\sigma.$$

再考虑密度不均匀分布的薄曲面形物件质量.与线形物件类似,将曲面形物件 Σ 分割成没有重叠的有限块:$T = \{\Sigma_1, \Sigma_2, \cdots, \Sigma_n\}$,再在每一块 Σ_i 上任意标记一点 $\Xi_i \in \Sigma_i$,该点处的密度为 $\rho(\Xi_i)$,作和

$$\sum_{i=1}^{n} \rho(\Xi_i) S_{\Sigma_i}$$

就得质量近似值.再让 $\|T\| \to 0$,若和式有极限,即质量准确值.

上述过程的抽象化即得第一型曲面积分的定义.

定义 20.1 设曲面 Σ 可求面积,则可求面积的有限个小曲面的集合

$$T=\{\Sigma_1,\Sigma_2,\cdots,\Sigma_n\}$$

称为曲面 Σ 的一个**分割**,如果(1) 任意两个小曲面除边界点外没有其他公共点;(2) $\bigcup_{i=1}^n\Sigma_i=\Sigma$. 所有小曲面直径的最大值,记为 $\|T\|$,叫作这个分割的**模**. 在各个小曲面上任取一点 $\Xi_i(\xi_i,\eta_i,\zeta_i)\in\Sigma_i$ 做标记后的分割记为 (T,Ξ).

设函数 $f(x,y,z)$ 在可求面积曲面 Σ 上有定义,则对 Σ 任一带标记的分割 (T,Ξ),和式

$$\sum_{i=1}^n f(\Xi_i)S_{\Sigma_i}=\sum_{i=1}^n f(\xi_i,\eta_i,\zeta_i)S_{\Sigma_i}$$

都叫作属于分割 T 的**第一型曲面积分和**.

如果当 $\|T\|\to0$ 时,属于分割 T 的任何积分和有相同极限,则称该极限为函数 $f(x,y,z)$ 在曲面 Σ 上的**第一型曲面积分**,并记作

$$\iint_\Sigma f(x,y,z)\mathrm{d}S,\tag{20.2}$$

其中函数 $f(x,y,z)$ 称为**被积函数**,Σ 为**积分曲面**,即

$$\lim_{\|T\|\to0}\sum_{i=1}^n f(\xi_i,\eta_i,\zeta_i)S_{\Sigma_i}=\iint_\Sigma f(x,y,z)\mathrm{d}S.\tag{20.3}$$

从定义可知,光滑曲面 Σ 的面积满足

$$S_\Sigma=\iint_\Sigma\mathrm{d}S.$$

于是,对光滑曲面 $\Sigma:z=z(x,y),(x,y)\in D$ 有

$$\iint_\Sigma\mathrm{d}S=\iint_D\sqrt{1+[z_x(x,y)]^2+[z_y(x,y)]^2}\,\mathrm{d}\sigma.\tag{20.4}$$

第一型曲面积分存在的条件以及各种性质与第一型曲线积分完全类似,这里不再具体列出.

20.1.2 第一型曲面积分的计算

第一型曲面积分的计算,通常转化为二重积分计算来完成.

定理 20.1 设函数 $f(x,y,z)$ 在光滑曲面

$$\Sigma:z=z(x,y),(x,y)\in D$$

上连续,则

$$\iint_\Sigma f(x,y,z)\mathrm{d}S$$
$$=\iint_D f[x,y,z(x,y)]\sqrt{1+[z_x(x,y)]^2+[z_y(x,y)]^2}\,\mathrm{d}\sigma.\tag{20.5}$$

例 20.1 计算曲面积分 $\iint_{\Sigma} z\mathrm{d}S$，其中 Σ 是球面 $x^2+y^2+z^2=1$ 被平面 $z=h(0<h<1)$ 所截取的顶部，如图 20.1 所示.

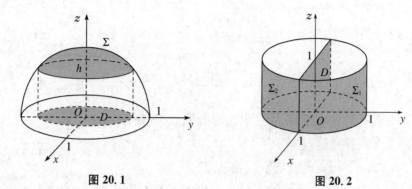

图 20.1　　　　　　　　　　图 20.2

解 曲面 Σ 光滑，其方程为

$$z=\sqrt{1-x^2-y^2}\,,(x,y)\in D=\{(x,y)\,|\,x^2+y^2\leqslant1-h^2\}.$$

$z_x=\dfrac{-x}{\sqrt{1-x^2-y^2}}$，$z_y=\dfrac{-y}{\sqrt{1-x^2-y^2}}$，因此 $\sqrt{1+z_x^2+z_y^2}=\dfrac{1}{\sqrt{1-x^2-y^2}}$，从而由公式 (20.5) 得

$$\iint_{\Sigma} z\mathrm{d}S=\iint_{D}\mathrm{d}\sigma=S_D=\pi(1-h^2).$$ □

例 20.2 计算 $\iint_{\Sigma} z\mathrm{d}S$，其中 Σ 是立体 $\sqrt{x^2+y^2}\leqslant z\leqslant1$ 的整个边界曲面.

解 曲面 Σ 分成两块：锥面 Σ_1 与圆片 Σ_2，其中

$$\Sigma_1:z=\sqrt{x^2+y^2}\,,(x,y)\in\Delta(O;1);\Sigma_2:z=1,(x,y)\in\Delta(O;1).$$

在 Σ_1 上，$z_x=\dfrac{x}{\sqrt{x^2+y^2}}$，$z_y=\dfrac{y}{\sqrt{x^2+y^2}}$，因此 $\sqrt{1+z_x^2+z_y^2}=\sqrt{2}$，从而

$$\iint_{\Sigma_1} z\mathrm{d}S=\sqrt{2}\iint_{\Delta(O;1)}\sqrt{x^2+y^2}\,\mathrm{d}\sigma=\frac{2\sqrt{2}}{3}\pi.$$

在 Σ_2 上，$z_x=0$，$z_y=0$，因此 $\sqrt{1+z_x^2+z_y^2}=1$，从而

$$\iint_{\Sigma_2} z\mathrm{d}S=\iint_{\Delta(O;1)}\mathrm{d}\sigma=\pi.$$

于是，

$$\iint_{\Sigma} z\mathrm{d}S=\iint_{\Sigma_1} z\mathrm{d}S+\iint_{\Sigma_2} z\mathrm{d}S=\frac{2\sqrt{2}}{3}\pi+\pi.$$ □

例 20.3 计算 $\iint_{\Sigma} z\mathrm{d}S$，其中 Σ 是圆柱面 $x^2+y^2=1$ 被平面 $z=0$ 和 $z=1$ 所截取的部分.

分析 此题中曲面方程不是 $z=z(x,y)$ 的形式，因此需要表示成 $y=y(z,x)$ 或 $x=$

$x(y,z)$的形式. 然后再用与式(20.5)类似的公式.

解 如图 20.2 所示,曲面Σ分成左右两块Σ_1与Σ_2,其中

$$\Sigma_1: y=\sqrt{1-x^2}, \Sigma_2: y=-\sqrt{1-x^2}, (z,x)\in[0,1]\times[-1,1].$$

在Σ_1和Σ_2上都有$\sqrt{1+y_z^2+y_x^2}=\dfrac{1}{\sqrt{1-x^2}}$,因此

$$\iint_\Sigma z\,\mathrm{d}S=\iint_{\Sigma_1} z\mathrm{d}S+\iint_{\Sigma_2} z\mathrm{d}S=2\iint_{[0,1]\times[-1,1]}\frac{z}{\sqrt{1-x^2}}\mathrm{d}z\mathrm{d}x=\pi.$$ □

上例中积分曲面是直柱面. 此时一般情形如图 20.3 所示,故可将直柱面Σ分割成条状

$$z_1(x,y)\leqslant z\leqslant z_2(x,y), (x,y)\in\Gamma.$$

于是,直柱面Σ上的第一型曲面积分可分次进行:先在直母线上积分得

$$\int_{z_1(x,y)}^{z_2(x,y)} f(x,y,z)\mathrm{d}z,$$

然后再在直柱面在xy平面内的投影曲线Γ上作第一型曲线积分. 由此得公式

$$\iint_\Sigma f(x,y,z)\mathrm{d}S=\int_\Gamma \mathrm{d}s\int_{z_1(x,y)}^{z_2(x,y)} f(x,y,z)\mathrm{d}z. \tag{20.6}$$

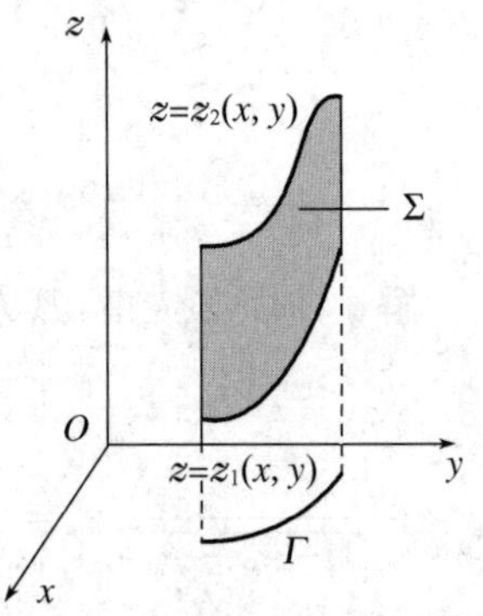

图 20.3

例 20.3 另解 直柱面在xy平面内的投影曲线Γ为圆周$x^2+y^2=1$. 由公式(20.6)有

$$\iint_\Sigma z\mathrm{d}S=\int_{x^2+y^2=1}\mathrm{d}s\int_0^1 z\mathrm{d}z=\frac{1}{2}\int_{x^2+y^2=1}\mathrm{d}s=\pi.$$ □

例 20.4 计算$\iint_\Sigma z\mathrm{d}S$,其中$\Sigma$是圆柱面$x^2+y^2=1$, $x\geqslant0$被平面$z=0$和$x+y+z=2$所截取的部分.

解 Σ是直柱面,在xy平面内的投影曲线Γ为半圆周$x^2+y^2=1, x\geqslant0$. 故由公式(20.6)有

$$\begin{aligned}\iint_\Sigma z\mathrm{d}S&=\int_\Gamma\mathrm{d}s\int_0^{2-x-y} z\mathrm{d}z=\frac{1}{2}\int_\Gamma(2-x-y)^2\mathrm{d}s\\&=\frac{1}{2}\int_{-\frac{\pi}{2}}^{\frac{\pi}{2}}(2-\cos\theta-\sin\theta)^2\mathrm{d}\theta=\frac{5\pi-8}{2}.\end{aligned}$$ □

习题 20.1

1. 求下列第一型曲面积分:

(1) $\iint_\Sigma(x+y+1)z\mathrm{d}S$,其中$\Sigma$是上半球面$z=\sqrt{a^2-x^2-y^2}$.

(2) $\iint_\Sigma (x^2+y^2+z^2)\mathrm{d}S$,其中 Σ 是锥面 $z=\sqrt{x^2+y^2}$ 与平面 $z=1$ 所围成的立体的整个表面.

(3) $\iint_\Sigma (x^2+y^2+z^2)\mathrm{d}S$,其中 Σ 是锥面 $z=\sqrt{x^2+y^2}$ 含于柱面 $x^2+y^2=2x$ 内的那部分曲面.

2. 求密度为 1 的均匀分布曲面 $z=x^2+y^2,0\leqslant z\leqslant 1$ 的质量.

§20.2 第二型曲面积分

20.2.1 曲面的侧

在一张正常的白纸上,从其中一面上的任意一点开始,只要不越过纸张的边界,随意画圈,是不可能画到出发点在另外一面上的对应点的.然而,也有"不正常"的纸张,可以做到从其中一面上一点开始,不越过边界而画到出发点在另外一面上的对应点.这样的纸张可如图 20.4 所示构造:将一长条矩形纸带扭转 $180°$ 后两端黏合.如此黏合后所获纸带,称为莫比乌斯(Möbius)带,就变成了一张"不正常"的纸张.

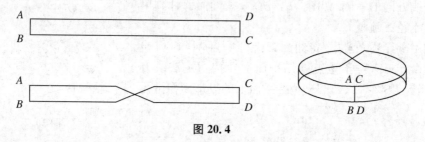

图 20.4

我们把具有上述正常纸张性质的曲面叫作**双侧曲面**,而将具有 Möbius 带性质的曲面叫作**单侧曲面**.更准确地说,在双侧光滑曲面上任意一点处,若指定该点处法线的一个方向,则当动点从该点出发,沿任何一条不越出曲面边界的连续封闭曲线连续移动回到该点时,相应的法线方向亦连续变化回到原指定方向.而单侧曲面可变化到原指定方向的反方向.另外一个单侧曲面的著名例子是克莱因(Klein)瓶,其是一个封闭曲面,但没有内外之分.读者可在网上搜索其漂亮的图形.

通常,由方程 $z=z(x,y)$ 或参数方程

$$x=x(u,v),y=y(u,v),z=z(u,v)$$

表示的光滑曲面都是双侧曲面.

20.2.2 第二型曲面积分的概念

我们考虑流体的流量问题.

先考虑简单情形:设某流体按常速度 v 流过平面区域 Σ,则当流动方向与平面法线指定方向一致时,如图 20.5 所示,单位时间内流过平面区域 Σ 的流量

$$E = vS_\Sigma.$$

这里 S_Σ 表示区域 Σ 的面积. 而当流动方向与平面法线指定方向不一致时, 如图 20.6 所示, 此时单位时间内沿法线方向流过平面区域 Σ 的流量

$$E = vS_\Sigma \cos\theta = v\cos\theta S_\Sigma,$$

其中 θ 为流动方向与平面法线指定方向之间的夹角.

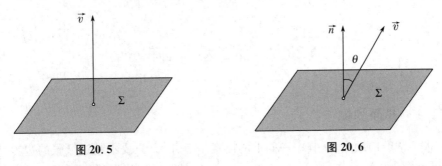

图 20.5　　　　　　　　　　　图 20.6

现在考虑一般情形. 设某流体以流速

$$\vec{v}(x,y,z) = \{P(x,y,z), Q(x,y,z), R(x,y,z)\}$$

在空间区域 Ω 内流动, 从双侧曲面 $\Sigma(\subset\Omega)$ 的一侧流向具有指定法线方向的一侧. 如图 20.7 所示. 我们需要计算单位时间内流经 Σ 流量 E.

我们用微元法来考虑. 将曲面 Σ 上任一点 $M(x,y,z)$ 处的面积微元 $\mathrm{d}S$（位于该点处切平面上）. 按指定法线方向, 面积微元 $\mathrm{d}S$ 在 yz、zx、xy 坐标平面上的投影面积微元记为

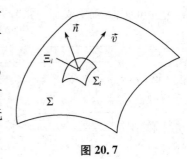

图 20.7

$$\mathrm{d}S_{yz}, \mathrm{d}S_{zx}, \mathrm{d}S_{xy},$$

则流体单位时间内流经点 M 的流量为

$$P(x,y,z)\mathrm{d}S_{yz} + Q(x,y,z)\mathrm{d}S_{zx} + R(x,y,z)\mathrm{d}S_{xy}.$$

于是, 所求单位总流量为

$$E = \sum_{(x,y,z)\in\Sigma} P(x,y,z)\,\mathrm{d}S_{yz} + Q(x,y,z)\,\mathrm{d}S_{zx} + R(x,y,z)\,\mathrm{d}S_{xy}.$$

我们把这种和式称为函数 P,Q,R 在曲面 Σ 指定一侧上的第二型曲面积分. 一般地, 我们给出如下定义.

定义 20.2　设双侧曲面 Σ 可求面积, 在指定一侧将曲面 Σ 分割为可求面积的有限个小曲面 $T = \{\Sigma_1, \Sigma_2, \cdots, \Sigma_n\}$. 所有小曲面直径的最大值, 记为 $\|T\|$, 叫作这个分割的**模**. 在各个小曲面上任取一点 $\Xi_i(\xi_i, \eta_i, \zeta_i) \in \Sigma_i$ 做标记后的分割记为 (T, Ξ). 每个小曲面 Σ_i 在三个坐标平面上的投影区域 $\Sigma_{iyz}, \Sigma_{izx}, \Sigma_{ixy}$ 的面积分别记为 $S_{\Sigma_{iyz}}, S_{\Sigma_{izx}}, S_{\Sigma_{ixy}}$. 投影区域面积的符号与小曲面 Σ_i 的方向有关: 若 Σ_i 的指定侧法线方向与 z 轴正向成锐角, 则在 xy 平面上投影区域面积 $S_{\Sigma_{ixy}}$ 为正; 反之, 若 Σ_i 的指定侧法线方向与 z 轴正向成钝角, 则在 xy 平面上投影区域面积 $S_{\Sigma_{ixy}}$ 为负. 另外两个投影面积 $S_{\Sigma_{iyz}}, S_{\Sigma_{izx}}$ 的符号类似确定.

设函数 $P(x,y,z),Q(x,y,z),R(x,y,z)$ 在可求面积双侧曲面 Σ 上有定义,则对 Σ 指定一侧任一带标记的分割 (T,Ξ),和式

$$\sum_{i=1}^{n} P(\xi_i,\eta_i,\zeta_i)S_{\Sigma_{iyz}} + Q(\xi_i,\eta_i,\zeta_i)S_{\Sigma_{izx}} + R(\xi_i,\eta_i,\zeta_i)S_{\Sigma_{ixy}}$$

叫作函数 $P(x,y,z),Q(x,y,z),R(x,y,z)$ 的属于分割 T 的**第二型曲面积分和**. 如果当 $\|T\| \to 0$ 时,属于分割 T 的任何积分和有相同极限,则称该极限为函数 $P(x,y,z),Q(x,y,z),R(x,y,z)$ 在曲面 Σ 的指定侧上的**第二型曲面积分**,并记作

$$\iint_{\Sigma} P(x,y,z)\,\mathrm{d}S_{yz} + Q(x,y,z)\,\mathrm{d}S_{zx} + R(x,y,z)\,\mathrm{d}S_{xy}, \tag{20.7}$$

也常记作

$$\iint_{\Sigma} P(x,y,z)\mathrm{d}y\mathrm{d}z + Q(x,y,z)\mathrm{d}z\mathrm{d}x + R(x,y,z)\mathrm{d}x\mathrm{d}y, \tag{20.8}$$

按定义,我们有

$$\iint_{\Sigma} P(x,y,z)\mathrm{d}y\mathrm{d}z + Q(x,y,z)\mathrm{d}z\mathrm{d}x + R(x,y,z)\mathrm{d}x\mathrm{d}y$$

$$= \iint_{\Sigma} P(x,y,z)\mathrm{d}y\mathrm{d}z + \iint_{\Sigma} Q(x,y,z)\mathrm{d}z\mathrm{d}x + \iint_{\Sigma} R(x,y,z)\mathrm{d}x\mathrm{d}y. \tag{20.9}$$

另外,封闭曲面上的第二型曲面积分,常记为

$$\oiint_{\Sigma} P(x,y,z)\mathrm{d}y\mathrm{d}z + Q(x,y,z)\mathrm{d}z\mathrm{d}x + R(x,y,z)\mathrm{d}x\mathrm{d}y. \tag{20.10}$$

第二型曲面积分也有与第二型曲线积分类似的性质,包括关于被积函数的线性性质以及关于积分曲面的可加性等,读者可自行证明,下面只列出其中的两条性质.

性质 1 若函数 $P(x,y,z),Q(x,y,z),R(x,y,z)$ 在曲面 Σ 的指定侧上的第二型曲面积分存在,则函数 $P(x,y,z),Q(x,y,z),R(x,y,z)$ 在曲面 Σ 的另一侧 Σ^- 上的第二型曲面积分也存在,并且

$$\iint_{\Sigma^-} P\mathrm{d}y\mathrm{d}z + Q\mathrm{d}z\mathrm{d}x + R\mathrm{d}x\mathrm{d}y = -\iint_{\Sigma} P\mathrm{d}y\mathrm{d}z + Q\mathrm{d}z\mathrm{d}x + R\mathrm{d}x\mathrm{d}y. \qquad \square$$

性质 2 设双侧曲面 Σ 由有限个无公共内点的小双侧曲面 $\Sigma_1,\Sigma_2,\cdots,\Sigma_n$ 合并而成,并且所取侧一致,则当函数 $P(x,y,z),Q(x,y,z),R(x,y,z)$ 在各曲面 Σ_i 的指定侧上的第二型曲面积分存在时,在曲面 Σ 的指定侧上的第二型曲面积分也存在,并且

$$\iint_{\Sigma} P\mathrm{d}y\mathrm{d}z + Q\mathrm{d}z\mathrm{d}x + R\mathrm{d}x\mathrm{d}y = \sum_{i=1}^{n} \iint_{\Sigma_i} P\mathrm{d}y\mathrm{d}z + Q\mathrm{d}z\mathrm{d}x + R\mathrm{d}x\mathrm{d}y. \qquad \square$$

20.2.3 第二型曲面积分的计算

第二型曲面积分同样也是转化为二重积分来计算.

定理 20.2 设函数 $R(x,y,z)$ 在光滑曲面

$$\Sigma: z = z(x,y), (x,y) \in D_{xy}$$

上连续，其中 D_{xy} 为 xy 平面上边界分段光滑的有界闭区域，则当 Σ 取上侧（法线方向与 z 轴正向成锐角）时，

$$\iint_{\Sigma} R(x,y,z)\mathrm{d}x\mathrm{d}y = \iint_{D_{xy}} R(x,y,z(x,y))\mathrm{d}x\mathrm{d}y. \tag{20.11}$$

证 首先，根据条件，函数 $R(x,y,z(x,y))$ 于 D_{xy} 连续，故式（20.11）右端重积分存在. 由第二型曲面积分定义

$$
\begin{aligned}
\iint_{\Sigma} R(x,y,z)\mathrm{d}x\mathrm{d}y &= \lim_{\|T\|\to 0} \sum_{i=1}^{n} R(\xi_i,\eta_i,\zeta_i) S_{\Sigma_{ixy}} \\
&= \lim_{\|T\|\to 0} \sum_{i=1}^{n} R(\xi_i,\eta_i,z(\xi_i,\eta_i)) S_{\Sigma_{ixy}}.
\end{aligned}
$$

由于投影区域 $\{\Sigma_{ixy}\}$ 形成了平面区域 D_{xy} 的一个分割，上式右端极限号后表达式是函数 $R(x,y,z(x,y))$ 于区域 D_{xy} 的一个二重积分和，并且当 $\|T\|\to 0$ 时，区域 D_{xy} 的这个分割的模 $\max\{\mathrm{d}(\Sigma_{ixy})\}\to 0$，因此公式（20.11）成立. $\quad\square$

类似地，若函数 $P(x,y,z)$ 在光滑曲面 $\Sigma:x=x(y,z),(y,z)\in D_{yz}$ 上连续，则当 Σ 取前侧（法线方向与 x 轴正向成锐角）时，

$$\iint_{\Sigma} P(x,y,z)\mathrm{d}y\mathrm{d}z = \iint_{D_{yz}} P(x(y,z),y,z)\mathrm{d}y\mathrm{d}z. \tag{20.12}$$

若函数 $Q(x,y,z)$ 在光滑曲面 $\Sigma:y=y(z,x),(z,x)\in D_{zx}$ 上连续，则当 Σ 取右侧（法线方向与 y 轴正向成锐角）时，

$$\iint_{\Sigma} Q(x,y,z)\mathrm{d}z\mathrm{d}x = \iint_{D_{zx}} Q(x,y(z,x),z)\mathrm{d}z\mathrm{d}x. \tag{20.13}$$

通常称投影面积为正的法线方向所在侧为**正侧**. 因此，上述三个公式（20.11）—（20.13）所取侧均为正侧. 若取曲面的侧是负侧，则上述三个公式右端重积分前均需加上负号"－".

例 20.5 计算曲面积分

$$\oiint_{\Sigma} (x^2+y^2)z\mathrm{d}x\mathrm{d}y,$$

其中 Σ 为球面 $x^2+y^2+z^2=1$，并且取球面外侧.

解 球面 Σ 在 xy 平面上的投影区域为

$$D_{xy} = \{(x,y)\,|\,x^2+y^2\leqslant 1\}.$$

将球面 Σ 分上半球面和下半球面，方程分别为

$$\Sigma_{\text{上}}:z=\sqrt{1-x^2-y^2},$$

$$\Sigma_{\text{下}}:z=-\sqrt{1-x^2-y^2}.$$

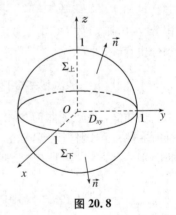

图 20.8

由于取球面外侧，对上半球面 $\Sigma_{\text{上}}$ 取上侧，对下半球面 $\Sigma_{\text{下}}$ 取下侧. 于是，根据定理 20.2 得

$$\oiint_{\Sigma} (x^2+y^2)z\mathrm{d}x\mathrm{d}y = \iint_{\Sigma_{\text{上}}} (x^2+y^2)z\mathrm{d}x\mathrm{d}y + \iint_{\Sigma_{\text{下}}} (x^2+y^2)z\mathrm{d}x\mathrm{d}y$$

$$= \iint_{D_{xy}} (x^2 + y^2) \sqrt{1-x^2-y^2} \, \mathrm{d}x\mathrm{d}y -$$

$$\iint_{D_{xy}} (x^2 + y^2)(-\sqrt{1-x^2-y^2}) \, \mathrm{d}x\mathrm{d}y$$

$$= 2\iint_{D_{xy}} (x^2 + y^2) \sqrt{1-x^2-y^2} \, \mathrm{d}x\mathrm{d}y$$

$$= 2\int_0^{2\pi} \mathrm{d}\theta \int_0^1 r^3 \sqrt{1-r^2} \, \mathrm{d}r = \frac{8}{15}\pi.$$ □

例 20.6 计算曲面积分

$$\iint_{\Sigma} (2x+z) \mathrm{d}y\mathrm{d}z + z\mathrm{d}x\mathrm{d}y,$$

其中积分曲面 Σ 是曲面 $z = x^2 + y^2$ 介于平面 $z=0$ 和 $z=1$ 之间的部分,取上侧.

解 先计算 $\iint_{\Sigma} z\mathrm{d}x\mathrm{d}y$. 对此积分,曲面 Σ 的上侧即为正侧,并且曲面 Σ 在 xy 平面上的投影区域为 $D_{xy} = \{(x,y) \mid x^2+y^2 \leqslant 1\}$,因此由公式(20.11),有

$$\iint_{\Sigma} z\mathrm{d}x\mathrm{d}y = \iint_{D_{xy}} (x^2 + y^2)\mathrm{d}x\mathrm{d}y = \frac{\pi}{2}.$$

再计算 $\iint_{\Sigma} (2x+z)\mathrm{d}y\mathrm{d}z$. 对此积分,需将曲面 Σ 分成前后两片,如图 20.9 所示. 易见前后两片在 yz 平面上的投影区域都为

$$D_{yz} = \{(y,z) \mid y^2 \leqslant z \leqslant 1, -1 \leqslant y \leqslant 1\},$$

并且前后两片曲面的方程分别为

$$\Sigma_{前}: x = \sqrt{z-y^2}, (y,z) \in D_{yz},$$

$$\Sigma_{后}: x = -\sqrt{z-y^2}, (y,z) \in D_{yz}.$$

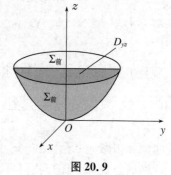

图 20.9

再注意曲面 Σ 的上侧是 $\Sigma_{前}$ 的负侧,是 $\Sigma_{后}$ 的正侧. 于是根据公式就有

$$\iint_{\Sigma} (2x+z)\mathrm{d}y\mathrm{d}z = \iint_{\Sigma_{前}} (2x+z)\mathrm{d}y\mathrm{d}z + \iint_{\Sigma_{后}} (2x+z)\mathrm{d}y\mathrm{d}z$$

$$= -\iint_{D_{yz}} (2\sqrt{z-y^2}+z)\mathrm{d}y\mathrm{d}z + \iint_{D_{yz}} (-2\sqrt{z-y^2}+z)\mathrm{d}y\mathrm{d}z$$

$$= -4\iint_{D_{yz}} \sqrt{z-y^2} \, \mathrm{d}y\mathrm{d}z = -4\int_{-1}^1 \mathrm{d}y \int_{y^2}^1 \sqrt{z-y^2} \, \mathrm{d}z = -\pi.$$

根据以上两个积分的值,我们就得所求积分

$$\iint_{\Sigma} (2x+z)\mathrm{d}y\mathrm{d}z + z\mathrm{d}x\mathrm{d}y = -\frac{\pi}{2}.$$ □

20.2.4 两型曲面积分的联系

我们知道按指定法线方向,光滑曲面上点 $M(x,y,z)$ 处的面积微元 $\mathrm{d}S$ 在 yz、zx、xy 坐

标平面上的投影面积微元为dS_{yz}，dS_{zx}，dS_{xy}. 现在设该点$M(x,y,z)$处的法线方向余弦为

$$\vec{n} = \{\cos\alpha, \cos\beta, \cos\gamma\},$$

则成立

$$dS_{yz} = \cos\alpha \, dS, \quad dS_{zx} = \cos\beta \, dS, \quad dS_{xy} = \cos\gamma \, dS.$$

于是第二型曲面积分

$$\iint_{\Sigma} P(x,y,z)dydz + Q(x,y,z)dzdx + R(x,y,z)dxdy$$

$$= \iint_{\Sigma} P(x,y,z) \, dS_{yz} + Q(x,y,z) \, dS_{zx} + R(x,y,z) \, dS_{xy}$$

$$= \iint_{\Sigma} [P(x,y,z)\cos\alpha + Q(x,y,z)\cos\beta + R(x,y,z)\cos\gamma] dS. \qquad (20.14)$$

上式最后的积分是第一型曲面积分，因此上式给出了两类曲面积分之间的联系. 由此我们可给出如下第二型曲面积分转化为重积分的计算公式：

若光滑曲面$\Sigma : z = z(x,y)$，$(x,y) \in D$取上侧，则

$$\iint_{\Sigma} P(x,y,z)dydz + Q(x,y,z)dzdx + R(x,y,z)dxdy$$

$$= \iint_{D} [P(x,y,z(x,y))(-z_x) + Q(x,y,z(x,y))(-z_y) + R(x,y,z(x,y))] dxdy$$

$$(20.15)$$

上述公式是由式(20.14)和上侧法线方向$\vec{n} = \{-z_x, -z_y, 1\}$方向余弦

$$\cos\alpha = \frac{-z_x}{\sqrt{1+z_x^2+z_y^2}}, \cos\beta = \frac{-z_y}{\sqrt{1+z_x^2+z_y^2}}, \cos\gamma = \frac{1}{\sqrt{1+z_x^2+z_y^2}}$$

及曲面面积微元$dS = \sqrt{1+z_x^2+z_y^2} \, dxdy$所得.

根据公式(20.15)，我们可以给出例20.6中积分的另外一种计算方法.

例 20.6 另解 曲面$\Sigma : z = x^2 + y^2$，$(x,y) \in D = \{(x,y) \mid x^2 + y^2 \leqslant 1\}$. 又$z_x = 2x$，$z_y = 2y$，因此由公式$(20.15)$有

$$\iint_{\Sigma} (2x+z)dydz + zdxdy$$

$$= \iint_{D} [(2x+x^2+y^2)(-2x) + (x^2+y^2)] dxdy.$$

上式右端二重积分可以利用极坐标变换直接计算. 但是，如果能够注意到一些对称性，那么计算可以得到简化而减少计算量. 事实上，积分区域D关于y轴对称，并且函数$x(x^2+y^2)$是x的奇函数，因此有

$$\iint_{D} x(x^2+y^2)dxdy = 0. \qquad \qquad \square$$

于是所求积分就等于

$$\iint_{D} (y^2 - 3x^2)dxdy.$$

再由 D 关于坐标 x,y 的轮换对称而有 $\iint_D x^2 \mathrm{d}x\mathrm{d}y = \iint_D y^2 \mathrm{d}x\mathrm{d}y$，因此所求积分就等于

$$-\iint_D 2x^2 \mathrm{d}x\mathrm{d}y = -\iint_D (x^2 + y^2) \mathrm{d}x\mathrm{d}y.$$

由极坐标变换，容易计算得知其值为 $-\dfrac{\pi}{2}$，因此所求积分

$$\iint_\Sigma (2x + z) \mathrm{d}y\mathrm{d}z + z \mathrm{d}x\mathrm{d}y = -\frac{\pi}{2}. \qquad\qquad\qquad\square$$

习题 20. 2

1. 求曲面积分

$$\oiint_\Sigma 4xz \mathrm{d}y\mathrm{d}z - y^2 \mathrm{d}z\mathrm{d}x + yz \mathrm{d}x\mathrm{d}y,$$

其中曲面 Σ 是平面 $x=0,y=0,z=0,x=1,y=1,z=1$ 所围成的立体的整个表面，取外侧.

2. 计算曲面积分

$$\iint_\Sigma (x^2 + y) \mathrm{d}y\mathrm{d}z - y \mathrm{d}z\mathrm{d}x + (x^2 + y^2) \mathrm{d}x\mathrm{d}y,$$

其中积分曲面 Σ 是曲面 $z = x^2 + y^2$ 在 $z \leqslant 1$ 的部分，取下侧.

3. 计算曲面积分 $\iint_\Sigma x^3 \mathrm{d}y\mathrm{d}z$，其中曲面 Σ 是取上侧的上半椭球面

$$\frac{x^2}{a^2} + \frac{y^2}{b^2} + \frac{z^2}{c^2} = 1, z \geqslant 0.$$

4. 计算曲面积分

$$\iint_\Sigma x \mathrm{d}y\mathrm{d}z + y \mathrm{d}z\mathrm{d}x + z \mathrm{d}x\mathrm{d}y,$$

其中积分曲面 Σ 是柱面 $x^2 + y^2 = 1$ 被平面 $z=0,z=1$ 所截取的部分，取外侧.

§20. 3　高斯公式和斯托克斯公式

格林公式展示了沿平面封闭曲线的曲线积分与该封闭曲线所围闭区域上二重积分之间的关系. 在空间中，我们考虑类似的问题. 一是空间封闭曲面之曲面积分与其所围区域上三重积分的关系；二是空间封闭曲线作为空间曲面的边界曲线，沿封闭曲线的曲线积分与对应空间曲面的曲面积分之间的关系. 前者将有高斯(Gauss)公式，后者则有斯托克斯(Stokes)公式.

20. 3. 1　高斯公式

定理 20. 3　设空间区域 V 由分片光滑的双侧封闭曲面 Σ 围成，则对区域 V 上连续可

微的函数组 $P(x,y,z), Q(x,y,z), R(x,y,z)$,

$$\oiint_{\Sigma} P \mathrm{d}y\mathrm{d}z + Q\mathrm{d}z\mathrm{d}x + R\mathrm{d}x\mathrm{d}y = \iiint_V \left(\frac{\partial P}{\partial x} + \frac{\partial Q}{\partial y} + \frac{\partial R}{\partial z} \right) \mathrm{d}x\mathrm{d}y\mathrm{d}z, \qquad (20.16)$$

其中左端曲面积分中闭曲面 Σ 取外侧. 公式 (20.16) 称为**高斯公式**.

证 等式 (20.16) 等价于如下三个等式

$$\oiint_{\Sigma} P \mathrm{d}y\mathrm{d}z = \iiint_V \frac{\partial P}{\partial x} \mathrm{d}x\mathrm{d}y\mathrm{d}z, \qquad (20.17)$$

$$\oiint_{\Sigma} Q \mathrm{d}z\mathrm{d}x = \iiint_V \frac{\partial Q}{\partial y} \mathrm{d}x\mathrm{d}y\mathrm{d}z. \qquad (20.18)$$

$$\oiint_{\Sigma} R \mathrm{d}x\mathrm{d}y = \iiint_V \frac{\partial R}{\partial z} \mathrm{d}x\mathrm{d}y\mathrm{d}z, \qquad (20.19)$$

根据对称性, 我们只需要证明其中之一就行. 下证式 (20.19).

先考虑 V 是 xy 型区域:

$$V = \{(x,y,z) \mid z_1(x,y) \leqslant z \leqslant z_2(x,y), (x,y) \in D_{xy}\},$$

其中 D_{xy} 是 V 在 xy 平面上的投影区域. 此时, V 的边界曲面 Σ 有曲面

$$\Sigma_1 : z = z_1(x,y), (x,y) \in D_{xy},$$
$$\Sigma_2 : z = z_2(x,y), (x,y) \in D_{xy}$$

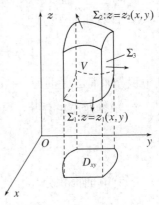

图 20.10

及直柱面 Σ_3 组成. 直柱面 Σ_3 的母线平行于 z 轴, 准线为 D_{xy} 的边界曲线. 如图 20.10 所示. 于是, 根据三重积分的计算公式 (18.33), 就有

$$\iiint_V \frac{\partial R}{\partial z} \mathrm{d}x\mathrm{d}y\mathrm{d}z = \iint_{D_{xy}} \mathrm{d}x\mathrm{d}y \int_{z_1(x,y)}^{z_2(x,y)} \frac{\partial R}{\partial z} \mathrm{d}z$$

$$= \iint_{D_{xy}} [R(x,y,z_2(x,y)) - R(x,y,z_1(x,y))] \mathrm{d}x\mathrm{d}y$$

另一方面, 由曲面积分的性质有

$$\oiint_{\Sigma} R\mathrm{d}x\mathrm{d}y = \iint_{\Sigma_1} R\mathrm{d}x\mathrm{d}y + \iint_{\Sigma_2} R\mathrm{d}x\mathrm{d}y + \iint_{\Sigma_3} R\mathrm{d}x\mathrm{d}y.$$

由于曲面 Σ 取外侧, 在底部曲面 Σ_1 上取下侧 (负侧), 在顶部曲面 Σ_2 上取上侧 (正侧), 从而由曲面积分计算公式 (20.11),

$$\iint_{\Sigma_1} R\mathrm{d}x\mathrm{d}y = -\iint_{D_{xy}} R(x,y,z_1(x,y))\mathrm{d}x\mathrm{d}y,$$

$$\iint_{\Sigma_2} R\mathrm{d}x\mathrm{d}y = \iint_{D_{xy}} R(x,y,z_2(x,y))\mathrm{d}x\mathrm{d}y.$$

再注意到 Σ_3 在 xy 平面上的投影面积为 0, 故有

$$\iint_{\Sigma_3} R\mathrm{d}x\mathrm{d}y = 0,$$

于是,

$$\oiint_{\Sigma} R \mathrm{d}x\mathrm{d}y = -\iint_{D_{xy}} R(x,y,z_1(x,y))\mathrm{d}x\mathrm{d}y + \iint_{D_{xy}} R(x,y,z_2(x,y))\mathrm{d}x\mathrm{d}y$$

$$= \iint_{D_{xy}} [R(x,y,z_2(x,y)) - R(x,y,z_1(x,y))]\mathrm{d}x\mathrm{d}y.$$

这就证明了等式(20.19).

当 V 不是 xy 型区域时,则可用有限个光滑曲面将其分割成有限个 xy 型区域,再通过采用与格林公式证明时类似的方法,就可证明等式(20.19)在一般情形也成立. □

根据高斯公式,可用曲面积分来计算空间区域体积:设空间区域 V 由分片光滑的双侧封闭曲面 Σ 围成,若取 Σ 外侧,则有

$$V = \iiint_V \mathrm{d}x\mathrm{d}y\mathrm{d}z = \oiint_{\Sigma} x\mathrm{d}y\mathrm{d}z = \oiint_{\Sigma} y\mathrm{d}z\mathrm{d}x = \oiint_{\Sigma} z\mathrm{d}x\mathrm{d}y$$

$$= \frac{1}{3} \oiint_{\Sigma} x\mathrm{d}y\mathrm{d}z + y\mathrm{d}z\mathrm{d}x + z\mathrm{d}x\mathrm{d}y. \tag{20.20}$$

例 20.7　计算曲面积分

$$I = \oiint_{\Sigma} (x+1)\mathrm{d}y\mathrm{d}z + (y+2)\mathrm{d}z\mathrm{d}x + (z+3)\mathrm{d}x\mathrm{d}y$$

其中 Σ 为由平面 $x+y+z=1$ 和三个坐标平面所围成的封闭立体的表面,取外侧.

解　封闭立体 V 是正三棱锥,其体积为 $\frac{1}{6}$. 也可用三重积分计算而得:$V = \{(x,y,z) \mid x+y+z \leqslant 1, x \geqslant 0, y \geqslant 0, z \geqslant 0\}$,其在 xy 平面上投影区域为 $D_{xy} = \{(x,y) \mid x+y \leqslant 1, x \geqslant 0, y \geqslant 0\}$,因此体积等于

$$\iiint_V \mathrm{d}x\mathrm{d}y\mathrm{d}z = \iint_{D_{xy}} \mathrm{d}x\mathrm{d}y \int_0^{1-x-y} \mathrm{d}z = \iint_{D_{xy}} (1-x-y)\mathrm{d}x\mathrm{d}y$$

$$= \int_0^1 \mathrm{d}x \int_0^{1-x} (1-x-y)\mathrm{d}y = \int_0^1 \frac{1}{2}(1-x)^2 \mathrm{d}x = \frac{1}{6}.$$

于是,由高斯公式立知,所求曲面积分为

$$I = \iiint_V 3\mathrm{d}x\mathrm{d}y\mathrm{d}z = \frac{1}{2}. \qquad \square$$

例 20.8　计算曲面积分

$$\iint_{\Sigma} (2x+z)\mathrm{d}y\mathrm{d}z + z\mathrm{d}x\mathrm{d}y,$$

其中积分曲面 Σ 是曲面 $z=x^2+y^2$ 介于平面 $z=0$ 和 $z=1$ 之间的部分,取上侧.

注　本例就是例 20.6. 现用高斯公式来计算. 为此,我们要将题中不封闭的曲面 Σ 通过添加曲面的办法封闭化,并且添加曲面上的曲面积分要容易计算.

解　由于曲面 Σ 不封闭,现给它加上盖子:

$$\Sigma_0: z=1, (x,y) \in D_{xy} = \{(x,y) \mid x^2+y^2 \leqslant 1\},$$

并且取其下侧,则曲面 $\Sigma \cup \Sigma_0$ 成为封闭曲面,并且取内侧. 设封闭曲面 $\Sigma \cup \Sigma_0$ 所围区域为 V,则根据高斯公式有

$$\oiint_{\Sigma \cup \Sigma_0} (2x+z)\mathrm{d}y\mathrm{d}z + z\mathrm{d}x\mathrm{d}y = -\iiint_V 3\mathrm{d}x\mathrm{d}y\mathrm{d}z = -\frac{3}{2}\pi.$$

由于

$$\iint_{\Sigma_0} (2x+z)\mathrm{d}y\mathrm{d}z + z\mathrm{d}x\mathrm{d}y = -\iint_{D_{xy}} \mathrm{d}x\mathrm{d}y = -\pi,$$

所求积分

$$\iint_{\Sigma} (2x+z)\mathrm{d}y\mathrm{d}z + z\mathrm{d}x\mathrm{d}y = -\frac{1}{2}\pi. \qquad\qquad □$$

20.3.2 斯托克斯公式

本小节将讨论空间曲面上的第二型曲面积分和沿该曲面边界封闭曲线的第二型曲线积分之间的关系.

为叙述简洁,我们称空间曲面的指定侧与其边界曲线的指定方向满足**右手法则**,如果按曲面指定侧的法向量站在边界曲线上沿边界曲线的指定方向行走时,指定侧的曲面总在左侧. 如图 20.11 所示称为右手法则的原因是,如果以右手的大拇指指向曲面的指定侧法向,则其他手指指向就是边界曲线的指定方向.

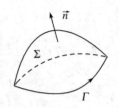

图 20.11

定理 20.4 设分片光滑闭曲面 Σ 的边界 Γ 是分段光滑连续封闭曲线,按右手法则取曲面 Σ 的侧和边界曲线 Γ 的方向,则对任何在 Σ 上连续可微的函数组 $P(x,y,z),Q(x,y,z),R(x,y,z)$,有

$$\oint_{\Gamma} P\mathrm{d}x + Q\mathrm{d}y + R\mathrm{d}z$$

$$= \iint_{\Sigma} \left(\frac{\partial R}{\partial y} - \frac{\partial Q}{\partial z}\right)\mathrm{d}y\mathrm{d}z + \left(\frac{\partial P}{\partial z} - \frac{\partial R}{\partial x}\right)\mathrm{d}z\mathrm{d}x + \left(\frac{\partial Q}{\partial x} - \frac{\partial P}{\partial y}\right)\mathrm{d}x\mathrm{d}y. \qquad (20.21)$$

公式(20.21)称为**斯托克斯公式**. 其显然是格林公式的推广.

证 首先公式(20.21)等价于如下三个等式:

$$\oint_{\Gamma} P\mathrm{d}x = \iint_{\Sigma} \frac{\partial P}{\partial z}\mathrm{d}z\mathrm{d}x - \frac{\partial P}{\partial y}\mathrm{d}x\mathrm{d}y, \qquad (20.22)$$

$$\oint_{\Gamma} Q\mathrm{d}y = \iint_{\Sigma} \frac{\partial Q}{\partial x}\mathrm{d}x\mathrm{d}y - \frac{\partial Q}{\partial z}\mathrm{d}y\mathrm{d}z, \qquad (20.23)$$

$$\oint_{\Gamma} R\mathrm{d}z = \iint_{\Sigma} \frac{\partial R}{\partial y}\mathrm{d}y\mathrm{d}z - \frac{\partial R}{\partial x}\mathrm{d}z\mathrm{d}x. \qquad (20.24)$$

以下,我们只证明第一个等式. 先考虑曲面 Σ 是 xy 型曲面:

$$\Sigma: z = z(x,y), (x,y) \in D_{xy},$$

并且不妨设 Σ 的侧为上侧. 设曲面 Σ 的边界曲线 Γ 在 xy 平面上的投影曲线为 Γ_{xy}. 显然曲线 Γ_{xy} 为投影区域 D_{xy} 的边界曲线,并且按右手法则约定,曲线 Γ_{xy} 的方向是正向. 于是,可将第二型空间曲线积分转化为第二型平面曲线积分:

$$\oint_{\Gamma} P\mathrm{d}x = \oint_{\Gamma_{xy}} P(x,y,z(x,y))\mathrm{d}x.$$

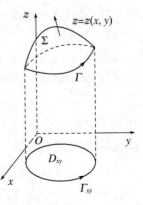

图 20.12

现在对上式右端积分,应用格林公式(19.25),就得到

$$\oint_\Gamma P\,\mathrm{d}x = -\iint_{D_{xy}} \frac{\partial}{\partial y}[P(x,y,z(x,y))]\mathrm{d}x\mathrm{d}y$$

$$= -\iint_{D_{xy}}[P_y(x,y,z(x,y)) + P_z(x,y,z(x,y))z_y]\mathrm{d}x\mathrm{d}y.$$

另一方面,根据公式(20.15),我们有

$$\iint_\Sigma \frac{\partial P}{\partial z}\mathrm{d}z\mathrm{d}x - \frac{\partial P}{\partial y}\mathrm{d}x\mathrm{d}y$$

$$= \iint_{D_{xy}}\{P_z(x,y,z(x,y))(-z_y) + [-P_y(x,y,z(x,y))]\}\mathrm{d}x\mathrm{d}y$$

$$= -\iint_{D_{xy}}[P_y(x,y,z(x,y)) + P_z(x,y,z(x,y))z_y]\mathrm{d}x\mathrm{d}y.$$

于是,我们就得到了等式(20.22)对 xy 型曲面成立.

对一般情形,可利用光滑曲线将曲面分割成有限块 xy 型曲面,从而等式(20.22)对任何光滑曲面都成立. □

可将斯托克斯公式写成如下行列式形式以方便记忆:

$$\oint_\Gamma P\,\mathrm{d}x + Q\,\mathrm{d}y + R\,\mathrm{d}z = \iint_\Sigma \begin{vmatrix} \mathrm{d}y\mathrm{d}z & \mathrm{d}z\mathrm{d}x & \mathrm{d}x\mathrm{d}y \\ \dfrac{\partial}{\partial x} & \dfrac{\partial}{\partial y} & \dfrac{\partial}{\partial z} \\ P & Q & R \end{vmatrix}.$$

例 20.9　计算曲线积分

$$\oint_\Gamma z\,\mathrm{d}x + x\,\mathrm{d}y + y\,\mathrm{d}z,$$

其中曲线 Γ 为平面 $x+y+z=1$ 被三个坐标面所截下的三角形的边界,并且从 x 轴正向看去,其方向是逆时针方向.

解　记曲线 Γ 所围三角形面为 Σ,取上侧,则如图 20.13 所示,Σ 的侧与 Γ 的方向满足右手法则. 于是由斯托克斯公式得

$$\oint_\Gamma z\,\mathrm{d}x + x\,\mathrm{d}y + y\,\mathrm{d}z = \iint_\Sigma \mathrm{d}y\mathrm{d}z + \mathrm{d}z\mathrm{d}x + \mathrm{d}x\mathrm{d}y.$$

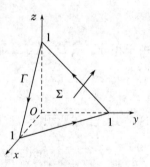

图 20.13

再计算上式右端曲面积分. 由于 Σ 的方程关于 x,y,z 轮换对称,

$$\iint_\Sigma \mathrm{d}y\mathrm{d}z = \iint_\Sigma \mathrm{d}z\mathrm{d}x = \iint_\Sigma \mathrm{d}x\mathrm{d}y.$$

故只需要计算其中一个:

$$\iint_\Sigma \mathrm{d}x\mathrm{d}y = \iint_{D_{xy}} \mathrm{d}x\mathrm{d}y = \frac{1}{2}.$$

于是所求积分

$$\oint_\Gamma z\,\mathrm{d}x + x\,\mathrm{d}y + y\,\mathrm{d}z = \frac{3}{2}.$$

□

例 20.10　计算曲线积分

$$\oint_\Gamma y^2 \mathrm{d}x + z^2 \mathrm{d}y + x^2 \mathrm{d}z,$$

其中曲线 Γ 为维维安尼（Viviani）曲线：上半球面 $z = \sqrt{a^2 - x^2 - y^2}$ 与圆柱面 $x^2 + y^2 = ax$ 的交线，这里 $a > 0$ 为常数，并且从 z 轴正向看去，Γ 的方向是逆时针方向.

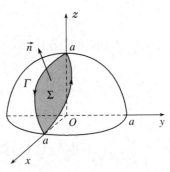

　　解　记维维安尼曲线所围球面为 Σ，取上侧，则如图 20.14 所示，Σ 的侧与 Γ 的方向满足右手法则. 于是由斯托克斯公式得

$$\oint_\Gamma y^2 \mathrm{d}x + z^2 \mathrm{d}y + x^2 \mathrm{d}z$$

$$= -2 \iint_\Sigma z \mathrm{d}y\mathrm{d}z + x \mathrm{d}z\mathrm{d}x + y \mathrm{d}x\mathrm{d}y.$$

图 20.14

再计算上式右端曲面积分. 由于 Σ 在 yz 平面和 zx 平面上的投影区域比较复杂，但在 xy 平面上的投影区域 D_{xy} 比较简单：

$$D_{xy} = \{(x, y) \mid x^2 + y^2 \leqslant ax\},$$

我们用公式（20.15）来计算该曲面积分. 由 $\Sigma: z = \sqrt{a^2 - x^2 - y^2}$ 知 $z_x = -\dfrac{x}{\sqrt{a^2 - x^2 - y^2}}$，

$z_y = -\dfrac{y}{\sqrt{a^2 - x^2 - y^2}}$，因此

$$\iint_\Sigma z \mathrm{d}y\mathrm{d}z + x \mathrm{d}z\mathrm{d}x + y \mathrm{d}x\mathrm{d}y = \iint_{D_{xy}} (-z z_x - x z_y + y) \mathrm{d}x\mathrm{d}y$$

$$= \iint_{D_{xy}} \left(x + y + \frac{xy}{\sqrt{a^2 - x^2 - y^2}} \right) \mathrm{d}x\mathrm{d}y.$$

由于积分区域 D_{xy} 关于 x 轴对称，

$$\iint_{D_{xy}} y \mathrm{d}x\mathrm{d}y = 0, \qquad \iint_{D_{xy}} \frac{xy}{\sqrt{a^2 - x^2 - y^2}} \mathrm{d}x\mathrm{d}y = 0.$$

这是由于上述两积分的被积函数都是 y 的奇函数. 而根据极坐标变换有

$$\iint_{D_{xy}} x \mathrm{d}x\mathrm{d}y = \iint_{\Omega_{r\theta}} r^2 \cos\theta \mathrm{d}r\mathrm{d}\theta = \int_{-\frac{\pi}{2}}^{\frac{\pi}{2}} \cos\theta \mathrm{d}\theta \int_0^{a\cos\theta} r^2 \mathrm{d}r = \frac{\pi}{8} a^3.$$

于是，$\iint_\Sigma z \mathrm{d}y\mathrm{d}z + x \mathrm{d}z\mathrm{d}x + y \mathrm{d}x\mathrm{d}y = \dfrac{\pi}{8} a^3$，从而所求积分

$$\oint_\Gamma y^2 \mathrm{d}x + z^2 \mathrm{d}y + x^2 \mathrm{d}z = -\frac{\pi}{4} a^3.$$

20.3.3　空间曲线积分与路经的无关性

　　借助于斯托克斯公式，同样可讨论空间曲线上的第二型曲线积分的路径无关性. 与平面曲线积分一样，我们在空间单连通区域上讨论. 这里，称空间区域 $V \subset R^3$ **曲线单连通**，如果 V

内任何封闭曲线皆可以不经过 V 以外的点而连续收缩到 V 中某一点. 例如球体是曲线单连通区域. 而环状体如实心轮胎就不是曲线单连通的.

下述定理给出了空间曲线上的第二型曲线积分与路经无关的等价条件. 其证明可仿照平面曲线情形完成, 详略.

定理 20.5　设区域 $V \subset R^3$ 曲线单连通, 则对任何在区域 V 上连续可微的函数组 $P(x, y, z), Q(x, y, z), R(x, y, z)$, 以下四个命题等价:

(a)(曲线积分与路径无关性)对 V 内任何两点 A, B 以及任何两条以 A 为始点、B 为终点的分段光滑曲线 $\Gamma_1, \Gamma_2 \subset V$ 有

$$\int_{\Gamma_1} P \mathrm{d}x + Q \mathrm{d}y + R \mathrm{d}z = \int_{\Gamma_2} P \mathrm{d}x + Q \mathrm{d}y + R \mathrm{d}z.$$

(b)(原函数存在性)存在于区域 V 连续可微的函数 $u(x, y, z)$, 使得

$$\mathrm{d}u = P \mathrm{d}x + Q \mathrm{d}y + R \mathrm{d}z.$$

此时, 函数 $u(x, y)$ 称为 $P \mathrm{d}x + Q \mathrm{d}y + R \mathrm{d}z$ 的一个**原函数**.

(c) 区域 V 内恒有

$$\frac{\partial Q}{\partial x} = \frac{\partial P}{\partial y}, \frac{\partial P}{\partial z} = \frac{\partial R}{\partial x}, \frac{\partial R}{\partial y} = \frac{\partial Q}{\partial z}.$$

(d) 对 V 内任一分段光滑封闭曲线 $\Gamma \subset V$,

$$\oint_{\Gamma} P \mathrm{d}x + Q \mathrm{d}y + R \mathrm{d}z = 0.$$

例 20.11　验证曲线积分

$$\int_{\Gamma} (y + z) \mathrm{d}x + (z + x) \mathrm{d}y + (x + y) \mathrm{d}z$$

与路经无关, 并求被积表达式的原函数 $u(x, y, z)$.

解　由于函数 $P(x, y, z) = y + z, Q(x, y, z) = z + x, R(x, y, z) = x + y$ 于整个空间 $\mathbf{R}^3$ 连续可微, 并且满足

$$\frac{\partial Q}{\partial x} = \frac{\partial P}{\partial y} = 1, \frac{\partial P}{\partial z} = \frac{\partial R}{\partial x} = 1, \frac{\partial R}{\partial y} = \frac{\partial Q}{\partial z} = 1,$$

故由定理 20.5 知, 所论积分与路径无关, 并且被积表达式就有原函数. 其可表示为

$$u(x, y, z) = \int_{(0,0,0)}^{(x,y,z)} (s + t) \mathrm{d}r + (t + r) \mathrm{d}s + (r + s) \mathrm{d}t + C.$$

由于积分与路径无关, 选择从原点 $O(0, 0, 0)$ 到任一点 $P(x, y, z)$ 的积分路径为

$$O(0, 0, 0) \rightarrow A(x, 0, 0) \rightarrow B(x, y, 0) \rightarrow P(x, y, z)$$

注意在 $\overrightarrow{OA}$ 上 $\mathrm{d}s = \mathrm{d}t = 0$; 在 $\overrightarrow{AB}$ 上 $\mathrm{d}r = \mathrm{d}t = 0$; 在 $\overrightarrow{BP}$ 上 $\mathrm{d}r = \mathrm{d}s = 0$, 因此

$$u(x, y, z) = \int_0^x (0 + 0) \mathrm{d}r + \int_0^y (0 + x) \mathrm{d}s + \int_0^z (x + y) \mathrm{d}t + C$$
$$= xy + yz + zx + C.$$

故全体原函数为 $u(x, y, z) = xy + yz + zx + C.$

习题 20.3

1. 求曲面积分

$$\oiint_{\Sigma} 3x\,dy\,dz + 4y\,dz\,dx + 5z\,dx\,dy,$$

其中曲面 Σ 是由平面 $x+y+z=1$ 与三个坐标面所围四面体的表面,取外侧.

2. 求曲面积分

$$\oiint_{\Sigma} 4xz\,dy\,dz - y^2\,dz\,dx + yz\,dx\,dy,$$

其中曲面 Σ 是平面 $x=1, y=1, z=1$ 与三个坐标面所围立体的表面,取外侧.

3. 求曲面积分

$$\oiint_{\Sigma} xz^2\,dy\,dz + (x^2y - z^3)\,dz\,dx + (2xy + y^2z)\,dx\,dy,$$

其中曲面 Σ 是上半球体 $0 \leqslant z \leqslant \sqrt{4-x^2-y^2}$ 的外侧表面.

4. 求曲面积分

$$\oiint_{\Sigma} x^3\,dy\,dz + y^3\,dz\,dx + 3z\,dx\,dy,$$

其中曲面 Σ 是圆柱体 $x^2+y^2 \leqslant 9$ 被平面 $z=0, z=1$ 截取后所得有限圆柱体的整个外侧表面.

5. 求曲面积分

$$\iint_{\Sigma} (x^2+y)\,dy\,dz - y\,dz\,dx + (x^2+y^2)\,dx\,dy,$$

其中曲面 Σ 为旋转抛物面 $z=x^2+y^2$ 在 $z \leqslant 1$ 的部分,取下侧.

6. 求曲面积分

$$\iint_{\Sigma} xz\,dy\,dz + xy\,dz\,dx + yz\,dx\,dy,$$

其中曲面 Σ 为锥面 $z=\sqrt{x^2+y^2}$ 在 $z \leqslant 1$ 的部分,取上侧.

7. 利用斯托克斯公式计算

$$\oint_{\Gamma} (y^2-z^2)\,dx + (z^2-x^2)\,dy + (x^2-y^2)\,dz,$$

其中曲线 Γ 为平面 $x+y+z=1$ 被三个坐标平面所截三角形的边界,并且从轴的正向看去,曲线 Γ 的方向是逆时针方向.

8. 验证表达式

$$(x^2-2yz)\,dx + (y^2-2zx)\,dy + (z^2-2xy)\,dz$$

是某个三元函数 $u(x,y,z)$ 的全微分,并求出一个这样的三元函数.

索　引

参考文献

1. 华东师范大学数学系. 数学分析(上、下)[M]. 第四版. 北京:高等教育出版社,2010.

2. 华东师范大学数学系. 数学分析简明教程(上、下)[M]. 北京:高等教育出版社,2014.

3. 邓东皋,尹小玲. 数学分析简明教程(上、下)[M]. 第二版. 北京:高等教育出版社,2006.

4. 朱匀华,周健伟,胡建勋. 数学分析的思想方法[M]. 广东:中山大学出版社,1998.

5. 刘玉琏,傅沛仁,等. 数学分析讲义(上、下)[M]. 第五版. 北京:高等教育出版社,2009.

6. 吉米多维奇. 数学分析习题集[M]. 李荣涷,李植,译. 北京:高等教育出版社,2010.

7. A. A. 布朗克. 微积分和数学分析习题集[M]. 周民强,王莲芬,译. 北京:科学出版社,1986.